现代企业运营锦囊系列

话说数码产品设计
——造型、工艺、营销

陈根 著

電子工業出版社
Publishing House of Electronics Industry
北京 • BEIJING

内 容 简 介

为了更好的把握数码产品行业的发展态势，塑造数码产品的良好形象，本书从如何制定提升数码产品形象策略，增强企业的核心竞争力等角度出发进行写作。内容包括绪论篇、环境篇、产品篇、形象篇和策略篇，从中可以了解和掌握数码产品的设计、技术、工艺知识和技能，数码产品形象塑造方法，以及制定与实施数码产品的产品策略、广告策略与营销策略相关方法，并辅以国内外成功的数码产品策划实例。

本书涵盖数码产品的产品设计、结构工艺、策略策划、形象管理等多学科知识，系统全面、理论与实际结合、可读性强，对数码产品的造型与结构设计、工艺处理、品牌管理、营销策划等相关方面有较高的指导意义。

本书适合数码产品从业人员学习，适合营销咨询公司、设计公司、策划公司等相关人员学习，也可作为高等院校工业设计、结构工艺、管理、营销、经济、MBA 等专业师生的参考书。

图书在版编目（CIP）数据

话说数码产品设计：造型、工艺、营销 / 陈根著. —北京：电子工业出版社，2013.5
（现代企业运营锦囊系列）
ISBN 978-7-121-19793-2

Ⅰ. ①话… Ⅱ. ①陈… Ⅲ. ①数码技术—电子产品—设计 ②数码技术－电子产品－产品营销 Ⅳ. ①TN ②F764.6

中国版本图书馆 CIP 数据核字（2013）第 046818 号

责任编辑：许存权　　特约编辑：刘丽丽　王　燕
印　　刷：北京七彩京通数码快印有限公司
装　　订：北京七彩京通数码快印有限公司
出版发行：电子工业出版社
北京市海淀区万寿路 173 信箱　邮编　100036
开　　本：787×980　1/16　印张：20　字数：374 千字
印　　次：2023 年 9 月第 2 次印刷
定　　价：69.80 元

凡所购买电子工业出版社图书有缺损问题，请向购买书店调换。若书店售缺，请与本社发行部联系，联系及邮购电话：（010）88254888。
质量投诉请发邮件至 zlts@phei.com.cn，盗版侵权举报请发邮件至 dbqq@phei.com.cn。
服务热线：（010）88258888。

序 言

构思写作本套丛书两年多时间，期间多次出国考察，希望从多个维度能以比较精练的语言来阐述家电、手机和数码这三大围绕着现代人生活的领域。

〖家电〗　一个传统而又现代的行业。以电视为例，从改革开放初期的黑白电视，到彩色电视、等离子电视、背投电视、液晶电视、LED 电视和 3D 电视等阶段，其技术、工艺、设计和性能等方面都有了全新的突破。同时，在营销方式上，随着电子商务的快速崛起，消费者消费方式与理念也有了一定的改变。因此，书稿立意从历史出发进行总结；从现状出发进行剖析；从趋势出发进行预判，围绕经济趋势、产业政策、产品设计、产品技术和产品营销等维度进行深入的分析，希望能对行业从业者及欲从业者带来帮助。

〖手机〗　一个科技而又现代的行业。从有线通信到无线通信；从大哥大到 iPhone，每一次的突破都在影响与改变着人们的生活方式。iPhone 的出现，更是将通信、商务、娱乐等功能融为一体，更是将手机的功能性使用需求提升到了用户体验的层次上。而对于这样一个不断突破、超越和创新的行业，我们需要了解历史、洞察趋势、把握未来。因此，书稿立意以历史为引进行总结；以现状为点进行剖析；以趋势为导进行预判，围绕行业发展、技术设计、产品设计、品牌运营和市场营销等维度进行全面分析，希望能对行业从业者及欲从业者带来帮助。

〖数码〗　一个时尚而又现代的行业。从收音机到 MP3、MP5；从胶卷相机到数码成型，每一次转变都牵动着行业从业企业的命运。柯达的没落，爱国者的崛起，这些商业史带给我们的启示值得深思与总结。尤其随着新生代的消费理念与消费模式的改变，更带给了数码产品行业创新的无限空间与前景。因此，书稿立意从产品发展角度出发进行分析；从产品设计角度出发进行总结；从品牌营销角度出发进行探索。基于科技发展趋势，以及新生代的消费理念，围绕产品发展、产品设计、产品技术、品牌传播、市场营销等维度进行全面分析，希望能对行业从业者及欲从业者带来帮助。

丛书从构思到定稿历时两年半，其中不少资料是在国外取得的，期间对内容不断调整、修正，力求全面、深入、客观的表达。但由于本人水平与知识有限，书中难免存在错误与偏颇，不当之处还望读者与专家批评、指正，同时也欢迎读者来信交流、探讨。

在书稿的写作过程中，朱芋锭博士、周美丽硕士，协助我做了大量的分析工作，在此特别感谢。

同时感谢林培静、林道鎶、张五妹的理解与支持，特别要提到的是第二军医大学的阙岳俊教授夫妇对于我个人身体健康方面的指导与保障。

最后，感谢陈金财、陈玉等人长期给予的支持与关怀。

E-mail：chengenxm@163.com
新浪微博：陈根微博

陈　根

目　录

第一篇　产品认识重建——了解数码产品

第二篇　产品认识深入——数码产品环境与市场分析

第三篇 产品开发基础素质必修——产品、工艺、技术技巧的掌握，为产品设计提供帮助

第四篇 产品开发基础素质提升——数码产品形象塑造，为产品规划管理提供指导

第五篇 产品开发能力深层修炼——策略运用得心应手，为产品营销管理提供借鉴

第一篇　产品认识重建——了解数码产品

第一篇包括本书的第 1 章内容，介绍了我国数码产品的概况，明确界定了数码产品的相关概念，总结了消费需求影响下的数码产品展现的特征，以及数码产品的产生与发展趋势，有助于重新建构对数码产品的认识。

第1章

产品规划

中国消费电子产业几年来取得了长足的发展，我国目前已经成为电视机、影碟机、手机和音像等消费类电子产品在全球的主要生产国和出口国。消费类电子产品的市场需求与消费者的消费能力和消费的倾向息息相关，并受到产品普及状况、产品价格等因素的影响。消费类电子产品市场的发展过程是产品创新、价格下降、需求增加、产品更新的循环过程。目前，我国消费类电子产品已经进入成熟期，严峻的市场环境对企业提出了更高的要求。企业之间的竞争更加激烈，产品结构调整引向深入。同时，在国际市场的带动下，产品出口增幅较大，大大拓展了企业的生存空间。

数码产品作为电子产品的重要组成部分，近年来随着电子信息产业的不断发展正作为极具市场潜力的消费类产品悄悄地走进我们的生活。尤其在中国，消费类数码产品正呈现旺盛的发展势头。近年来，作为中国信息产业的重要组成部分，消费类数码产品升级换代、创新能力不断提高，一批具有国际竞争力的企业集团发展壮大，形成了门类齐全、产业链完善、技术力量相对雄厚的产业基地，产业规模位居世界的前列。早在 2003 年，中国消费类数码产品产值就占到全电子行业总产值的 20%。消费类数码产品向来都是国外企业的天下，日本、韩国等在消费类数码市场一再处于垄断地位，国内的企业往往很难在这个领域与国外企业抗争。不过，近年来，我们欣喜地发现，通过国内企业的努力，不少消费数码产品领域，出现了国内企业的声音，一批优秀的国内数码制造商们正在崛起，并取得了骄人的市场占有率，例如，联想、爱国者、昂达等一些具有自主研发的品牌（见图 1.1）。

图 1.1　我国知名电子品牌

1.1 数码产品的相关概念

1.1.1 数码产品的定义

任何产品都会带上时代的烙印，数码产品本身也是应时而生的。数码产品的定义：运用数字传输技术，采用特殊合金材料制成的尖端科技产物。数码产品一般指的是笔记本电脑、手机、掌上电脑（PDA）、数码相机、数码摄像机、MP3 设备、电子辞典、移动存储、游戏机、闪存卡，以及数码配件等可以通过数字和编码进行操作的机器并且可以与计算机连接的，都称为数码产品。随着科学技术的发展，计算机的出现和发展，带动了一批以数字为记载标识的产品，取代了传统的胶片、录影带、录音带等，我们把这种产品统称为数码产品（见图 1.2）。

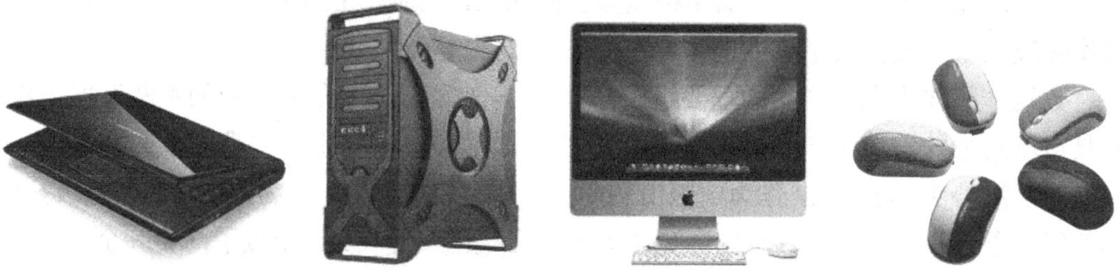

（a）电脑及周边产品

（b）数码相机

图 1.2　各式各样的数码产品

（c）手机

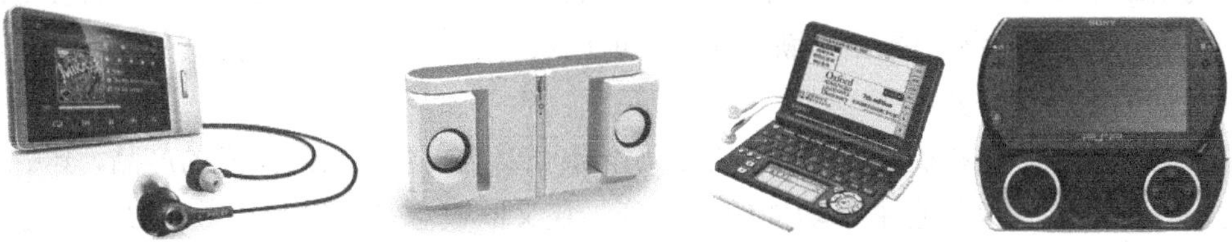

（d）MP3 设备　　（e）音响　　（f）电子辞典　　（g）游戏机

图 1.2 各式各样的数码产品（续）

从现时代的需求来说，单纯对生存物资的追求的阶段已经基本被跨越，对生活质量的思考、对精神满足的需求、对智力提升的渴望，是促使产品生产向满足精神需求方向靠拢的要素。数码产品特有的娱乐性、便捷性和时尚性符合了人们文化消费比例上涨的需求。像手机、电脑、数码相机、掌上电脑等电子产品，在消费的同时，能带来必须的信息沟通、资料传达、情感交流等一系列活动，这种功能的从众性是消费者时尚情感的需要。

从某种意义上来说，数码产品已经变成人与社会，人与人之间的一个不可或缺的交流桥梁和平台承载物，深刻地影响了人类在现代甚至未来的生存和生活方式。

这里主要讨论消费者常见的与百姓生活更加贴近的消费类数码产品。

1.1.2 消费类数码产品的界定

消费类数码产品属于消费类电子产品，同电子产品中其他产品相比较，数字技术的运用是它的主要特点，基本上所有的数码产品都通过数据的传输与个人计算机相联系，这就如加油站与汽车的关系一样，源源不绝的能源为汽车提供动力，使发动机能长时间稳定运转，各类数码产品通过与个人计算机的连接下载最新的可识别文件，以及更新的信息服务于使用者，同时，个人计算机的强大的编辑功能为各种数码文件提供有力的支持。由此可见，与个人计算机的二进制数据交流成为数码产品的主要特色，也成为了区分数码产品的主要标志。

此外，我们还应当区分一般电子产品和消费类电子产品，一般电子产品是一个广泛的概念，所有与电子信息产业相关的产品都可以称为电子产品。它可以是厂矿企业、政府机关、部队、院校及科研所的传输设备和零件，也可以是进入寻常百姓家的小型电子设备。而消费类电子产品离百姓的生活更加贴近，它可以提升生活品味和情趣而拥有了广泛的市场。最重要的属性是它们的核心技术都凭借精密的、以二进制数字方式进行逻辑分析控制处理的电子芯片，来实现产品的种种物理功能，带有较高的科技含量。随着材料、工艺、技术的不断革新进步和工业化大规模生产，它们会逐步降低研发制造成本，产品会更加小巧和智能化。新品会不断推出，满足人们目前已获得的视听及其之外的其他（如味觉、嗅觉、触觉等）感官需要。

数码产品有广义和狭义之分，广义数码产品可以说成容有数码技术的产品，其中数码所起的作用可能仅仅是它主要功能的一部分。狭义的概念是指产品以数码技术为主的产品，数码技术在其中占主导地位。数码产品其实是作为数码的载体存在的，真实直接的反映数码的用途，用手机通话时我们不在乎使用的是诺基亚还是摩托罗拉，看电视我们也不会注意电视边框的风格样式。

生活中常接触的多为 3C 数码产品，它是指围绕着消费者应用需要而设计的，与生活、工作、娱乐息息相关的数码产品，现将其分类归纳如下。

数码影像类：如数码相机、数码摄像机等。是一种能够进行拍摄，并通过内部处理把拍摄到的景物转换成以数字格式存放的图像或视频的数码设备。它使用固定的或者可拆卸的半导体存储器来保存获取的图像和视频，并能通过屏幕显示拍摄内容（见图 1.3）。

图 1.3　数码影像类数码产品

便携影音类：如 MP3、MP4 等。一方面体现在便携性上，该类产品通常具有轻薄小巧的特点；另一方面，它可以将其内部通过压缩方式存放的视频或音频经转换播放出来（见图 1.4）。

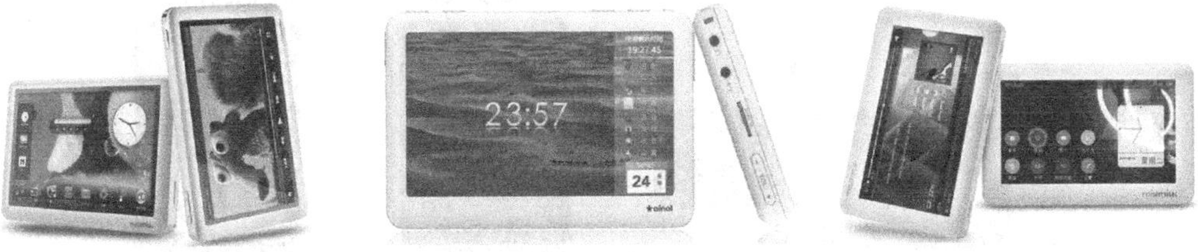

图 1.4　便携影音类数码产品

家用影音类：如数码电视、DVD、机顶盒等。通常与电视的显示功能配合使用，例如 DVD，支持播放的格式有 DVD、DVD-R/RW、CD-R/RW、MP3-CD 等，多声道解码器也比较齐全，内置了 Dolby Digital 5.1、DTS、Dolby Pro Logic、Dolby Pro Logic II、PCM 和 MP3 等解码能力，与便携式影音类相比，家用影音类功能更强大（见图 1.5）。

图 1.5　家用影音类数码产品

汽车电子类：如车载 GPS 设备、车载雷达等。它是汽车内室中一项重要的设计，如车载 MP3 和车内音响的配合，为车主提供愉悦的听觉享受，车载 GPS 又极大地方便了车主出行旅游等（见图 1.6）。

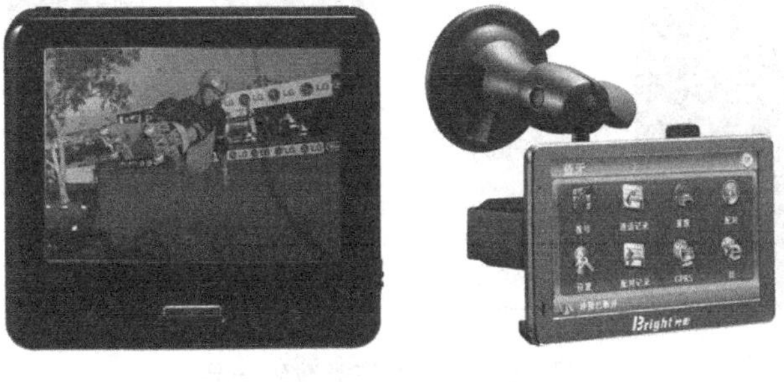

图 1.6　汽车电子类数码产品

智能家电类：如智能电视、智能电冰箱等。家电的智能化让人们的家庭生活更加轻松，它可以随意设定，当达到一定的状态时会自动做出相应操作，如智能电视，可以实现定时开/关机、录制喜爱的节目、回放等功能（见图 1.7）。

图 1.7　智能家电类数码产品

多媒体 PC 类：如笔记本电脑、个人计算机等。此类产品与人的互动性强，功能集成性高，为其他数码产品的发展提供了指导性方向（见图 1.8）。

图 1.8　多媒体 PC 类数码产品

网络通信类：如手机、路由器等。通过特定的接口或者标准与网络连接，进而利用网络丰富的资源库（见图 1.9）。

图 1.9　网络通信类数码产品

上述分类是参考了数码产品消费网的一些分类原则，只是对主流 3C 数码产品的归纳，并不能全部概括数码产品的类别与发展方向。

1.1.3　电子信息产品的官方分类

参照我国工业和信息化部《电子信息产品污染控制管理办法》的三条定义术语第一款给出了电子信息产品的分类（见表 1.1）。

表 1.1　电子信息产品的分类

1	雷达设备	指挥自动化系统，地面、车载雷达，机载、星载、弹载雷达，舰载雷达等
2	通信设备	通信传输设备，通信交换设备，通信终端设备，移动通信设备，移动通信终端设备，通信设备修理其他通信设备等
3	广播电视设备	广播电视制作、发射、传输设备，广播电视接收设备及器材，应用电视设备及其他广播电视设备等
4	计算机行业产品	电子计算整机，计算机网络设备业，电子计算机外部设备，电子计算机配套产品及耗材，电子计算机应用产品等
5	家用电子	电视机，摄、录像、激光视盘机，家用音像电子设备等
6	电子测量仪器	电子测量仪器等
7	电子工业产品	电子工业专用设备，电子工业模具及齿轮等
8	电子元件	电子元件机组装，电子印制电路板，敏感元件及传感器，光电子器件及其他电子器件，半导体分立器件，集成电路，微型电动机，电子电线电缆，光纤、光缆，电池等
9	电子应用产品	家用电子电器，医疗电子设备及器械等
10	电子专用材料	电子元件材料，真空电子器件材料，半导体材料，信息化学品材料等

分析我国政府对电子信息产品的分类发现，消费类数码产品在其中只占有相当小的一部分，主要集中在第四、第五类产品中，并且与其他类别的产品发生或多或少的联系。这样的分类主要依据电子信息产业的行业划分而产生的，要直观地了解消费类数码产品，就必须站在消费者的角度上，按照数码产品不同功能组合的特点对其进行分类。

1.1.4　基于功能组合的数码产品分类

消费类数码产品是一个庞大的家族，近年来，随着人们消费能力的增强，对数码产品的功能要求越来越高。针对这种情况，数码产品的生产商们适时地推出最新的、功能更为强大的替代产品，这其中企业主要依靠三种方式提升产品的市场占有率。

（1）加强数码产品的性能

这一类型数码产品的最大特色是功能单一、专业性强，数码相机的发展就能很好地说明这点。虽然数码相机相当普及，但也是更新速度最快的数码产品，虽然与传统胶片相机相比，数码相机带来了更多的便利，但是数码相机并不能完全取代传统相机，这是由于数码相机主要依靠感光元件将光信号转化为数字信号，目前的感光元件成像的效果仍然不及胶片清晰和细腻，所以提升数码相机的像素，是一直不变的话题。

（2）在原有数码产品的基础上不断增加新的功能

从目前数码产品发展的趋势中我们知道，功能的融合是数码产品发展的主要方向，现在很多的数码产品功能多样化，我们很难明确地定义一款产品的名称，例如，移动电话的发展，最初的移动电话功能单一，纯粹为通信服务，所以屏幕面积小，并且使用点阵的单色显示，单音节的提示音。随着人们对功能的追求和技术的支持，现在的娱乐移动电话已成为应付各种场合的多面手，影音娱乐和数据传输已成为流行手机最一般的功能。几十年来，人们一直梦想能够使用可视电话。现在，iPhone 4 令梦想成真。iPhone 4 拥有两个摄像头：一个位于机身正面，用来拍摄自己；另一个在背面，可拍摄其他的一切。FaceTime 让你在使用可视电话时可在两个摄像头之间随时切换。通过 WLAN 网络连接两部 iPhone 4 或一部 iPhone 4 和一部新 iPod touch，只要轻轻一点，你就可以向你的孩子挥手问好，或与地球另一端的人相视微笑，或与好友分享故事并看着他开心大笑。此功能开箱就可使用，没有其他手机可以让沟通如此充满乐趣（见图 1.10）。此外，还有订阅报刊和杂志、阅读电子书、社交游戏、电影观看、文字处理和排版等多种多样的功能。

图 1.10　iPhone 4 的双摄像头、双视角的聊天模式

（3）品牌和工业设计相结合的策略

这一类型的产品大多数具有强势品牌的支持，例如，索尼、苹果、三星等国际知名品牌，这类产品并不以多功能和低廉的售价作噱头，而是以扎实的工业设计，在消费数码市场中稳坐市场占有率的前几位。由此可见，在炙手可热的消费类数码市场中，产品线虽然丰富，但是对于功能模糊的数码产品，分类工作却显得比较复杂。下面依据消费类数码产

品支持文件格式的类型进行分类（见表 1.2）。

表 1.2　基于支持文件格式的数码产品分类

支持的文件格式	包 括 产 品	产 品 特 点
文字格式	掌上阅读器、电子词典、蓝牙打印机	这类产品具有较强的学习性，主要用于辅助学生群体的学习，文字的格式仍然是获取知识的最有效的途径
图片格式	数码相框、数码相机	仅支持图片格式的数码产品，一方面是照片的获取装置，另一方面是照片的展示设备
音频格式	MP3、CD 播放器、MD、录音笔、世嘉 i 系列电子宠物、蓝牙无线耳机、网络收音机	这部分产品都是音频处理的播放器，最大的不同在于使用场合及存储介质的不同，这样同为音频播放器，但在外观和功能上都存在较大的差异
视频格式	MP4、数码摄像机、便携式 DVD 播放器、家庭媒体中心	这一类型的数码产品都是视频播放器，其中的大部分产品不仅支持视频文件，同时向下兼容音频、文字、图片格式，但是习惯上仍然称其为流媒体播放器
所有类型文件格式	掌上电脑、GPS、掌上游戏机、智能手机	这类产品具有强大的编辑功能，在数码产品中是应付各种环境的多面手，它们都有较强处理功能，只是具体功能的偏向不同
其他	移动存储、蓝牙适配器、显示器（带 DVI 接口）、红外适配器	这类产品大多是数码产品的周边设备，负责数码设备同其他产品之间的数据传输。可以说消费类数码产品的多样性很大程度上是由于这些周边产品的存在

1.2　消费需求影响下的数码产品特征

1.2.1　消费者的需求分析

西方人本主义心理学家亚伯拉罕·马斯洛 1943 年提出了经典的需求层次论。马斯洛认为人的需求是一个多层次的、由低级向高级逐级形成和实现的组织系统。人的需求分为七种，按照各自的重要性排列成从低级需求向高级需求发展的两个层次（见图 1.11）。

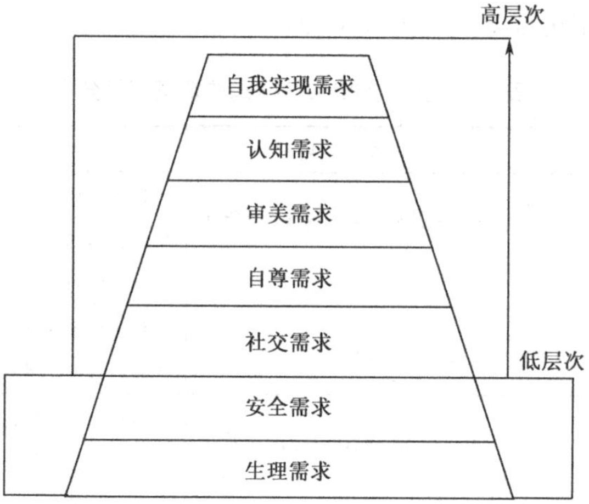

图 1.11　马斯洛需求层次图

马斯洛认为，人的高级需求是在低级需求被满足后出现的，并激发个体去实现的需求。

（1）生理需求

生理需求是个体维持生存最基本的需求，包括衣食住行这些支撑个体生命得以存在延续的方面。随着人们生活水平的逐步提高，对高层次需求的渴望度也越来越高。

（2）安全需求

安全需求是对自身安全稳定的保障需求。例如，我们希望生活的社会没有动乱、周围的环境安静、病有所医、老有所养等。

（3）社交需求

社交需求表现为对亲情、友情、爱情的渴望。随着网络技术的发展，出现越来越多的宅男宅女，他们将生活、学习、工作的地点集中在家里并通过虚拟网络对外交流。QQ 宠物、开心网就是模拟在现实生活中一部分人无法实现的场景和经历，弥补心灵的缺憾。值得注意的是，技术的发展带来便捷生活的同时，也使人与人之间的沟通缺少了一份面对面交流时的温馨与亲密无间。

（4）自尊需求

每个人都有自尊心和荣辱感，希望获得别人的尊重认可、获得一定的社会地位等。

（5）审美需求

审美需求就是个体对生活品味和艺术欣赏的需求。例如，一些人喜爱收藏文物、一些人钟情于新潮时装、一些人酷爱四方旅游。大多数人从温饱生活逐步走向小康，对吃、穿、住、用的养生与安全效用也提高了要求。

（6）认知需求

认知需求即个人为适应社会而从学习、认知、修养等方面对自我的提升。这对社会人的素质整体水平的提高和社会的和谐进步具有积极的影响。

（7）自我实现需求

人们对更高层次自我价值实现的追求。通过自我潜能的不断发掘和发挥，达到合理的目的，成就事业。

需求催生产品，产品迎合需求。在信息时代，人们开始希望产品既要有满足日常生活所需的功能，又要具有能够体现对使用者的精神关怀和文化满足的要求，设计与其他文学和艺术一样承担着人类文明延续的角色。物质需求和非物质需求统一在产品中，产品总是同时提供物质功能和精神功能，并有机地融合在一起。在物质财富相当发达的时候，物质需求逐渐成为基础，精神需求逐步成为主导性需求。

1. 物质性需求

物质性需求主要指产品的工具性能的要求。从能用、易用、好用到乐用，这一变化表现出产品性能的优化，人对其喜爱程度也是逐渐加深。这种功能主要是对人生理需求和生活习惯的一种关怀。

对产品的物质功能需求归纳如表 1.3 所示。

表 1.3　物质性需求

1	安全性	使用过程中保证使用者的安全，避免伤害
2	可靠性	在规定的使用条件和使用寿命内，正常工作
3	耐久性	有较长的使用寿命，抗磨损能力好
4	经济性	成本尽量地降低，使用价值尽量地提高
5	便捷性	操作方便简单，工作效能快
6	舒适性	符合人的使用习惯，舒适宜人
7	协调性	根据不同的使用者和使用环境，可以协调适应变化
8	智能性	具有思考能力，自动完成任务，还可分析和纠错

下面一款产品改良了瑞士军刀的设计，将多个螺钉旋具头从把手四面分别折叠起来，有点像章鱼的触角。需要的时候只需要将相应的刀头拉开，就可以固定在刀把的中轴线位置，跟普通的螺钉旋具一样使用，较之传统的需要更换刀头的多头螺钉旋具要方便许多。而且，刀把上配有一个 LED 灯，以方便在比较暗的环境中操作（见图 1.12）。

图 1.12　螺钉旋具改良设计

这种生理上本原性的关怀，也会带来心理上的感动和喜悦，加深使用者对产品的情感体验，也就是加深了产品的精神功能。

2．非物质性需求

科技的发展带来了生产力长足的进步，社会物质财富丰裕，物质需求逐步成为基础，精神需求成为主导。一般而言，设计产品除了其使用功能外，还具有认知、象征和审美等精神功能。

人们可以随意享用信息化的产品、咨询、娱乐等，物质生活更丰富多彩，精神生活更轻松自由，个人生活更加民主化和个性化。快节奏的生活伴随着竞争、压力和焦虑，人对物的依赖越来越强，感情交流减少，人与人之间的距离感和孤独感加剧，心灵更脆弱，更渴望得到他人的关爱。人们的消费行为关系如图 1.13 所示。

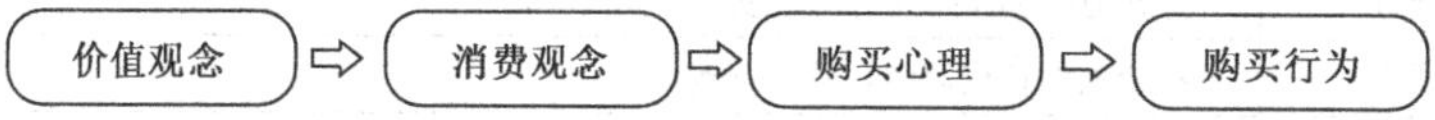

图 1.13　观念、消费、行为关系图

在这种情况下，人的精神需求逐渐成为主导性需求，满足精神需求也就成为产品设计的重心。如何在产品中体现人们的生活理念和艺术追求，体现社会发展的伦理价值观念，成了产品设计中必须解决的问题。消费者购买产品来满足其双重需求，这种购买行为由其购买心理决定，购买心理由消费观念决定，而消费观念受价值观念的左右。因此，研究精神需求的重点是研究不同人的价值观念，就是人的价值取向和尺度。这些价值观念和取向表现在人们的生活和行为中。例如，有人钟爱名牌衣服、鞋包，代表了财富地位；有人热爱艺术品收藏和鉴赏，代表了修养和品味。如齐白石和徐悲鸿的画作就是许多人争相收藏的名品（见图 1.14、1.15）。

图 1.14　齐白石的画作

图 1.15　徐悲鸿的画作

1.2.2　数码产品的特征

用户对产品功能、造型、色彩、材质的不同的需求决定了产品的实现方式，产品也因而表现出不同的特征。

数码电子产品是一类有别于过去机械式产品的物品。它的功能实现不完全依靠产品的机械结构之间的行为关系。相对于机械式产品而言，数码电子产品的运作模式、工作状态、操作结果更不易为一般使用者所理解。数码电子产品是一种“黑匣子”式的产品，其运行状态都处于造型外衣之下。其功能的实现方式更多的依赖操作者的能力。因此，数码电子产品的操作过程，在操作中获取信息的方式都会跟以往的机械式产品有不同之处。

1. 技术特性

产品的物质功能是由使用者的物质性需求决定的，同时受到技术的制约。

数码产品的技术特征主要表现在以下几个方面。

① 能够把文字、影像或声音转换为数字信号，并以数字信号作为存储和传输介质。

② 信号被数据化后，其信号的传输率较高，因而数码产品具有良好的数据编码压缩技术。

③ 将编码后的视频、音频，以及其他数据信号分别打包后复合成单路串行的比特流，使得数码产品具有可扩展性、分级性、交互性与网络互通性。

④ 信号在传输中不易失真，清晰度高，并能与计算机和网络连接，进行系统升级。

以往的产品具有安全性、可靠性、经济性、便捷性、舒适性和协调性等特征，现在的数字产品还拥有一些新的特征。

（1）智能性

智能性指产品自己会“思考”，会做出正确判断并执行任务。例如，伊莱克斯智能吸尘器三叶虫，每天在无人指挥的情况下，自动完成清洁任务。如果感觉电力不足，三叶虫会自动前往充电，充完电后还会沿着原来的路线，继续完成未结束的清扫工作（见图 1.16）。再如，智能冰箱能根据商品的条形码来识别食品，提醒你每天所需的食品，甚至提示你的营养搭配是否合适，商品是否快过保质期，如果缺少了一些物品，它会自动订购商品等。

图 1.16　伊莱克斯智能吸尘器三叶虫

（2）网络性

网络性指产品可以随时和人通过网络保持联系。这种联系超越了空间的限制，人可以随时随地操控产品。产品之间也是互相联系的。例如，西门子公司已经研制成的能与互联网连接的家用电器，如冰箱、电炉、洗碗机、洗衣机及洁具。这种冰箱可以通过网上超市自动订购商品；电炉可以从网上获取菜谱，帮助准备菜肴，一旦出现故障，它还能自动呼叫维修服务；洗碗机可以根据清洗的数量，让厂家提供最佳的清洗程序；洗衣机可以同电炉和洗碗机相互联络，谁最紧迫谁就先用电等（见图 1.17）。

（3）沟通性

沟通性指产品和人的主动交流，形成互动。这种互动是积极的，一方面产品接受人的指令，并给出判断的参考意见；另一方面产品可以觉察人的情绪变化，主动和人沟通。例如，未来的洁具可以随时化验使用者的排泄物，并将化验数据送给家庭保健医生；计算机会在适当的时候提示你的健康状况，提供休息娱乐方案；宠物会觉察主人的情绪，根据判断用不同的沟通方式取悦主人（见图 1.18）。

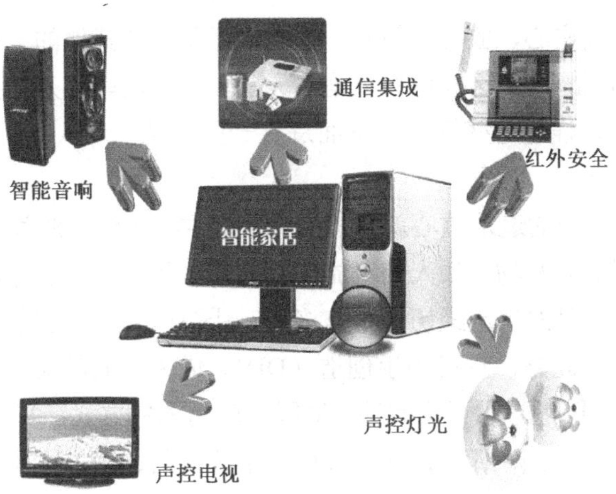

图 1.17　网络性产品

图 1.18　电子宠物产品

2. 情感特性

产品的物质功能和精神功能是有机地融合在一起的，产品从能用、易用、好用到乐用，人对其喜爱程度逐渐增加（见图 1.19）。生理上感受了舒适、舒服、舒畅，会带来心理上的喜悦和感动（见图 1.20）。如果物质功能拙劣，使用者很难对其产生喜爱之心。因此，物质功能的完善是产品生命力的基础。

能用 ⇨ 易用 ⇨ 好用 ⇨ 乐用

图 1.19　产品使用功能升级图

安心 ⇨ 放心 ⇨ 舒心 ⇨ 称心

图 1.20　产品使用感受升级图

当然，产品要让人安心、放心、舒心、称心，还要具备其他的一些情感特性。人的需求是多元的、变化的。因此，这些特性也是多元的、动态的、因人而异的，很难给予一个准确的定义，但是可以描述这些性质，下面进行一些归纳。

（1）感受和体验

物质一旦满足，人们的追求重心就自然转向了精神。人们有时间和自由去经历和体验不同的事，感受周围的人和物。如人们对旅游、探险、登山、潜水等体验活动表现出极大的热情，这是为了让自己的生活经历更丰富多彩，让自己的生命更加充实饱满，让自己的人生过得更加有质量。此外，自己动手创造（DIY）成为人们的又一种新鲜的休闲方式，如自己动手陶艺、做小饰物、布置房间等。德国人度周末的方式，多选择剪草坪、修汽车、翻瓦片、做家具。例如，前南斯拉夫总统铁托先生选择的休闲方式是做木匠。现在，人们已经把家庭劳动看做一种趣事。在这些个人体验活动中，人的好奇心得到释放，求知欲得到满足，它丰富着个人情感，使心灵厚实起来。

对设计师而言，真实的生活体验胜过任何使用者行为调查所得的数据。

这类产品给人的感受和体验是新鲜的、新奇的、奇异的、奇怪的、聪明的、启发的、启迪的、激动的、兴奋的、激发的等（见图 1.21）。

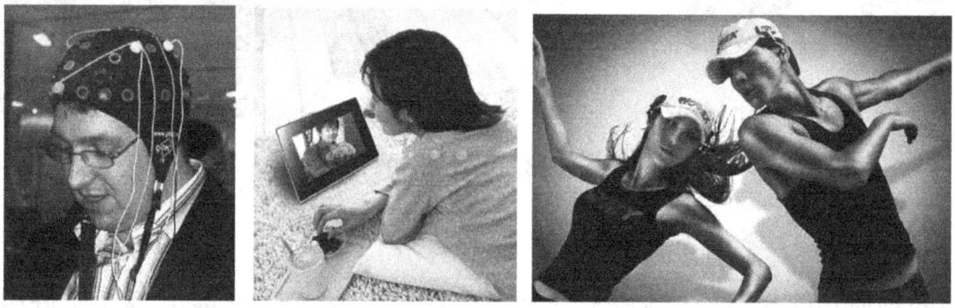

图 1.21　产品的“感受和体验”

（2）情感和趣味

现在，人们的工作竞争和生活压力增大，对物的依赖程度高，感情交流少，距离感和孤独感加剧，因此，更渴望得到关怀、轻松和情趣。这种价值取向会折射到生活的各个方面。例如，成人儿童化现象，这体现在年轻成年人的生活和娱乐中，他们没有完全脱离少男少女的心态，还会保留一些儿童化的生活方式，如看卡通片、漫画书、玩游戏来消遣自己的业余生活，买玩偶公仔装饰自己的生活空间，养宠物和自己做伴等。

这类产品是温柔的、柔软的、温和的、温暖的、温馨的、亲密的、关怀的、关爱的、宜人的、体贴的、细心的、包容的、可爱的、调皮的、幽默的、诙谐的、风趣的、灵巧的、灵活的、活泼的等（见图 1.22）。

图 1.22　产品的“情感和趣味”

（3）符号和品位

对符号和品位的注重，实际上是人的审美情趣、生活方式的一种外在表现。“符号”的作用在于体现奢侈品与大众品的差异化，人们通过符号弹性地表示购买力和社会身份，将尊贵提到新的高度。服装和手表中的名牌就是典型，一方面自己得到一定的归属感和心理满足；另一方面通过这些符号性的产品体现成就感和优越感。

这类产品是华丽的、华贵的、奢侈的、尊贵的、高贵的、高雅的、精美的、优越的、限量的、唯一的等（见图 1.23）。

图 1.23　产品的“符号和位味”

（4）个性和另类

注重个性和另类，是人的一种自我确认，一种区别于他人的存在感。人对个性的追求，其目的是向其他人展示自我，表明自己的独特性。特别是年青人，他们为了标榜自己的个性，展示与众不同的风格，外在表现为从头“武装”到脚，通过佩戴独一无二的饰物、穿着标新立异的服装等，表达他们内在一种自命不凡、渴望独立的心态。

这类产品是特有的、未知的、反叛的、独特的、革命的、新鲜的、响亮的、与众不同的、不凡的、让人注目的、冲动的、奇异的、奇怪的、变化的等（见图 1.24）。

图 1.24　产品的“个性和另类”

（5）艺术和时尚

对艺术和时尚的追求，实际上是表明一种生活态度。艺术的真正意义在于追求真善美，艺术化的生活是诗意和优雅的；时尚的真正意义在于探索、追求和创新，本质在于变化。时尚是一种动态变化的风格，是一种年轻开放的心态，是一种生活观念。

这类产品是美丽的、诗意的、微妙的、回味的、启发的、简约的、装饰的、流行的、现代的、古典的、充满活力的等（见图 1.25）。

图 1.25　产品的“艺术和时尚”

3．社会特征

（1）可持续发展与生态性

可持续发展是社会学的概念，它关注的是整个人类的长久发展。可持续发展的提出基于两个事实：一是地球资源是有限的，如果无限制的开采和利用，终会用尽；二是工业化的生产，带来了废气废渣等污染物，对人类的生存环境构成了挑战。

对此，人们在设计中采取了积极的态度：一是限制大量材料在产品中的使用，而且产品设计使用的材料要容易被回收；二是设计可有效分离部件的产品，循环利用。

例如，绿色设计，提倡节约和合理利用资源，尽量利用可再生的资源，同时尽量避免对环境产生污染。再如，组合设计，强调组合就是要使产品设计和生产中所使用的材料在日后能被重新利用，进入新的循环设计之中。循环设计和组合设计并不会降低设计的质量，相反，在能源问题日益突出的今天，这样的生态设计符合普遍的价值追求，因此，会获得更好的社会支持。作为第一款绿色环保手机，诺基亚 3110Evolve 在外形设计上承袭了 3110Classic 轻巧灵便的简约风格，黑白对比分明的色彩搭配给人清新雅致的感觉（见图 1.26）。该手机特别强调绿色环保概念，所以使用了绿色材质，包括 50%的机壳材料和超过 60%的包装盒材料，都是可回收再利用的环保材料。甚至手机盒也刻意缩小，节省用料以符合环保概念。同时，诺基亚 3110Evolve 还使用了更有效率的诺基亚 AC-8 手机充电器，不仅符合美国环保局的能源之星（Energy Star）节能规范，而且比标准数值更加省电。

图 1.26　环保手机——诺基亚 3110Evolve

（2）和谐发展与民主性

现代主义设计带有浓重的社会主义色彩，体现设计为大众的民主性。设计关注大众的需求，为大众的生活服务，特别是对社会弱势群体的关注，设计体现营造一个平等、自由、共享的和谐社会的理念。

飞利浦设计中心的设计思想是“提高人们的生活质量，促进个人、自然和人工环境的和谐”。现在，数字化和网络化的生活，将会根本改变自由和民主的内涵。民主不只是一种政府组织形式，它主要是一种共同生活和交流经验的方式。网络化给人类民主生活的影响比那种自下而上的政治运动来说，要深刻得多、广泛得多、有效得多。因此，设计的民主性将具有更加深刻和广泛的意义。

飞利浦不仅在生产过程中注重绿色环保，在产品设计上也将人文关怀放到第一位。例如，在嘈杂的环境中，我们总是将音量越开越大，以使音乐声盖过外界噪声，其实这样做对听觉系统的影响是很大的，对于未成年人危害尤甚。飞利浦 Spark 内置音量限制功能，用户可以预先设定一个音量上限，然后无论怎么调，音量都不会超过这个范围，有效保护了使用者的听力健康。

飞利浦的绿色环保概念还包括一个方面——节能。虽然数码播放器耗电量无法和大型电器相比，但其保有量大，总的耗电量还是很可观的。飞利浦 Spark 采用大容量锂电池，再加上先进的节电技术，让续航时间达到惊人的 22 小时，也就是说几乎可以连续听一天一夜。若每台 MP3 都像 Spark 这样省电，因火力发电而产生的温室气体就会大幅减少，我们的地球就会变得更加美好（见图 1.27）。

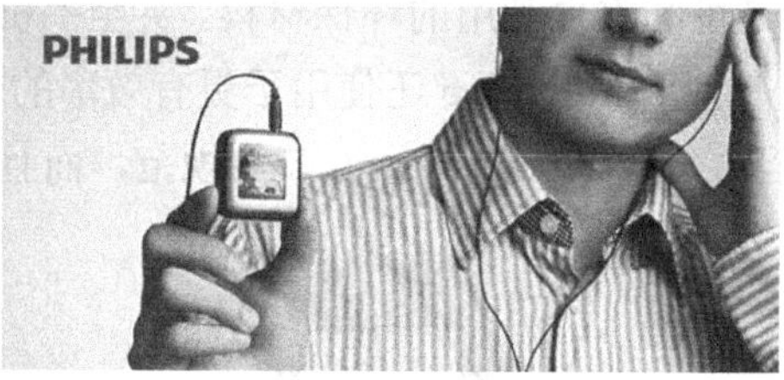

图 1.27　飞利浦 Spark

1.3　数码产品的产生及发展趋势

1.3.1　数码产品的产生

随着电子信息技术的加速发展，数码产品的功能和种类得到了极大地丰富，当然数码产品的普及速度在人类的发展史上也是罕有的，科技从来没有像今天这样从创造的那一刻起就迅速转化成生产力进而以产品的形式呈现在我们的生活中，为我们提供了无限的乐趣。然而，很少有人能说清楚数码时代从何时开始，不知不觉中，手机、数码相机、数码媒体播放器就成为了我们生活中不可缺少的一部分。不同品牌、功能各异的数码产品更新换代极为迅速，甚至有些数码爱好者为追求最新产品而乐此不疲。其实，数码产品与个人计算机有着极为密切的关系，多数的数码产品都是个人计算机功能的延伸，因此，说起数码产品的产生，就不得不提及多媒体计算机的产生。

从计算机的诞生到进入千家万户的个人计算机，经历了三十年左右的时间。这期间，计算机作为高科技和高效率的代表，以其昂贵的价格服务于科学实验室、政府机关及各大公司。而最具划时代意义，深刻影响我们生活的正是多媒体计算机的出现。多媒体技术是将计算机系统中图形、图像、声音、文字等多种信息媒体综合于一体进行编排处理的技术。它是在原有的计算机运算能力的基础上，扩充了数字信号处理器、大容量光盘、触摸屏和其他的外围设备作为系统的基本配置，以多种形式表达、存储和处理信息，充分调动人们耳闻、口述、目睹、手触等多种感觉器官与计算机交互作用、交流信息，使人与计算机的交流更加方便、更加友好。正是由于这些互动的产生，极大地调动了人们对于多媒体的兴趣，更多的人们已经不满足于在家中或者办公室感受这种新兴体验，毕竟为了听一首歌而打开计算机是一件多么烦琐的事情。以数字媒体播放器为例，数字技术的出现和芯片研发技术的不断提升使媒体播放器小型化、功能化成为可能。现在小型的数码媒体播放器无处不在，有挂在胸前的带有装饰作用的，佩戴在手臂上具有运动感的，还有放在钱包里小巧轻便的……（见图 1.28）

（a）手腕式

（b）耳挂式

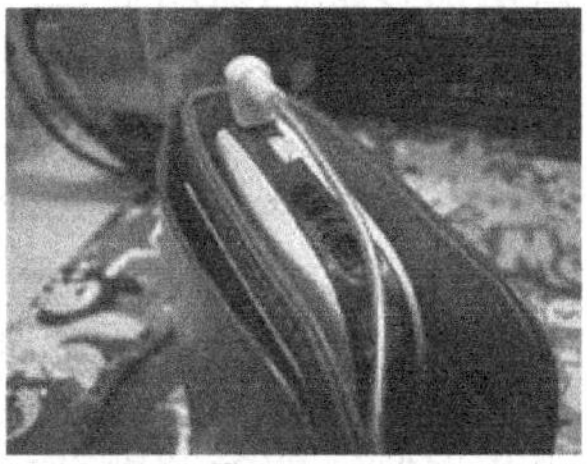

（c）卡片式

（d）头挂式

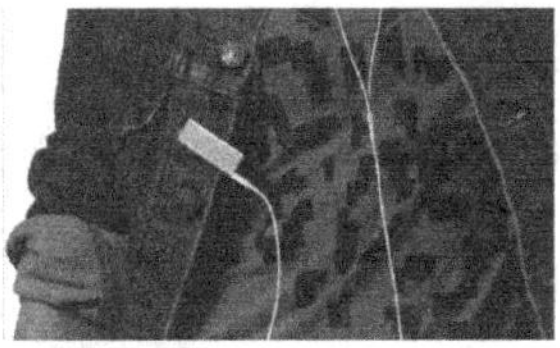

（e）夹边式

（f）颈带式

图 1.28　小型多样化的数码媒体播放器

1.3.2　数码产品的发展趋势

从国际同类产品的发展走势来看，目前数码产品发展主要呈现以下明显趋势。

（1）数字化（数码化）、界限模糊化和多样集成化

数字化——目前消费数码产品的最大特点是数字化步伐加快，传统的模拟数字产品逐步将被新的数字化产品取代。DVD、数字电视、数字音响、相机等正成为市场的热点。数字家庭、数字城市等数字环境建设的概念应运而生，并成为热门话题。

界限模糊化——计算机、通信、消费类数码产品很难划清一个明显的界限，广播电视、可拍照的手机、可打电话的 PDA、具有数据存储功能的 MP3 等，这些产品很难再按照原来的概念来分类，相互的界限越来越模糊（见图 1.29）。

图 1.29　一些功能界限模糊的数码产品

多样化与集成化的趋势明显——现在，传统的以电视、音响为内容的家庭娱乐阵营，逐步被各种摄像机、游戏机、数字相机、DVD、MP3 及多媒体占领。与此相应，国外相关企业已加强了消费类数码产品的研发与市场开拓；国内 IT 厂商和家电厂商也在积极跟进。

（2）视听技术和信息技术紧密结合

数码产品和信息产品之间的无线联网成为了潮流。网络电视就是这种结合最典型的例子。此外，帮助实现无线联网的“蓝牙”等技术已被越来越多公司采用（见图 1.30），这意味着个人计算机、掌上数字助理、移动通信工具、汽车智能系统和其他消费类产品间将来能够通过无线方式实现联网。

图 1.30　应用蓝牙技术的产品

（3）消费类数码产品越来越“人文化”

产品的卖点不光在于技术新，还要尽可能地满足消费者的需求。例如，一种电视节目管理机器，它可以自动根据关键词或者其他的指令将用户喜欢的节目储存在硬盘中，也可根据用户的要求编制个性化的电视节目菜单。许多公司已将无线上网系统、数字地图和小屏幕 DVD 搬到了家用汽车中。这些公司研制出的芯片只有微型邮票那么大，以这种芯片制成的液晶显示电脑、MP3 播放机和迷你相机等产品，可戴在手腕上、穿在身上。掌上电脑和移动电话二合一的产品也已经出现（见图 1.31）。

索尼　　三星　　苹果

图 1.31　掌上电脑和移动电话的结合

（4）无线应用技术成为时尚

技术向各个领域的延伸，从电话、寻呼机、传真机到掌上电脑、打印机、扫描仪等，一整套设备可以提供及时的声音、图像、汉字传输、网络服务。这一切改变了人们的工作方式，并成为了一种时尚潮流。从城市到乡村、从机关到厂矿，这些先进的通信办公设备，几乎无处不在。波及我们生活的，如数码成像，便可以通过网络传递到数码冲印店，让你足不出户，便可以享受到冲印相片公司的优质服务。无线通信技术的高速发展，使人们的生活变得越来越简单，同时更加丰富多彩。

（5）产品商务网络化

随着网络的发展和计算机的普及，进入 21 世纪以来，网络几乎成为了人们关注的焦点，原用于商业经营的电子商务，逐渐进入了家庭，走进了百姓家。人们对于网上购物不再陌生，同时也产生了新的词汇，我们经常在交谈中听到一些“网上竞拍”及“秒杀”等新词。尽管网络还在建设中（我们国家的网络建设要落后于一些发达国家，主要体现在网络的宽带，网络的稳定性、安全性及网络功能开发方面），但人们对网络的支付已经不必担心。目前，国内的电子商务网站发展得很快，已经开始在网上购买比较贵重的商品，如手机、计算机零配件，甚至汽车和房屋的交易，同时由于电子商务的迅猛发展，很多网络公司构建的网络交易平台日趋完善，所卖物品涵盖了生活的衣、食、住、行所需的各个方面，极大地方便了网络使用者。这些交易平台有我们熟知的淘宝网和易趣网，也有专门出售图书的当当网等（见图 1.32）。

淘宝网　360buy.com 京东商城　当当网 dangdang.com

joyo卓越 amazon.cn　GOME 国美电器 网上商城 www.gome.com.cn　苏宁易购 WWW.SUNING.CN

图 1.32　各式各样的网络购物平台

第二篇　产品认识深入
——数码产品环境与市场分析

第二篇包括了本书的第 2 章内容，介绍了数码产品行业的宏观环境和微观环境，分析了数码产品消费行为，提出了如何根据消费行为特点进行市场定位，有助于深入了解数码产品的环境特点和市场消费特点。

第2章 环境分析

2.1 宏观环境分析

我国在改革开放以后，社会文化领域日益开放，人们的观念更新迅速。尤其是沿海发达地区的城镇居民能较快地接受新产品，审美价值与几十年前发生了翻天覆地的变化。当然，对于数码新产品，人们的认识和产生爱好还需要一个过程和一些时间，需要行业内各个厂商的营销活动加强及产品功能的完善新奇。

2.1.1 人文环境

据调查，数码产品的主力消费群体是18～35岁的年轻人，占91%左右。他们是中国社会的新的强盛的消费力量。一方面，他们好奇心强，追求感观刺激，能迅速地接受新产品、新科技；另一方面，他们正在接受教育或者接受教育程度比较高，对高科技产品情有独钟，喜欢时尚，追逐流行，有较强的消费欲望。在这一人口群体中，既有在读的学生，又有收入较高的白领阶层，不同价位、品质的数码产品有不同的客户群，可以进行市场细分。

2012 年，中国移动互联网加速发展，迎来了更快发展的一年。作为移动互联网产业的重要载体，3G 网络建设正趋于完善，3G 手机终端也更加多样化，用户的选择更加广泛。2012 年中国 3G 用户迎来了爆发式增长的一年，运营商则在资费、终端、业务等多个方面做出调整，吸引新用户和增强老用户的黏度。

2012 年 4 月底，中国三大运营商相继发布了运营报告。2012 年第一季度，中国 3G 用户累计净增 2 287 万户，3G 用户总数接近 1.52 亿户。目前来看，中国移动 3G 用户数量最多，达到 5 956 万户；其次为中国联通，有 4 886 万户；中国电信 3G 用户累计为 4 355

万户。

- 2012 年，表示对 3G 非常了解的 IT 网民比例达到 31.8%，远远高于过去两年；同时表示对中国三种 3G 制式和三大 3G 品牌都听说过的网民比例均在八成左右，可见中国 IT 网民对 3G 的认知度已经很高。
- 中国 IT 网民中，超过八成正在使用 3G 手机，远高于 2010 年、2011 年水平。
- 中国 IT 网民中使用三星 3G 手机的比例最大，为 14.8%，使用 HTC 与诺基亚品牌的网民比例相当。使用摩托罗拉、苹果、华为品牌 3G 手机的网民比例也均在 10%以上。
- 3G 手机用户中，86.9%目前正在使用 3G 业务，使用比例较前两年大大提高。
- 3G 用户经常使用的 3G 业务中，手机上网使用比例最高，达到 97.1%，其次为通过 QQ/MSN 等即时通信工具聊天，使用比例为 86.5%。
- 58.9%的 3G 用户表示使用 3G 网络上网网速快，打开网页流畅，与 2010 年、2011 年比例相当。
- 31.2%的 3G 用户表示 3G 给其生活带来的变化明显，较 2011 年增长 2.4%。
- 非 3G 手机用户中，75.1%的网民表示近期有购买 3G 手机的打算，74.0%表示有了解 3G 业务的打算。

中国 3G 手机用户基本信息分布如下。

1. 年龄分布

- ZDC 调查结果显示，2012 年中国 3G 手机用户年龄以 18～35 岁为主，累计占比 83.2%，且 3G 用户年龄年轻化趋势明显，18 岁以下、18～25 岁用户比例较去年累计增长了 4.8%，如图 2.1 所示。

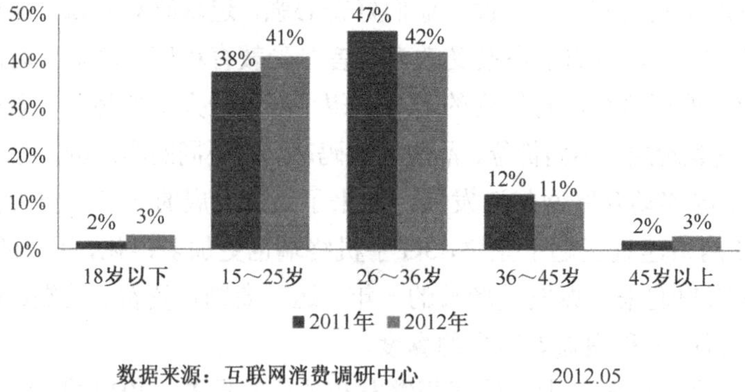

图 2.1　2011—2012 年中国 3G 手机用户年龄分布情况

● 从学历分布来看，中国 3G 手机用户的学历呈明显下移趋势。2012 年中国 3G 手机用户中大学本科学历者占 39.0%，较 2010 年、2011 年分别下降了 8.8%、11.1%。而初中及以下、高中、大专学历的用户比例则出现不同幅度上升，如图 2.2 所示。

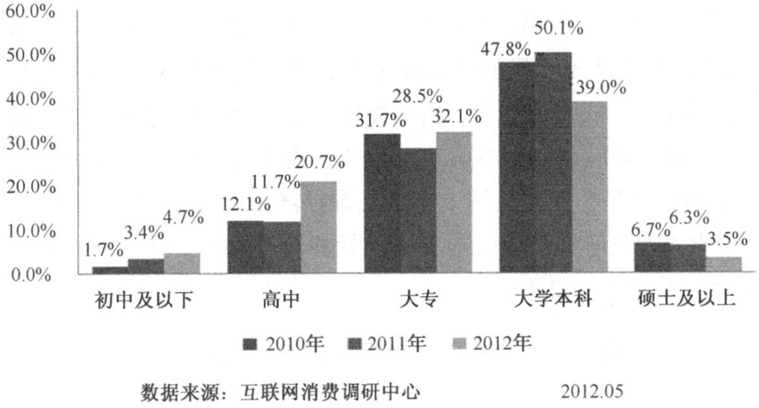

图 2.2　2010—2012 年中国 3G 手机用户学历分布情况

2. 收入分布

● ZDC 调查结果显示，2012 年中国 3G 手机用户月收入以 5000 元以下群体为主，累计占比 83.0%，且 2000 元以下、2000～3000 元、3001～5000 元收入者所占比例较为接近，如图 2.3 所示。

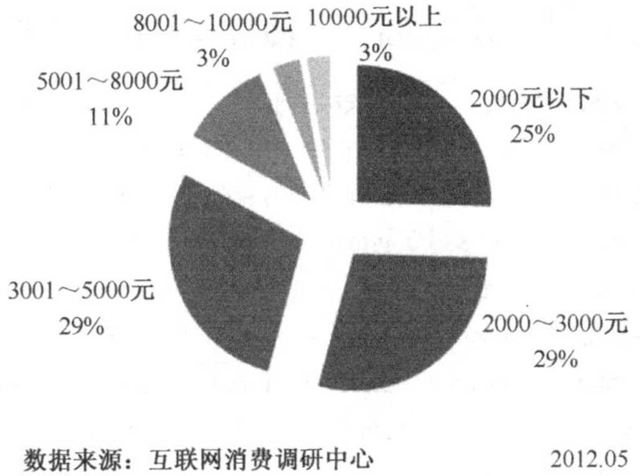

图 2.3　2012 年中国 3G 手机用户月收入（税前）分布情况

2.1.2 经济环境

任何商品的产生、生存、发展与淘汰都处于一定的经济环境当中并影响着经济环境的变化，经济环境对商品有反作用，一定程度上影响着企业的生产对象、规模与发展方向。

2011 年以来，我国实施积极的财政政策和稳健的货币政策，不断加强和改善宏观调控，经济运行总体良好。投资、消费、出口稳定增长，内需拉动和支撑作用继续增强，工业生产平稳增长，财政收支增长较快，货币信贷平稳回落，经济增长的主要拉动力逐步从政策刺激向自主增长有序转变。虽然上半年我国经济出现温和放缓，但工业化、城镇化、消费结构升级、收入增长等经济增长的支撑力量并没有发生变化，我国经济增长的内生动力依然较为强劲（见表 2.1、2.2）。

表 2.1　2006—2011 年我国 GDP 增长变化情况

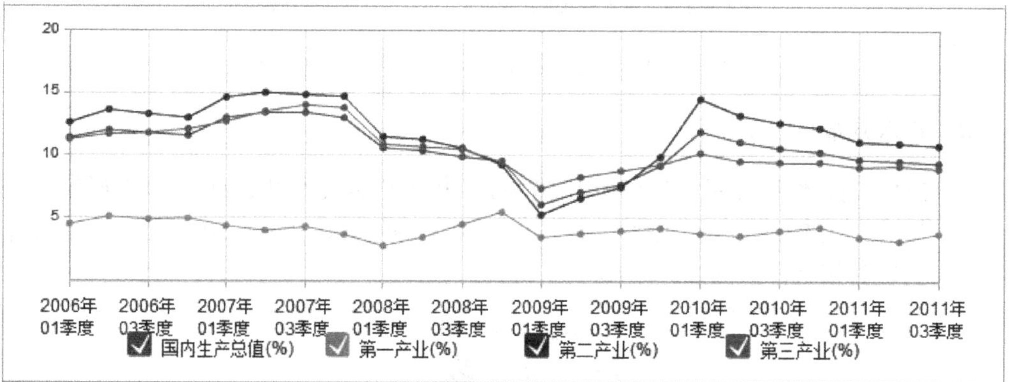

季　度	国内生产总值		第一产业		第二产业		第三产业	
	绝对额(亿元)	同比(%)	绝对额(亿元)	同比(%)	绝对额(亿元)	同比(%)	绝对额(亿元)	同比(%)
2011年第1～3季度	320692	9.40 %	30340	3.80 %	154795	10.80 %	135557	9.00 %
2011年第1～2季度	204459	9.60 %	15700	3.20 %	102178	11.00 %	86581	9.20 %
2011年第1季度	96311	9.70 %	5980	3.50 %	46788	11.10 %	43543	9.10 %
2010年第1～4季度	397983	10.30 %	40497	4.30 %	186481	12.20 %	171005	9.50 %
2010年第1～3季度	268660	10.60 %	25600	4.00 %	129325	12.60 %	113735	9.50 %
2010年第1～2季度	172840	11.10 %	13367	3.60 %	85830	13.20 %	73643	9.60 %
2010年第1季度	81622.3	11.90 %	5139	3.80 %	39243.5	14.50 %	37239.8	10.20 %
2009年第1～4季度	340903	9.20 %	35226	4.20 %	157638.8	9.90 %	147642.1	9.30 %
2009年第1～3季度	217817	7.70 %	22500	4.00 %	106477	7.50 %	88840	8.80 %
2009年第1～2季度	139862	7.10 %	12025	3.80 %	70070	6.60 %	57767	8.30 %
2009年第1季度	65745	6.10 %	4700	3.50 %	31968	5.30 %	29077	7.40 %

续表

季　度	国内生产总值		第一产业		第二产业		第三产业	
	绝对额(亿元)	同比(%)	绝对额(亿元)	同比(%)	绝对额(亿元)	同比(%)	绝对额(亿元)	同比(%)
2008年第1～4季度	314045	9.60 %	33702	5.50 %	149003	9.30 %	131340	9.50 %
2008年第1～3季度	208025	9.90 %	22062	4.50 %	103974	10.60 %	81989	10.50 %
2008年第1～2季度	134726	10.40 %	11800	3.50 %	69330	11.30 %	53596	10.70 %
2008年第1季度	63475	10.60 %	4720	2.80 %	31658	11.50 %	27097	10.90 %
2007年第1～4季度	257305.6	13.00 %	28627	3.70 %	124799	14.70 %	103879.6	13.80 %
2007年第1～3季度	174427.6	13.40 %	17936.8	4.30 %	86404.8	14.80 %	70086	14.00 %
2007年第1～2季度	112458.3	13.40 %	9283.3	4.00 %	57614.5	15.00 %	45560.5	13.50 %
2007年第1季度	53058.3	13.00 %	3654	4.40 %	26464.6	14.60 %	22939.6	12.70 %

注：国内生产总值（Gross Domestic Product，GDP），是指在一定时期内（一个季度或一年），一个国家或地区的经济中所生产出的全部最终产品和劳务的价值，常被公认为衡量国家经济状况的最佳指标。它不但可以反映一个国家的经济表现，更可以反映一国的国力与财富。

表 2.2　2010—2011 年我国 GPI 指数及同比增长变化情况

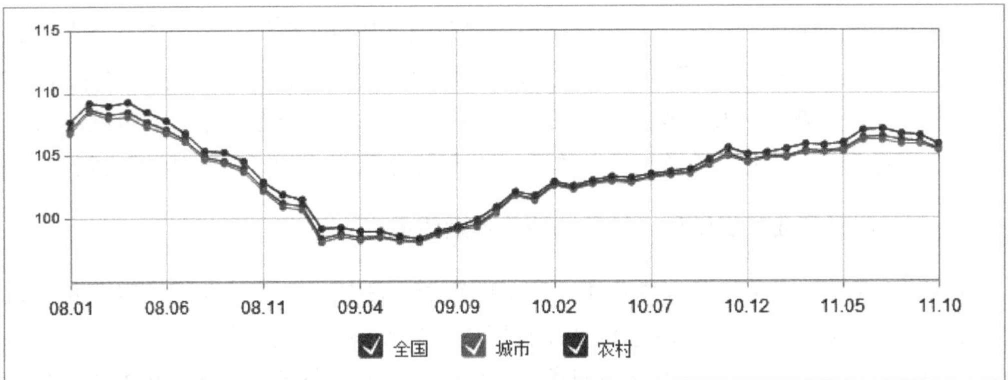

月　份	全国			城市			农村		
	当月	同比增长	累计	当月	同比增长	累计	当月	同比增长	累计
2011年10月份	105.5	5.50 %	105.6	105.4	5.40 %	105.5	105.9	5.90 %	106.2
2011年09月份	106.1	6.10 %	105.7	105.9	5.90 %	105.5	106.6	6.60 %	106.2
2011年08月份	106.2	6.20 %	105.6	105.9	5.90 %	105.4	106.7	6.70 %	106.1
2011年07月份	106.5	6.50 %	105.5	106.2	6.20 %	105.4	107.1	7.10 %	106.1
2011年06月份	106.4	6.40 %	105.4	106.2	6.20 %	105.2	107	7.00 %	105.9
2011年05月份	105.5	5.50 %	105.2	105.3	5.30 %	105	106	6.00 %	105.7
2011年04月份	105.3	5.30 %	105.1	105.2	5.20 %	105	105.8	5.80 %	105.6
2011年03月份	105.4	5.40 %	105	105.2	5.20 %	104.9	105.9	5.90 %	105.5

续表

月　份	全国			城市			农村		
	当月	同比增长	累计	当月	同比增长	累计	当月	同比增长	累计
2011年02月份	104.9	4.90 %	104.9	104.8	4.80 %	104.7	105.5	5.50 %	105.3
2011年01月份	104.9	4.90 %	104.9	104.8	4.80 %	104.8	105.2	5.20 %	105.2
2010年12月份	104.6	4.60 %	103.3	104.4	4.40 %	103.2	105.1	5.10 %	103.6
2010年11月份	105.1	5.10 %	103.2	104.9	4.90 %	103.1	105.6	5.60 %	103.5
2010年10月份	104.4	4.40 %	103	104.2	4.20 %	102.9	104.7	4.70 %	103.3
2010年09月份	103.6	3.60 %	102.9	103.5	3.50 %	102.8	103.9	3.90 %	103.1

注：CPI：消费者价格指数（Consumer Price Index，CPI），是用于衡量与居民生活有关的衣食、教育、通信、交通、医药等八大类消费产品价格变动的指标。当CPI涨幅高于3%时，表明社会存在一定程度的通货膨胀；而当CPI涨幅高于5%时，则意味着较为严重的通货膨胀正在袭来。2010年，“蒜你狠”、“豆你玩”、“姜你军”、“糖高宗”等个性词汇的横空出世，形象描绘出大宗商品轮番上涨给百姓生活带来的诸多无奈。

1. 居民收入的提升有助于进一步释放休闲娱乐的需求

国家统计局数据显示，2011年全年国内生产总值471 564亿元，比2010年增长9.2%；全年农村居民人均纯收入6977元，比上年增长17.9%，扣除价格因素，实际增长11.4%；城镇居民人均可支配收入中位数为19118元，增长13.5%。中国宏观经济的持续增长与居民收入的不断提升，将进一步释放居民休闲娱乐方面的需求，数码产品市场潜力仍然很大。

2. 数码产品产业的娱乐化、成熟化趋势日渐明显

WAP、3G网站日益增多，用户购买产品的渠道不断拓宽。电信业、广电业和互联网行业的彼此融合将为消费者获取数码产品及周边产品提供更为方便的途径。

当前，金融危机与电子商务狭路相逢，从而推动国民消费模式出现历史性大变局，带动了零售模式的大转折。在电子支付、网络零售平台、物流体系等环节的相互依托下，网络零售已经成为消费品产业发展的重要推手。在当下宏观环境中，这一推动力显得尤为重要。

（1）消费模式出现历史性大变局带来网络零售产业大发展

随着网购热潮的兴起，通过网络渠道购买IT产品的网民越来越多，且所购产品的范围和价格也在不断扩大和升高，小至IT产品配件，如手机套、挂绳、贴膜、键盘鼠标等，大到手机、笔记本、数码相机等产品，几乎都成为了网民网购的对象，且网购频率呈不断加剧趋势。但是回想起来，你的每一次网购经历都是顺利的吗？每一次网购的产品都符合心意吗？

如今，手机已经成为人们日常生活中不可或缺的通信工具，互联网消费调研中心 ZDC 对中国 IT 网民购买手机或手机配件的行为进行了深入调查，调查结果显示，曾经通过网络渠道购买过手机或手机配件的网民比例累计为 77.6%，而在从未网购过手机或手机配件的网民中，未来打算尝试的比例累计竟然达到 84.2%。可见，网购手机或手机配件的行为在中国 IT 网民这个庞大的群体中已经成为一件稀松平常的事情，并且对于未涉足者具有强大的吸引力。

为什么越来越多的网民愿意加入到网购手机或手机配件的行列中来呢？这与网络渠道所拥有的几大优势有直接关系。调查结果显示，价格比实体店便宜是网民选择网络渠道的主要原因，选择比例均接近七成。价格相对便宜是网络渠道的最大优势。商品种类丰富、可选空间大则是网购渠道的第二大优势。送货上门、省时省力成为网络渠道的第三大优势。

另外，随着网络购物市场规模的不断扩大及团购网站的兴起，网购领域的竞争也日益加剧，琳琅满目的促销活动和诱人的促销折扣也成为吸引网民的一大原因。

“向网络转移已经成为历史性的大变局，无论是谁都必须重视这点，同时也应该针对这一变局制定应对之道。” 支付宝总裁邵晓锋对此表示，每一次消费模式的革新都带来了人类产业的大转折，网络零售表征的是“未来的商业”，即以互联网为代表的信息技术，加速渗透并直接改变了商业形态、商业规则，而新的商业则带动了社会经济形态的巨变。以诚信、透明、责任、全球化为特点的新商业文明已经出现在眼前。

（2）电子支付护航网络零售渐成主流渠道

消费方式的改变意味着零售模式必须随之革新。据调研表明， 2011 年中国网络购物市场交易规模达 7 735.6 亿元，较 2010 年增长 67.8%。2011 年中国网络购物市场中，“服装、鞋帽、箱包类”占比居首，排名其次的是“3C 或家电类”，占比为 24.2%。与 2010 年相比，3C 或家电类份额上升 7.5%，各品类中 3C 或家电类增速显著。除了远超过线下零售业的发展速度外，网络零售已经成为未来零售的主流渠道之一（见图 2.4）。

除了网络零售渠道之外，支撑起网络零售的配套产业环境也发生了深刻的改变，与之匹配的支付体系、物流体系及广告体系等随之成熟，共同支撑起来数码产品网络零售业的发展。此前，大多数人认为数码产品由于其价格较高，很难实现网上零售，但信任担保支付模式的出现，这一问题迅速获得了解决。

购物就要付钱，但与当面交易一手交钱一手交货不同，网购需要通过各种支付手段来完成交易，日益膨胀的网购市场，也造就了支付市场的大蛋糕。

图 2.4　淘宝网数码产品

最早的网购支付手段是网上银行，银行利用互联网技术，向客户提供开户、销户、查询、对账、转账等服务，这让网购通过网络付款成为现实。

通过银行的网银将钱转移到支付宝、财付通等第三方支付平台，收到东西后再到支付平台上确定付款给卖家，各家网购网站经过数年的普及，这种由第三方支付平台、网银参与的网购付款方式，已成为网购族最为熟悉的支付方式。

调研表明，网购频率较高的网民，更多采取的是网银付款等线上支付方式完成货款支付，尽管现在仍然有一部分货到付款的网购方式，但一般都是针对网购频率较低的群体。

从 2005 年到 2010 年，电子支付呈现疯长的态势，交易额连年翻番，2010 年达到 10 858 亿元，预测到 2012 年，中国电子支付行业交易规模将超过 2 万亿元。

目前第三方支付业务中，80%的业务来自银行网银通道，10%左右来自支付宝自身，约 10%来自于其他第三方支付企业（见图 2.5）。

图 2.5　便捷的网络购物支付方式

图 2.5　便捷的网络购物支付方式（续）

（3）数码厂商纷纷触网，直销化成重要战略

在网络零售产业大发展的盛宴中，除了站在台前的网络零售平台外，数码厂商也频频出镜，直接抢占未来制高点。在这一被创维副总裁杨东文称为“悄悄来临，突然发生”的直销时代里，除了将网络直销作为特色的戴尔之外，索尼、飞利浦、创维、海尔、长虹、联想等厂商纷纷接入电子支付，大力发展官方网络零售商城（见图 2.6），甚至专门针对直销形成新的销售团队。与支付宝达成合作的 TCL 宣布，凭借价格、货源、服务等优势，预计 2012 年 TCL 液晶电视在网上销售将取得 5 倍以上的增长速度。除了将开设网上商城作为渠道的有益尝试外，相关业内人士还对此寄予了更多厚望，“通过网上直销的方式，可以让我们更加直接地面对消费者，了解他们的需求，在前期环节实现个性化设计，在生产端上实现以销定产、柔性化生产，在销售段实现差异化零售方式。”TCL 相关负责人表示。

图 2.6　各品牌官方网络商城

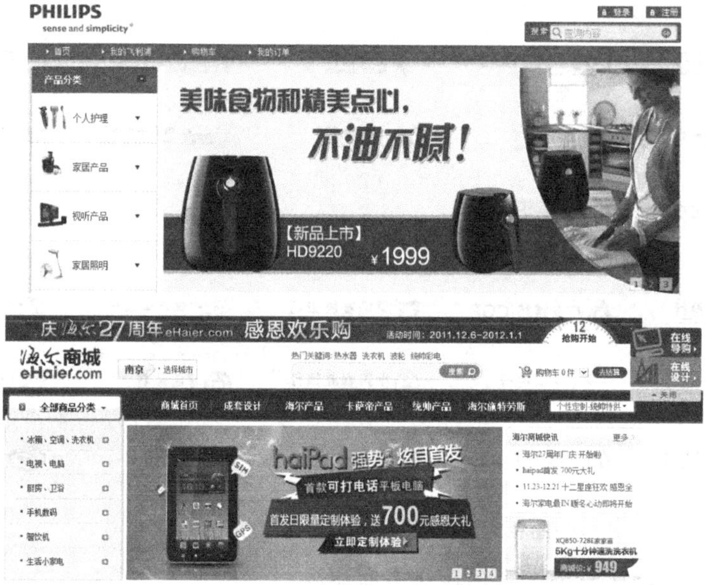

图 2.6　各品牌官方网络商城（续）

业内人士分析认为，随着网络支付手段及电子商务的成熟，网上购物安全性大大提高，数码家电业的渠道变革已经呈现多样化特征，从单一的厂家店面销售、经销商时代、整合型大卖场到网络营销和 B2C 直销，未来家电销售渠道的变革最终将向 B2C 方向靠拢（见图 2.7）。“开展 B2C 直销毫无疑问已经成为应对消费模式转变的重要战略之一”，某厂商相关负责人断言。

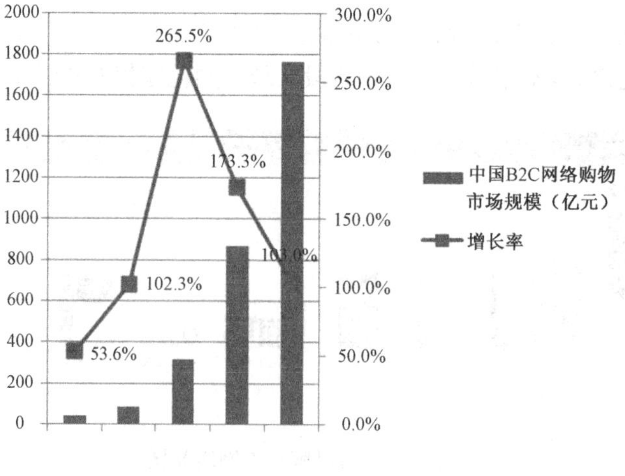

图 2.7　2007—2011 年中国 B2C 网络购物市场交易规模

2.1.3　技术环境

数码产品技术变革迅猛，液晶屏、微硬盘、处理器、操作系统等软硬件的技术不断向前发展，一方面提高了产品的性能和质量，另一方面降低了产品成本。在这样一个高科技产业中，企业只有拥有自己的特点才能在市场竞争中站稳脚跟。

如今数码技术已在许多行业中得到应用与发展，图 2.8 所列产品都应用了数码技术。

（a）监视器

（b）图片处理

（c）移动硬盘

（d）水中摄影

（e）数码钢琴

（f）数码纺织

图 2.8　数码技术应用

2.1.4 政策环境

文化产业正成为国民经济支柱性产业，过去 5 年保持 20%以上增长。当前文化产业已成为各路资本争相追捧的对象，2011 年中国文化产业投融资总规模已达 39.78 亿元，占过去 6 年总规模的 61%。除此之外，上市公司也成为文化产业投资的新力量。目前，我国文化消费需求远没有得到释放，与同等生产力水平国家相比，我国人均文化消费支出相对较低。

数码产品行业作为高科技行业的一个门类，在中国发展十分迅速。国家大力推动高新技术的发展，也没有面临市场准入门槛的尴尬，反而在税收、出口等方面享受优惠政策。伴随中国经济的发展也涌现出一系列环境污染、原料短缺、能源供应紧张等问题，阻碍了经济的增长和发展，增加了企业的生产成本和加大了企业的生存压力。但是，对于高科技企业是一次契机，可以进行产品的升级换代和整个产业的结构调整。

然而，中国在知识产权法律环境上的不足，可能影响电影、音乐等产品提供商的利益，会对一些数码产品获取稳定的片源造成一定的不利影响。当然，在这一方面，我国行政司法部门也在努力进行改革，保护正版厂商的合法权益，市场环境正在逐步改善。

自“十二五”规划明确提出将文化产业发展列为支柱性产业以来，国家出台了一系列推动文化产业发展的举措：2011 年新闻出版总署出台《新闻出版业“十二五”规划》；2012 年年初出台《国家“十二五”时期文化体制改革和发展规划纲要》；2012 年 2 月，文化部发布《“十二五”时期文化产业倍增计划》。

当前国家扩大文化产业发展专项资金和文化产业投资基金规模，国开行 2000 亿融资支持文化产业，文化产业投资基金资金总规模超过 1330 亿元，“十二五”期间我国文化产业增加值年增长预计将超过 20%。另外，《文化产业振兴法》将在“十二五”期间出台，有望规范文化产业发展秩序，促进数码产品、广播影视、动漫、新媒体、出版发行、文化演艺等重点文化行业快速发展。

2011 年中国网民数量突破 5 亿，互联网应用习惯出现显著变化，包括新型即时通信、微博等在内的新兴互联网应用迅速扩散，电子商务类应用稳步发展。随着国家对网络版权保护的重视和一系列相关保护正版政策措施的出台，网络广告收入将继续保持高增长，超过报纸广告收入，逐渐接近电视广告市场规模。

“三网融合”产业链跨广电、电信、互联网，“三网融合”的发展，形成互联网电视、IPTV、网络电视、数字电视、手机电视等多种新型电视方式，这些方式都为数码产品产业的发展提供了巨大的机遇。

2.2 微观环境分析

2.2.1 数码产业发展现状

1. 数字音乐

数字音乐是指在音乐的制作、传播与储存过程中使用数字化技术的音乐，其存在形 式多为 MP3、WMA 等。目前数字音乐主要包括在线音乐和移动音乐，前者是指通过互联网直接传输到计算机或其他数字储存设备的数字音乐；后者又称无线音乐，是指通过移动增值服务向手机用户提供的数字音乐。移动音乐包括下载的手机铃声、彩铃、IVR 中的音乐收听、流媒体（在线播放）及整曲下载到手机中的音乐。其他的数字音乐还包括数字广播和数字电视上的音乐形式等。

1）数字音乐的产业结构

服务提供商是数字音乐产业链的核心，连接上游的内容生产和下游的终端用户，负责数字音乐版权的交易和分发。当今主要的数字音乐市场就是在线音乐和移动音乐（见图 2.9）。

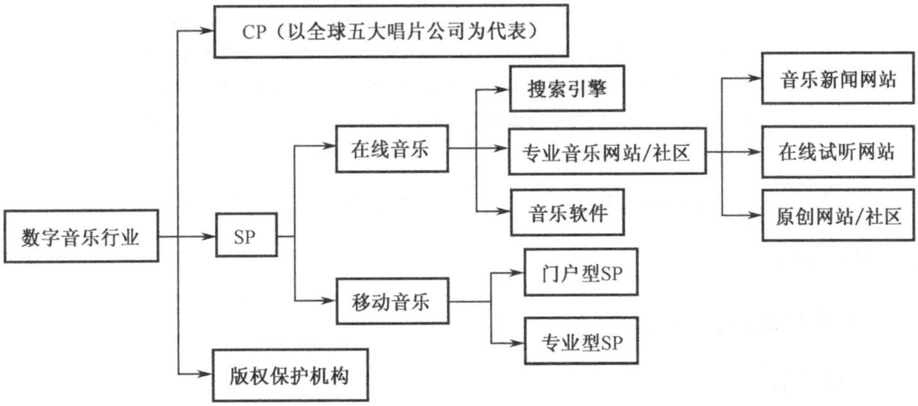

图 2.9 数字音乐行业结构图

注：CP：Content Provider 的缩写，即内容提供商：SP，Service Provider 的缩写，可以直译成服务提供商。

2）数字音乐的发展现状

在市场规模方面，2012 年第三季度中国无线音乐市场规模达到 93.6 亿元，环比增长 1.2%，增速放缓。由于当前中国无线音乐下载绝大多数是免费的，因此相对于其他领域，无线音乐市场规模增长不是十分明显。

在用户规模方面，2012 年第三季度，中国无线音乐第三方客户端用户规模达到 2.25 亿人，环比增长 17.2%。随着无线音乐“云时代”的到来，无线音乐第三方客户端中海量、新鲜、多元化的音乐带给用户更丰富的娱乐体验。未来中国无线音乐第三方客户端规模还会进一步扩大。

在用户使用手机音乐客户端分布方面，相关数据显示，2012 Q3 中国无线音乐用户使用手机音乐客户端分布方面，酷狗音乐客户端下载增量明显，本季度以微弱的优势超越多米音乐。天天动听音乐以 54.6%的占比紧随其后。手机 QQ 音乐和酷我音乐分别占比 47.9%和 35.7%（见图 2.10）。

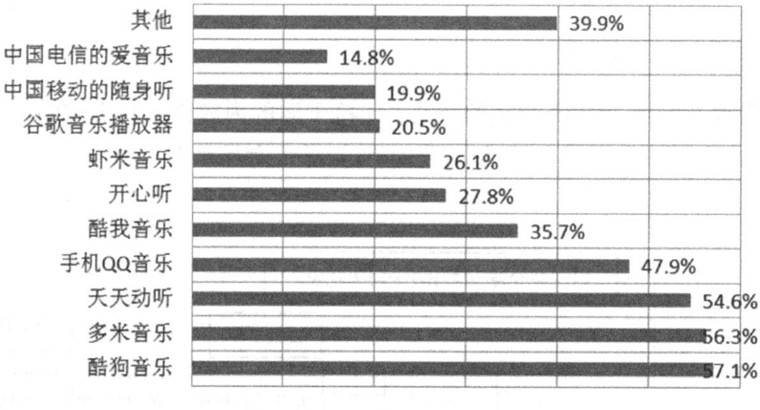

图 2.10　2012 年第 3 季度中国无线音乐用户使用手机音乐客户端分布状况

2．数字影视

1）产业核心概念与产业结构

（1）产业核心概念

数字影视产业并非是一种全新的产业形态，而是数字技术与传统影视产业相结合的产物。其核心概念在于数字技术对传统影视产业各个环节的改造，以及这种改造过程对原有产业结构所带来的调整与变革。

（2）产业结构

数字影视产业依旧以“内容生产、集成和分发”为核心价值链，包括内容提供、媒介平台运营、传输网络运营、终端用户等主要环节，以及广告代理、技术支持、设备提供和数据调查等相关支持与服务体系。

2）产业发展现状

数字影视产业是传统产业的一种升级，以影视产业几十年发展的积累为基础，是目前整个数字内容产业中规模最大、发展最成熟的领域（见图 2.11）。目前数字影视产业的发展，主要体现在各环节的数字化改造进程上。

图 2.11　数字影视

（1）基本建立数字化内容生产体系

目前，内容生产环节的数字化改造已经基本完成。全国省级和省级以上电视台，以及专业影视制作机构中的 80%已经建立了比较完整的数字化内容生产体系和管理系统。据统计，截至 2011 年年底，广播电视成为社会最普及的信息工具，人们每天收看电视的时间平均超过 2 小时，全国广播人口综合覆盖率 97.06%，全国电视人口综合覆盖率 97.82%；全国有线广播电视用户 20 152 万户，数字电视用户 11455 万户；全国电视机、收音机社会拥有量都超过了 5 亿台。2011 年生产完成电视剧共计 469 部 14 942 集。2011 年制作完成国产电视动画片共 435 部 261 224 分钟，2011 年我国共播出各类电视节目突破 1 680 万小时，其中绝大部分的制作是通过数字技术来实现的。

目前电影的数字化加工制作条件也已初步达到国际水平。2011 年，面对国际电影市场的强势冲击，中国电影产业继续保持快速发展势头，产业规模不断扩大，市场主体、新增银幕数、市场消化能力继续创造历史新高，全年生产影片 791 部，全国电影总票房达到 131.15 亿元，较 2010 年增长 28.93%，全国银幕总数达到 9 200 多块，平均每天新增银幕 8.3 块。

数字化对内容影响是巨大的。内容的需求和来源都将变得更为复杂，需要建立一个标准化的内容资源供给体系，其中内容集成将成为整个影视产业的核心环节（见图 2.12）。

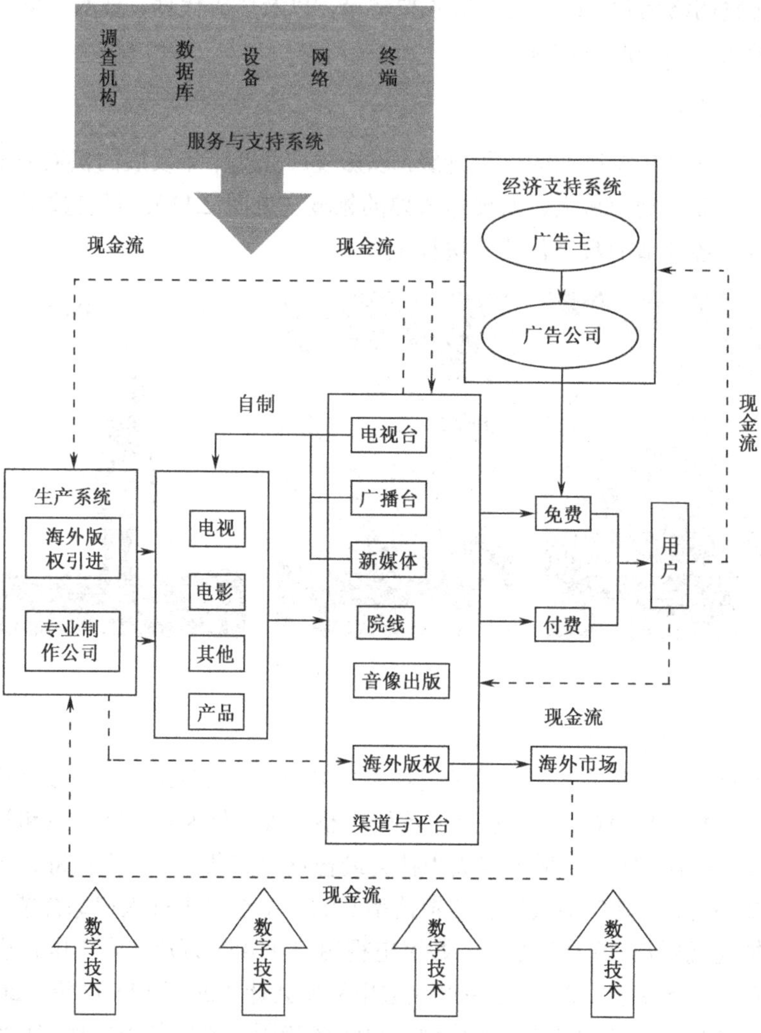

图 2.12　数字影视产业结构图

（2）传输渠道和媒介平台的数字化

为了加大影视产业数字化进程的推动力度，国家广电总局协调国家有关部门共同制定出台了相关政策，为推进影视数字化提供了资本、税收等政策支持。如今，这一进程取得了较快的发展。

首先，是现有传输手段的数字化。2011 年，各级广播影视部门深化改革，进一步加强公共服务体系建设，深入推进广播电视事业产业繁荣，全国广播电视事业产业稳步发展。目前，我国已建成世界上覆盖人口最多，中央与地方、国内与国外相结合，有线、无线、卫星等多种手段并用的广播电视网。随着“村村通”工程升级为“户户通”工程的进展，2011 年全国广播人口综合覆盖率 97.06%，同比增长 0.28%；全国电视人口综合覆盖率 97.82%，同比增长 0.2%。全国有线广播电视用户达到了 20 152 万户，首次突破 2 亿户，增幅 6.79%；数字电视用户 11 455 万户，首次突破 1 亿户，增幅 29.15%。

其次，是新的频率资源和新的媒体形式不断出现。2010 年 1 月 13 日，国务院常务会议决定加快推进电信网、广播电视网和互联网三网融合，要求加强网络建设改造，整合有线电视网络，培育市场主体。2011 年广电加快了“三网融合”的推进力度，“三网融合”下一代广播电视网取得了实质性进展。2011 年，12 个试点城市之间实现了有线电视网络的互联互通、资源共享、统一标准、统一结算、统一管理、跨网业务，提高集约化、规模化经营水平。歌华有线获得了在有线宽带、固定 IP 市网电话等电信增值业务领域大规模推广的资格。

有线网络是数字电视的主要载体，而有线网络增值业务的发展，在很大程度上依赖于有线网络的双向化改造情况。有线电视数字化、双向化是广电开展“三网融合”新业务、新业态推动广电、电信业务双向进入的网络基础。2011 年，有线电视数字化、双向化改造取得新进展。2011 年底全国 2 亿有线电视用户中，已有 1.1 亿户实现数字化，其中双向覆盖用户超过 5700 万户、实际用户超过 1200 万户。各地在推进有线电视整体转换、加快双向化改造的同时，加强本地化服务，大力开发高清电视、视频点播、电子政务、电子支付、生活资讯等多种新业务，使电视机逐步成为家庭多媒体信息终端。

最后，各种新的接收终端也不断涌现。作为最早发展起来的三网融合业务的新形式，IPTV、手机电视和互联网电视经过近几年的铺垫与发展，都有了一定的发展。备受瞩目的 IPTV 产业在中国的发展时间已达 6 年，2010 年，IPTV 新增用户 300 万户，市场用户保有量总量达到 800 万户；2011 年，IPTV 新增用户 300 多万，较 2010 年 300 万的用户增长翻了一番， 2011 年年底 IPTV 用户数达到 1300 多万。

这些都给影视内容带来了更多的渠道，内容的价值将得到提升。同时，新媒体的出现也将促使新的业务和赢利模式的产生。原有的以广告为主体的收入结构将变得更为多元化。

3. 数字游戏

（1）产业结构

数字游戏产业是指以数字信息平台为基础，提供各类电子游戏产品及相关服务的产业。从产品及业务类型的角度来划分，主要包括各类单机游戏（PC 单机游戏、电视单机游戏和掌上单机游戏等）、网络游戏和新型的手机游戏三类。

数字游戏产业的基本结构一般包括上游开发商、中游运营商和下游服务商及配套的设备制造商等。处于各个环节的参与者，分别负责数字游戏的研发、制作、发行、运营、代理、分销和支持等工作。

（2）产业发展现状

① 产业规模保持快速增长。

数字游戏产业在我国诞生于 20 世纪 90 年代中期，在这十几年中，数字游戏产业经历了一个快速成长的过程。除单机游戏市场近两年呈现低迷外，网络游戏和手机游戏市场都有大幅增长（见图 2.13）。

② 产业整体逐渐步入成熟发展阶段。

从上述统计资料可以看出，我国的数字游戏产业已经成为一个具备相当规模的产业形态，也呈现出新的特点，产业整体由初期发展阶段逐步向成熟阶段过渡。

第 1，数字游戏产业经过十多年探索，已经形成了完整的产业链。产业上、中、下游环节的建构完成，产业从最初的研发到终端消费及相关支持都已经拥有完整的体系，为进一步发展奠定了基础。

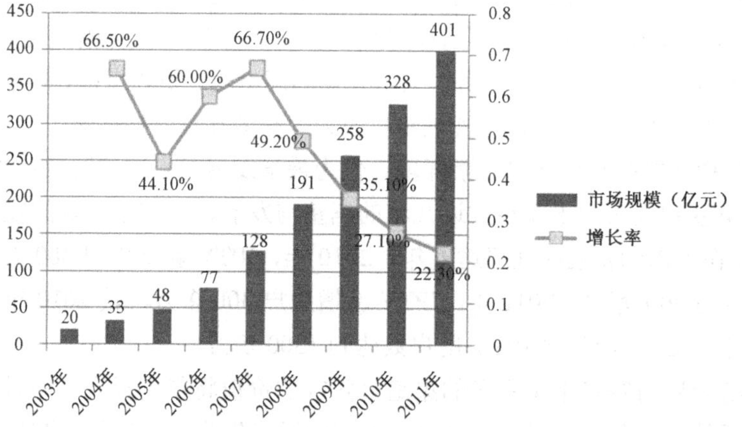

图 2.13　2003—2011 年中国网络游戏市场规模及增长率

第 2，数字游戏产业的竞争态势已经发生变化。平均利润下降，市场进入壁垒提高，在优胜劣汰的竞争中，逐渐形成了几个主要企业占据绝对市场份额的状况。如单机游戏的寰宇之星、上海育碧，网络游戏的盛大、九城、网易、金山、新浪、光通等（见图 2.14）。

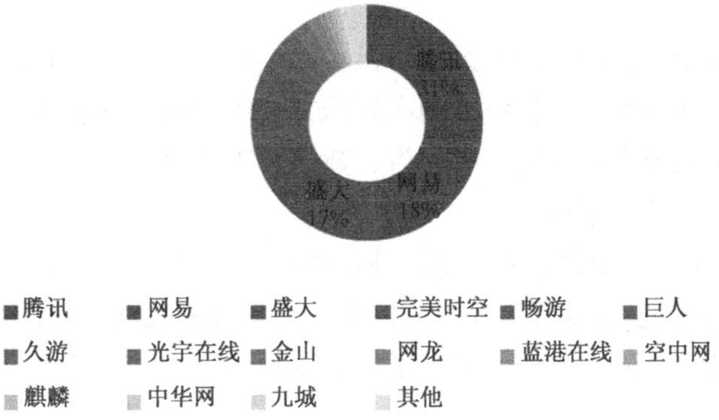

图 2.14　2011 年第 4 季度中国客户端网游市场份额分布

第 3，数字游戏的产品类型不断丰富，每年新开发的各类产品多达几百种。同时，数字游戏的商业模式也呈现多元化。除传统的产品销售外，还出现了通过游戏空间进行广告业务等新的赢利模式。

第 4，在数字游戏产业中，国外厂商拥有技术和运营的优势，长期占据国内市场的主导地位。国内厂商大多充当销售代理、汉化及外包等业务，缺少自主研发的产品。但是近几年，像寰宇之星、金山等本土厂商脱颖而出，它们凭借不懈的努力，研发出一批经典产品，深受市场欢迎，占据的市场份额逐年增加，说明我国的民族数字游戏产业力量正在不断壮大。

第 5，网络游戏成为产业主导。据调查显示，我国网络游戏产业在 2010 年达到 170 多亿元的销售收入，占整个数字游戏市场规模的 80%，用户数量超过 6400 万人。2010 年中国手机游戏用户数量突破 1.2 亿人，达到了 1.208 亿人，同期手机游戏用户数量达到 9.175 亿人。同时，随着移动通信技术的升级，手机游戏呈现出联网化趋势。网络游戏凭借其丰富的产品类型、巨大的市场吸引力和多元化的赢利模式，无疑将成为数字游戏产业的主导。

最后，游戏产业的发展也带来了一些社会问题，最主要的就是“沉迷”问题。消费者过分地沉迷游戏，产生了许多负面影响，也给产业本身的发展带来了不良影响。为解决这个问题，保证产业健康发展，一方面，国家本着“支持与规范”的原则，出台了相应的政策法规，规范游戏市场；另一方面，各类游戏厂商也开始以行业自律等方式，主动地净化市场，引导健康的游戏消费，营造良好的发展环境。

4. 计算机动画

计算机动画是用计算机生成一系列可供实时演播的连续画面的技术。计算机动画可广泛应用于娱乐与工商方面。计算机动画在娱乐方面的应用，有影视、游戏、网络传播等；计算机动画在工商业方面的应用，有广告、建筑、工业设计等。

（1）计算机动画的价值链

如图 2.15 所示，动画制作机构是产业链的核心，目前主要有电视台、电影集团、民营制作公司三类制作机构。动画制作机构的上游为软件开发商、硬件生产商和素材提供商，为动画制作搭建软件、硬件平台，提供所需的素材资源。

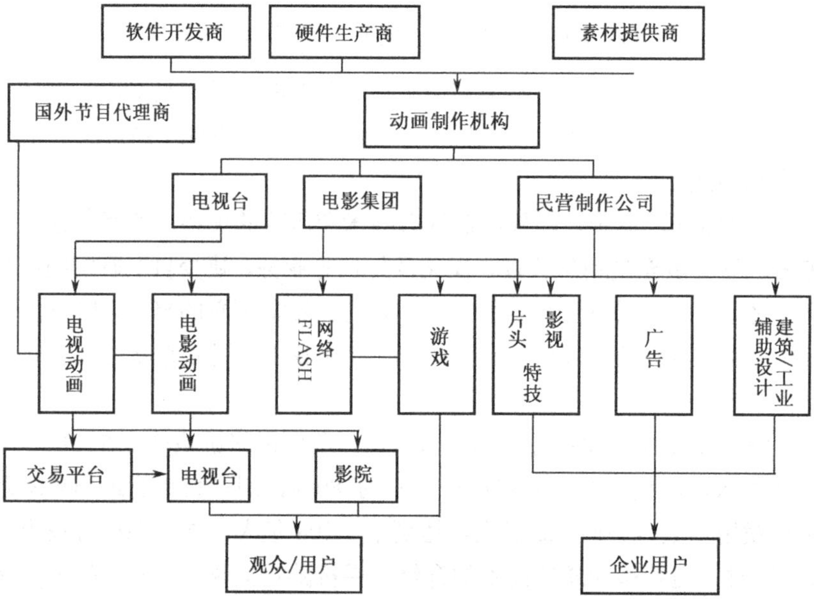

图 2.15　计算机动画价值链

电视台主要生产电视动画片，通过直接发行或交易平台得以在全国各级电视台播出。电影集团生产电影动画，通过影院放映，除此之外，也生产部分电视动画片，以及为电影制作特技。

民营制作公司数量众多，生产的动画产品也比较丰富，包括电视动画和电影动画还有其他娱乐产品，如网络上的 FLASH 和游戏；另外民营制作公司也会为企业客户制作电影电视的片头和特技、广告片，甚至是建筑和工业辅助设计。

就产业收入而言，工商业方面的计算机动画主要收取服务费，而电视动画和电影动画则是各种类型的版权交易。

（2）发展现状概述

我国影视动画正在一步步地成长。经过近十年的发展，国产动画电视片质量不断提高，动画电影也不断取得新突破，动画片播出数量逐年上升，其在播出机构中的收入份额比例也不断增长。中国动画产业运营能力不断增强，产业效益凸显，产业结构已从外包加工服务为主转变为以原创影视动画为主。2011 年，全国各影视机构共出口动画片 146 部 20 万分钟，金额 2800 多万美元。2011 年全国制作完成的国产电视动画片共 435 部 261 224 分钟，比 2010 年增长 18%；其中，国家动画产业基地自主制作完成国产动画片 276 部，190 290 分钟，约占全国总产量的 72%。根据 2010 年有关部门的调查，中国动画产业年产值为 470.84 亿元，按照 2010 年 27.8%的同比增速，2011 年动画产业总产值大约为 600 亿元。

电视动画方面，由于动漫节目及产品对青少年儿童的成长有重大的影响，广电总局要求中央及各地方电视台开播少儿频道，并且所播放的动画节目以国产优秀动画为主，这从政策上为国产动漫产品创造出了巨大的市场需求，2011 年 10 月，经备案公示的全国国产电视动画片为 69 部，54 986 分钟。全国 33 家少儿频道和 5 家动画频道，已经成为推动动画健康发展的重要平台，中央电视台每天播出动画片约 12 小时，5 家动画频道平均每天播出动画片都超过 12 小时，全国共有 300 多家电视台具有固定时间播出动画片，现在还有一大批省级电视台开始播放国产动画片。例如，浙江电视台在 2009 年，率先在假日剧场播出动画片，受到了观众的普遍好评，浙江卫视成功播出动画片，引起了各省级卫视频道的关注。动画频道、少儿频道收视份额逐步上升，中央电视台少儿频道平均收视份额稳居中央电视台第五位，有时竟达到中央电视台所有频道的前两位，上海旋动卡通频道收视份额也在不断升高。

2011 年度，广电总局共向全国电视播出机构推荐播出 82 部优秀国产动画片。《秦汉英雄传》、《美丽家园——拯救危机》《恐龙宝贝之龙神勇士 2》等中国特色、中国题材的优秀作品相继出现，构思精巧，制作精良的原创动画片走入观众的视野，受到大家的欢迎。近年来，一部《喜羊羊和灰太狼》赢得了国内广大关注动画动漫事业的专家学者和观众的普遍认可（见图 2.16），2009 年上映的《喜羊羊与灰太狼之牛气冲天》更是创下了亿元票房。之后，“喜羊羊与灰太狼” 系列作品的第二部动画电影——《喜羊羊与灰太狼之虎虎生威》，吸收了美日动画精髓；色彩斑斓的精美画面，恢弘壮阔的各地场景，荒诞恶搞的嬉戏追逐，体型巨大的“变形金刚”，不禁叫人高呼鸟枪换炮，当真有种大片的范儿。等到穿梭的过山车、广袤的大沙漠、神秘的金字塔等场景逐一登场，影迷刚在迪斯尼游乐场享受快感，又立即跑到《天方夜谭》的魔幻世界寻乐，根本顾不上思考，《喜羊羊与灰太狼之虎虎生威》奉献了一场合家欢，成为影坛“黑马”，也成了国内动画电影的一个榜样。

2011 年按国产动画片生产数量，深圳华强数字动漫有限公司、无锡亿唐动画设计有限公司、平潭水木动画有限公司、杭州漫奇妙动漫制作有限公司等公司被评为我国原创动画片制作生产十大机构。

图 2.16　动画《喜羊羊与灰太狼》

需要正视的是，国产动画作品中思想性、艺术性和观赏性统一的力作偏少，平庸之作还占有相当比重，与国际先进水平仍有差距。而国产动画项目的盈利模式也有待进一步清晰完善，动画形象推广意识不强，动画品牌经营能力弱，利润增值体系割裂，没有形成完整动漫产业链。

除了动画片之外，其他方面的计算机动画也有迅速的发展，展现出良好的市场前景。例如《龙门飞甲》，筹备近 2 年，耗资达 2 亿元。为了尽可能地完美呈现 3D 效果，剧组邀请到《阿凡达》视效团队，以及《2012》特效设计专家前来培训 3D 团队助阵，并将推出 IMAX3D 版本(见图 2.17)。脑白金广告也成为中国动画应用于广告制作的成功案例(见图 2.18)。

图 2.17　采用特效制作的电影《龙门飞甲》

图 2.18　最新脑白金广告人物形象

5. 数字出版

目前，我国数字出版主要包括电子图书、数字报纸、数字期刊、网络原创文学、网络教育出版物、数字音乐、动漫设计与制作、网络游戏和手机出版物等。其中，2010 年手机出版收入达到 414 亿元，网络游戏收入达 336.2 亿元，网络广告收入达 276.7 亿元，成为出版产业中产出最高的三部分。电子书、数字期刊和数字报收入共计约 30 亿元。

随着经济发展和互联网技术的提高，新技术、新产品、新模式不断涌现，世界范围内的数字潮流会让出版业界将更多的目光转向数字出版。我国数字出版产业取得了可喜的成绩，产业链条日趋完整，产业融合度逐渐加深，产业规模日益扩大，人们的文化消费方式也在不断被改变和创新。预计未来几年，数字出版用户量将以每年 30%的速度，收入以每年 50%的速度增长，数字出版产业的发展速度将远超传统出版业。

广义的数字出版，指的是在出版流程的各个环节采用数字技术，从内容创作、采编、印刷到发行，即出版单位将各种文字、图片、声音、影像等信息以数字化形式进行编码和存储，然后以纸介质出版物、封装型电子出版物或网络出版物等形式投放市场。这里谈到的数字出版，泛指从出版物形态，以及发行渠道上拥有数字化特征的出版形式，数字出版大致可以分为电子出版和网络出版两种。

电子出版出现较早，指的是以软磁盘（FD）、只读光盘（CD-ROM）、交互式光盘（CD-I）、照片光盘（PHOTO-CD）、高密度只读光盘（DVD-ROM）、集成电路卡（IC-CARD）等电子介质为载体的出版形态，具体说就是将文字、图片、影音、计算机程序等内容存储于以上载体而形成的一种出版物形态，通常称为封装型电子出版物（见图 2.19）。

图 2.19　电子出版物

网络出版根据最终出版物的形式来区分，大致可以分为电子书（eBook）出版和按需出版（POD，PRINT ON DEMAND）两种。其中，电子书出版指通过互联网直接发布电子图书数据信息，供读者通过上网的计算机终端或移动阅读终端有偿或无偿地阅读、检索、复制或下载。而按需出版则是指根据需求印刷的一种出版方式，避免了传统印刷存在一个较大的“起印数量”的问题，完全可以根据需求的数量出版印刷，既可以做到零库存出版，也可以使作品出版不必囿于商业价值（见图 2.20）。

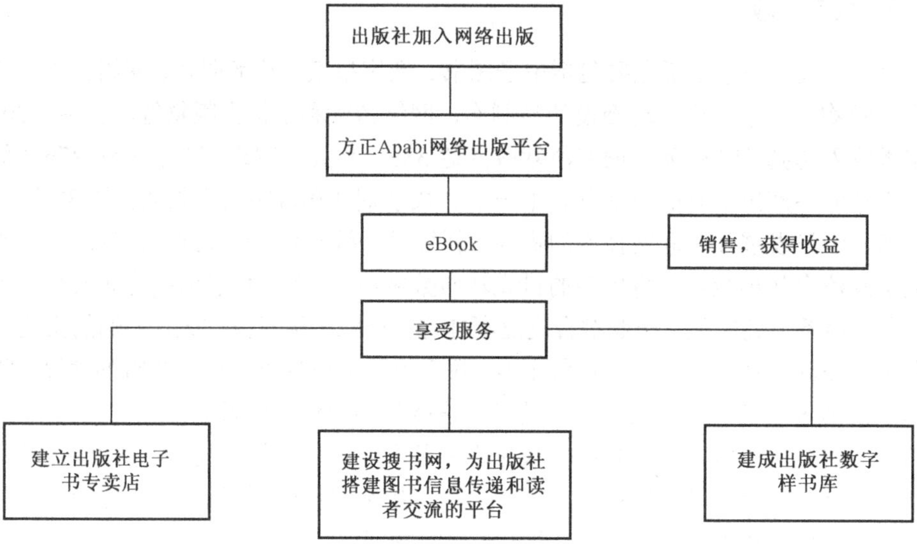

图 2.20　方正 Apabi 网络出版专业平台

1）数字出版的业务结构

数字出版的价值链相对于传统的出版产业发生了显著的变化，出版社在整个价值链中仍处于核心地位，但其所执行的功能有所减少，对整个产业链的重要性相对弱化。在数字出版产业中，出版社的内容采集和编辑加工的功能部分下移至经营数字内容的网站，通过与该类型网站的出版合作，完成原创数字内容的获得和传统内容的数字化，形成网络出版物的形式，再由经营数字内容的网站销售给读者。同时出版社通过对数字内容的进一步加工，形成电子出版物和 POD 产品，通过网络发行商销售给读者。同时在出版社与出版社之间、出版社与网络出版商之间产生了一个在线的网络版权贸易平台，成为数字版权的交易渠道（见图 2.21）。

2）数字出版的发展现状

我国目前数字内容出版的整体状况还处于起步阶段，电子出版由于出现较早、发展较快，已经形成了一定的规模，但是网络出版由于政策、技术、版权保护、支付平台等诸多原因仍处于起步阶段。

（1）电子出版的市场状况

我国电子出版的发展较早，从最初出版社软件出版部门被剥离出来成立电子出版部门，到后来众多专业的电子出版社和多媒体制作公司的加入，我国电子出版的市场保持了长期的稳定增长。

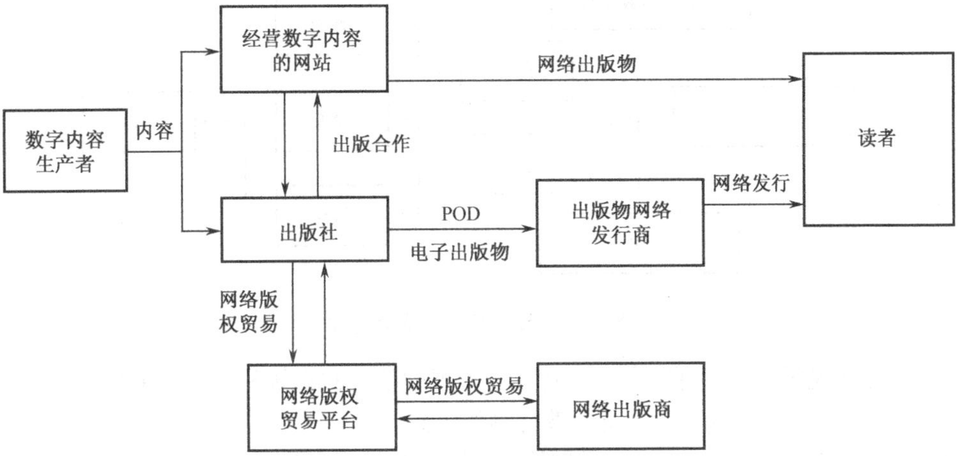

图 2.21 数字出版业务结构图

（2）网络出版的市场状况

网络出版是以互联网为传播平台，以数字化技术为基础的出版过程，与传统出版相比，具有更广阔的空间。截至 2009 年年底，中国电子图书读者总数为 10100 万人，电子图书种类达到 97 万种，整个电子图书的市场增长很快，但新兴电子阅读器市场接受度还不够高，仅为内容产业贡献 700 万元收益。电子图书的用户比 2008 年增长 27.8%，增长速度较 2008 年有所放缓。从电子书的内容来源来看，2009 年，中国电子图书网站总计 1294 个，与 2008 年相比有较大下降，转载网站仍然为绝大多数，占总数 94.7%。内容仍然以休闲类网站为主，占总数 57.9%。2009 年我国国产电子书销售额超过 25 亿元，预计 2010 年将达到 300 万台，销售额达到 60 亿元。2009 年我国科技进步数字化转型加快，新兴业态大量涌现。截至 2009 年，我国 580 家图书出版社中有 90%开展了电子图书出版业务。互联网出版、动漫游戏出版、手机出版等新的业态也发展迅猛。随着技术的发展与应用，媒介融合将进一步加速传媒业面临新一轮的洗牌，而这将是未来传媒产业发展的趋势之一。

6. 数字学习

数字学习指的是通过有线或无线网络，并利用数字工具取得数字教材，进行线上或离线的学习活动。

1）数字学习的价值链（见图 2.22）

CP 是价值链的上游，通过平台/工具提供商和 SP，将服务和产品经销售渠道送到用户手中，购买者可以是企业、政府、机构或个人。

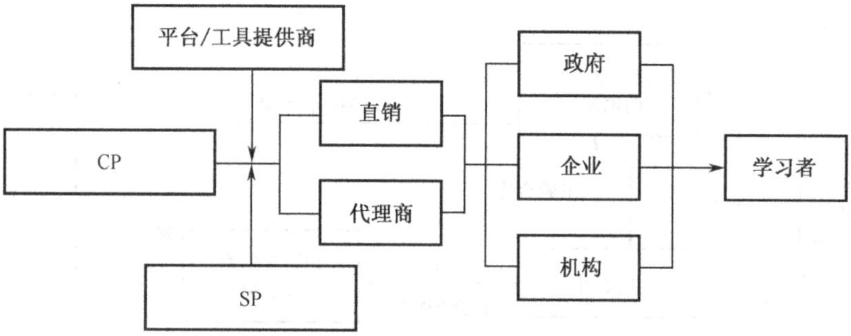

图 2.22　数字学习价值链构成

平台/工具提供商提供课程制作、传送、管理的软硬件系统和工具，主要有三个类型：学习管理系统、学习内容管理系统和教材制作工具。

CP 提供教育的内容，如视频、试题等。提供的内容可以是自行开发、他人制作的，如出版社；也可以是其他机构授权使用的，如学术机构授权。内容是数字学习产业中最大的一块。

SP 提供 E-Learning（见图 2.23）导入顾问咨询或是相关系统整合，以及专门提供课程制作服务。

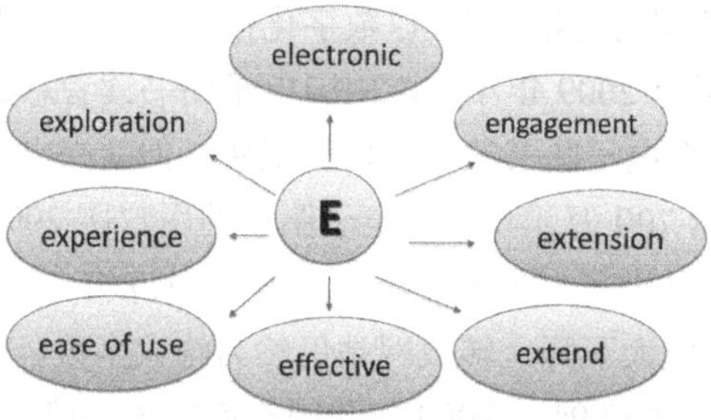

图 2.23　E-Learning 概念图

注：E-Learning（Electronic Learning），中文译作“数字（化）学习”、“电子（化）学习”、“网络（化）学习”等。不同的译法代表了不同的观点：一是强调基于互联网的学习；二是强调电子化；三是强调在 E-Learning 中要把数字化内容与网络资源结合起来。三者强调的都是数字技术，强调用技术来改造和引导教育。在网络学习环境中，汇集了大量数据、档案资料、程序、教学软件、兴趣讨论组、新闻组等学习资源，形成了一个高度综合集成的资源库。

产品零售商主要分布在文化教育场所和 IT 销售场所，如书店、软件专卖店、计算机市场、培训机构等。

2）发展现状

（1）市场规模

随着企业兴起“LearningOnDemand”的趋势下，企业对量身定做的课程服务的需求也增加了，将来数字学习服务市场发展的潜力最高。北美企业引入数字学习来降低培训成本，例如，IBM 的 BasicBlue 线上学习计划，可供 20 万名员工线上学习。据 IDC2003 统计，引入数字学习的企业 80%逐步证实了数字学习带来的“符合成本效益”的好处，使教育训练更有效率，使企业生产力得到提升。因此，引入数字学习的企业越来越多。此外，北美公立教育机构应用数字学习十分成熟，80%的学校设立了网络教育。亚太地区的数字学习处于萌芽期，将来亚太地区的企业市场发展速度会很快。

目前，我国将数字学习的发展重点放在网络远程教育上，包括远程教育基础设施建设、基础教育、学历教育、职业与认证培训、企业 E-Learning、远程教育平台和内容开发商、运营商及其他方面。

从总体情况看，我国的网络教育市场整体处于起步阶段，但发展迅速。据统计，2006 年，我国网络教育市场规模约 200 亿元，同比增长 23%；2008 年，我国网络教育市场规模达到 352 亿元，同比增长 23.9%；2009 年，我国网络教育市场规模接近 360 亿元；2010 年，我国网络教育市场规模达 440 亿元；预计在 2012 年，我国网络教育市场规模将达到 723 亿元。随着我国的信息化程度、网民对网络教育认知程度、学历教育社会的认可度的提高，网络教育市场将呈现快速增长态势。

（2）运营商情况

从目前的情况来看，基础教育和学历教育的主要运营商包括全国性网校和地方名校自运营教育平台两方面。清华大学、北京大学、上海交通大学、同济大学、华南理工大学等十几所高校已陆续提供了自己的网上远程教育资源。此外还有一些中学，如北京 101 中学、深圳中学、南京师大附中、江苏省常中等中学也开设了网校。其他如一些省市地区机构也纷纷在网上设立了远程教育站点，如 COL 网校、云舟网校、新疆远程教育资源网、吉林教育教学网、万恒远程教育网等。

网络认证培训市场的运营商规模大小不一，如北大青鸟、新东方、思达网校、启迪网校、赛迪网校、计算机世界大学等。其中代表性的提供商是新东方在线，另外北大青鸟在 IT 培训方面也具有相当的实力。

移动学习是在移动设备上进行一定交互式学习的新型远程教育类型。随着手机、掌上电脑等掌中移动设备的普及，以及随时随地学习的需求不断增长，移动教育逐渐浮出水面。目前，已经有企业提供手机短信等移动学习服务，而且业务迅速增长。

2.2.2 数码产品市场分析

由于数码产品种类繁多，这里只对几类常见的数码产品进行市场分析，以近几个月的调查数据来说明数码产品结构。

1．MP3/MP4 分析

2011 年，中国 MP3/MP4 市场品牌众多，竞争激烈。纽曼以 13.2%的关注份额领跑，虽然苹果的 iPod 产品表现出色，但关注份额仍低于纽曼，暂居第二。榜单上其他品牌的关注份额均在 10.0%以下，索尼、台电和蓝魔分列第三、四、五名，它们的关注份额之间差距较小，第八名及以后品牌的关注份额均在 5.0%以下，相对较小（见图 2.24）。

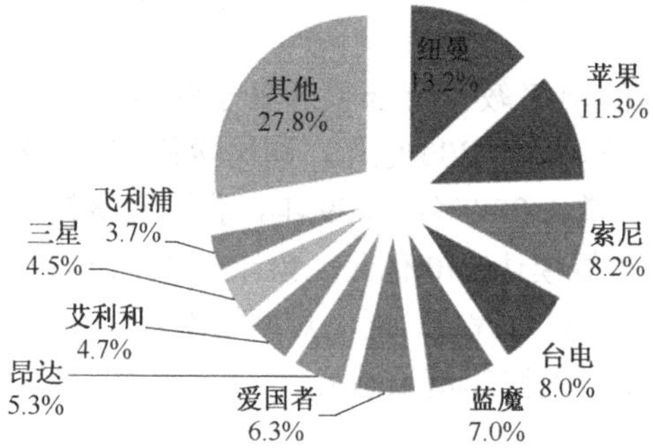

图 2.24 2011 年中国 MP3/MP4 市场品牌关注比例分布

1）年度品牌结构

国外品牌关注份额和名次均有不同幅度的提升。对比 2010—2011 年中国 MP3/MP4 市场品牌关注比例及排名可以看出，除了纽曼以外，其他国产品牌的关注份额和名次普遍下降，而索尼、艾利和、三星、飞利浦等国外品牌的关注份额和排名均有不同幅度的提升，这意味着，在中国 MP3/MP4 市场中，国产品牌面临的压力越来越大（见表 2.3）。

表 2.3 2010—2011 年中国 MP3/MP4 市场品牌关注比例对比

排名	2010 年		2011 年	
	品牌	关注比例	品牌	关注比例
1	苹果	14.4%	纽曼	13.2%
2	蓝魔	12.3%	苹果	11.3%
3	纽曼	10.9%	索尼	8.2%
4	昂达	7.4%	台电	8.0%
5	台电	6.1%	蓝魔	7.0%
6	OPPO	5.7%	爱国者	6.3%

续表

排名	2010 年		2011 年	
	品牌	关注比例	品牌	关注比例
7	索尼	5.3%	昂达	5.3%
8	艾利和	4.1%	艾利和	4.7%
9	艾诺	4.0%	三星	4.5%
10	爱国者	3.8%	飞利浦	3.7%
—	其他	26.0%	其他	27.8%

2）季度品牌结构

纽曼、苹果稳居品牌榜冠、亚军。由 2011 年 Q1～Q4 中国 MP3/MP4 市场品牌关注排名走势可以看出，纽曼、苹果稳居品牌榜冠、亚军，除了纽曼和苹果外，其他品牌排名均有不同幅度波动。其中，索尼的名次不断上升，蓝魔的名次持续下跌，多数品牌的名次与索尼和蓝魔简单的升降相比显得较为复杂（见表 2.4）。

表 2.4　2011 年 Q1～Q4 中国 MP3/MP4 市场品牌关注排名对比

排名	Q1	Q2	Q3	Q4
1	纽曼	纽曼	纽曼	纽曼
2	苹果	苹果	苹果	苹果
3	蓝魔	台电	索尼	索尼
4	爱国者	索尼	台电	台电
5	台电	蓝魔	蓝魔	爱国者
6	索尼	爱国者	昂达	艾利和
7	昂达	昂达	爱国者	蓝魔
8	三星	艾利和	三星	昂达
9	艾利和	三星	艾利和	三星
10	飞利浦	飞利浦	飞利浦	飞利浦

3）产品结构分析

纯音频 MP3 和高清视频产品更受关注。回首 2011 年，MP3/MP4 市场有两个关键词热度很高，那就是“音质”和“高清”。从互联网消费调研中心 ZDC 统计的数据中可以看出，纯音频 MP3 的关注份额占 33.2%，高清视频 MP3/MP4 的关注份额占 39.8%，普通视频 MP3/MP4 的关注份额占 21.5%，消费者更加关注纯音频 MP3 和高清视频产品（见图 2.25）。

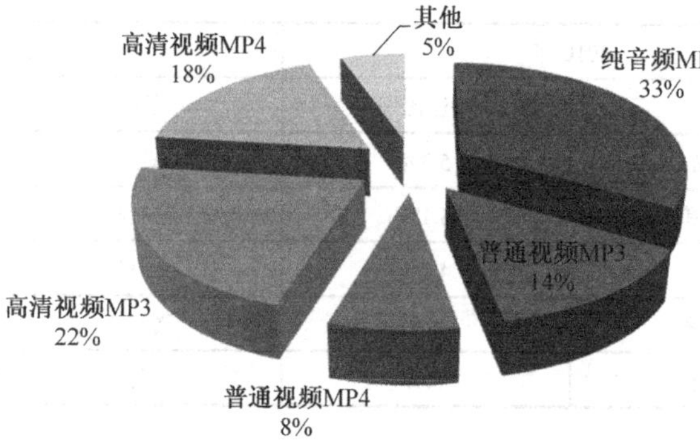

图 2.25　2011 年中国 MP3/MP4 市场不同类型产品关注比例分布

4）趋势预测

（1）品牌之间的竞争加剧

2011 年中国 MP3/MP4 市场上，苹果、索尼等国外品牌排名和关注度均有所上升，多数国产品牌的排名和关注份额小幅下降，从整体市场来看，国产品牌面临的压力越来越大，未来品牌之间的竞争将更加激烈。

（2）音质仍拥有绝对的说服力

无论给 MP3/MP4 产品加再多的功能、又或者变换出不同的外观，回归到本质来说，MP3/MP4 是音乐播放器，音质是它的王牌。2012 年，这张王牌仍然有效。主打音质的纯音频 MP3 产品关注比例将一路走高，关注份额预计达到 45%左右，对市场的影响力将越来越大。拥有播放时间长、音质好、可播放无损格式音乐文件、体积小等优点的纯音频 MP3 未来仍将是市场的宠儿。

（3）多功能 MP3/MP4 面临较大挑战

与纯音频 MP3 相比，高清视频 MP4 的功能更多，并且已经有不少产品已经贴上了智能的标签。选择功能相对较多的高清视频产品的消费者与选择纯音频 MP3 产品的消费者不同，他们更加看重产品的功能性，这对于产品来说，既是机会，也是挑战。因为从功能上来讲，可以满足个人消费者影音需求的产品并不少，其中平板电脑、智能手机、MID 非常有实力，因此高清视频 MP4 产品的关注份额虽然呈走高趋势，但增长空间有限。多功能是把双刃剑，它带给 MP3/MP4 产品更广阔的市场的同时，也带来了较大的挑战。

2. 数码相机市场分析

2011 年中国数码相机市场的品牌格局比较稳定，但产品格局发生了明显的改变。过去占据数码相机市场绝对优势的消费数码相机在 2011 年明显失去了部分领土，单反数码相机和单电/微单数码相机则在 2011 年获得了明显的向上发展。尤其是单反数码相机的关注比例提高非常明显，越来越多的消费者开始青睐更专业同时价格更低廉的入门级单反数码相机。另外，2011 年受到日本地震、泰国水灾等影响，数码相机市场的价格水平多数时间保持高位运行。

（1）年度品牌结构

佳能仍领跑，尼康超越索尼成为亚军。2011 年中国数码相机市场仍由佳能领跑，佳能依靠其在消费数码相机和单反数码相机市场的领先地位获得了整体市场 33.0%的用户关注度，领先地位仍然十分稳固。2011 年尼康超过索尼成为了数码相机市场的关注品牌亚军，关注比例较索尼高出 1.0%，两品牌的竞争非常激烈。索尼 2011 年在单电/微单市场的表现非常抢眼，但在单反数码相机市场的声音已经越发微弱（见图 2.26）。

2011 年，除了尼康超越索尼成为中国数码相机市场第二位品牌之外，值得关注的是松下依靠在单电/微单市场的优秀表现超过三星成为第五位（见表 2.5）。

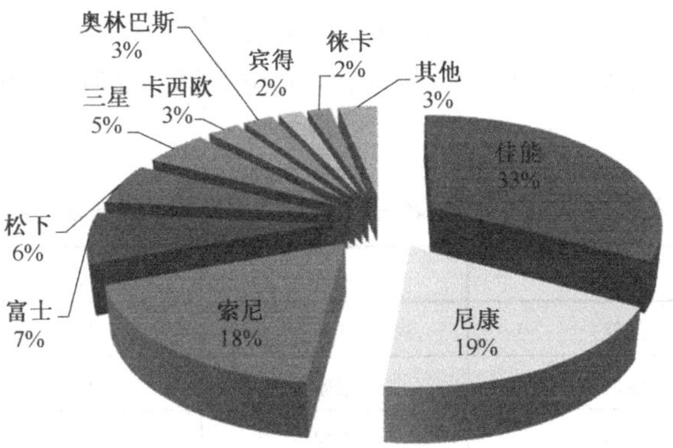

图 2.26　2011 年中国数码相机市场品牌关注比例分布

表 2.5　2010—2011 年中国数码相机市场品牌关注比例对比

排　名	2010 年		2011 年	
	品牌	关注比例	品牌	关注比例
1	佳能	35.8%	佳能	33.0%
2	索尼	17.4%	尼康	18.8%
3	尼康	16.5%	索尼	17.8%
4	富士	8.2%	富士	7.2%
5	三星	5.5%	松下	5.9%

续表

排　名	2010年		2011年	
	品牌	关注比例	品牌	关注比例
6	松下	5.2%	三星	5.1%
7	奥林巴斯	2.4%	卡西欧	2.6%
8	卡西欧	2.0%	奥林巴斯	2.6%
9	宾得	1.9%	宾得	2.0%
10	柯达	1.3%	徕卡	1.9%
——	其他	3.8%	其他	3.1%

（2）季度品牌结构

整体市场品牌格局较为稳定。从数码相机市场季度品牌关注格局来看，各品牌排名情况整体较为稳定。尼康从第二季度开始领先于索尼，稳居亚军位置。奥林巴斯在下半年获得排名的提高，对应的宾得在下半年下降至第九位。其他品牌在2011年的关注排名则非常稳定（见表2.6）。

表2.6　2011年Q1～Q4中国数码相机市场品牌关注排名对比

排　名	Q1	Q2	Q3	Q4
1	佳能	佳能	佳能	佳能
2	索尼	尼康	尼康	尼康
3	尼康	索尼	索尼	索尼
4	富士	富士	富士	富士
5	松下	松下	松下	松下
6	三星	三星	三星	三星
7	卡西欧	卡西欧	卡西欧	卡西欧
8	宾得	宾得	奥林巴斯	奥林巴斯
9	奥林巴斯	奥林巴斯	宾得	宾得
10	徕卡	徕卡	徕卡	徕卡

（3）趋势预测

① 中低端消费数码相机市场逐步萎缩。

预计消费数码相机的市场需求在2012年将会持续下降，尤其是入门中低端卡片数码相机的地盘将会进一步被智能手机等产品蚕食。预计 2012 年消费数码相机的关注比例将会被单反数码相机超越。预计消费数码相机厂家向上寻求发展，更多的采用专业的手动功能、长焦镜头等差异化手段。

② 单电/微单数码相机市场更趋完善。

2012 年，单电/微单数码相机产品将会不局限于比消费相机高端、比单反相机小巧的设定上，而是会向满足更多不同消费者的需求发展。各厂家也开始构建高中低端不同档次的单电/微单数码相机产品布局。除了产品布局将更完善之外，单电/微单数码相机的配件市场也将更趋完善成熟。

③ 单反数码相机市场需求将持续增长。

毫无疑问 2012 年单反数码相机市场的需求仍将持续增长，单反数码相机将超越消费数码相机成为吸引最多消费者目光的数码相机产品。尤其是入门单反数码相机市场将会吸引更多大众消费者的加入。另外，佳能和尼康两大品牌的寡头垄断地位将会进一步巩固，市场集中度将会进一步提高。

④ 数码相机的摄像功能将会更加完善。

数码相机将会更加完善的集成摄像功能。尤其是单反数码相机和单电/微单数码相机产品，其高清摄像功能将会更加完善和具备可操作性。例如，尼康针对奥运会新发布的 D4 产品也对视频能力进行了大幅的提升。数码相机将会进一步集成数码摄像机，尤其是家用产品的功能。

3. 数码摄像机市场分析

2011 年，中国数码摄像机市场的品牌格局和产品格局的走势都较为稳定。索尼在家用数码摄像机和专业数码摄像机领域均独领风骚，且领先优势不断扩大。松下和佳能组成第二阵营品牌，积极的向更专业的方向发展。另外，2011 年中国数码摄像机市场受到其他拥有摄像功能的电子产品如数码相机甚至智能手机的冲击，市场规模出现明显的下降趋势。低端产品首当其冲，而中高端家用数码摄像机和专业产品受到的影响则比较小。

（1）品牌结构分析

索尼仍占半壁江山，本土品牌杀进前五。2011 年中国数码摄像机市场中仍由索尼领跑，索尼的用户关注比例超过了 1/2，达到了 52.0%，领先优势再次扩大。无论在家用数码摄像机领域还是专业数码摄像机领域，索尼的优势都非常明显。松下和佳能仍然位列关注亚军和季军。值得关注的是本土品牌欧达取代三星成为 2011 年中国数码摄像机市场最受关注的第五位品牌（见图 2.27）。

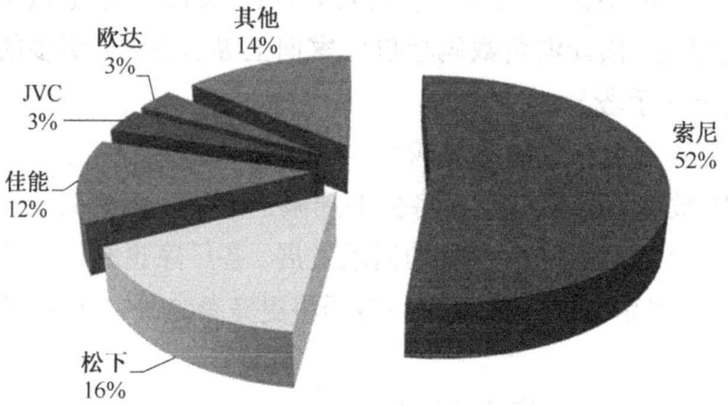

图 2.27　2011 年中国数码摄像机市场品牌关注比例分布

2011 年索尼数码摄像机的用户关注比例较 2010 年提高了 4.9%之多，领先优势进一步巩固。松下的用户关注比例也较 2010 年提高了 1.0%，进一步拉开了同佳能的差距。佳能的关注比例同 2010 年相比较则非常稳定，仅下降了 0.2%。另外，2011 年前五位品牌的累计关注比例达到了 86.0%，品牌集中度较 2010 年提高（见表 2.7）。

表 2.7　2010—2011 年中国数码摄像机市场品牌关注比例对比

排　名	2010 年		2011 年	
	品牌	关注比例	品牌	关注比例
1	索尼	47.1%	索尼	52.0%
2	松下	14.8%	松下	15.8%
3	佳能	11.9%	佳能	11.7%
4	JVC	4.9%	JVC	3.3%
5	三星	4.8%	欧达	3.2%
—	其他	16.5%	其他	14.0%

（2）本土品牌结构分析

欧达领跑本土数码摄像机品牌市场。2011 年中国本土数码摄像机市场中欧达以 27.1%的用户关注比例成为最受关注的品牌，且领先优势较为明显。莱彩和爱国者紧随其后，排名也非常稳定。海尔和唯彩的关注比例相对较低。另外，本土数码摄像机品牌众多，品牌集中度也比较低，除了前五位品牌之外，其他品牌还瓜分了 33.2%的用户关注度。本土数码摄像机品牌的竞争非常激烈（见图 2.28）。

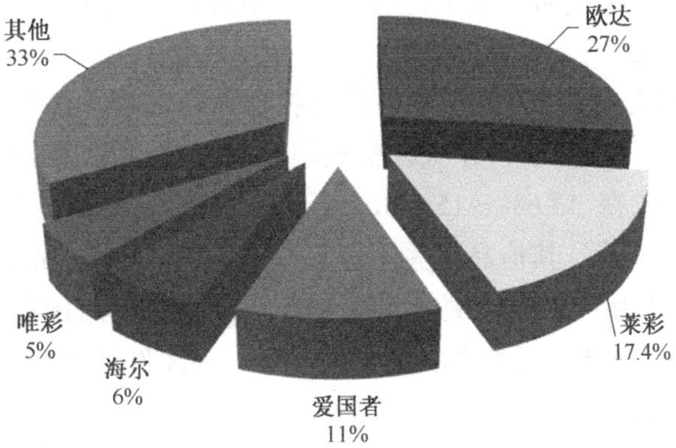

图 2.28　2011 年中国本土数码摄像机市场品牌关注比例分布

2011 年中国本土品牌数码摄像机市场中莱彩仍位列亚军，值得关注的是莱彩的品牌关注比例较 2010 年提高了 6.2%，上升幅度较大。另外，爱国者取代菲星成为第三位，海尔也上升一位来到第四位（见表 2.8）。

表 2.8　2010—2011 年中国数码摄像机市场本土品牌关注比例对比

排　名	2010 年		2011 年	
	品牌	关注比例	品牌	关注比例
1	欧达	31.8%	欧达	27.1%
2	莱彩	11.2%	莱彩	17.4%
3	菲星	10.3%	爱国者	11.0%
4	爱国者	7.3%	海尔	6.0%
5	海尔	6.9%	唯彩	5.3%
—	其他	32.5%	其他	33.2%

4．数码相框市场分析

2011 年，继触控操作、蓝牙、WiFi、CMMB 数字电视、迷你显示器等概念后，在 2011 年 10 月的香港秋季电子产品展上出现了裸眼 3D 数码相框。产品功能趋于多样化，且紧跟产品市场的热点。3D 概念火起来以后，厂商迅速将其运用到数码相框产品中，由于显示屏、芯片方案等核心元件的技术成熟带来的生产成本下降为数码相框价格下降提供了条件，所以成本下降后，市场出现了新增长点，价格相对较低的数码相框成为了不少企业定制礼品的首选。2011 年，平板电脑、MID、智能 MP4 等多种类型的产品市场非常火爆，它们或多或少对数码相框产品产生了替代作用，特别是在礼品市场。

（1）年度品牌结构

品牌关注榜阵营分明。2011 年中国数码相框市场品牌关注榜上阵营分明，索尼以 20.6%的关注份额领跑，是唯一一个关注份额超过 20%的品牌，属于第一阵营；三星、飞利浦和佳的美关注份额在 13.6%～15.6%，属于第二阵营；爱国者和纽曼的关注份额均在 8.5%左右，同属第三阵营；其他品牌关注份额均在 4.0%以下，属于第四阵营。通过观察可以发现，不同阵营的品牌关注份额之间相差较大，而同阵营的品牌关注份额之间比较接近。此外，索尼、三星等国际品牌的排名相对靠前，关注份额也较高，给国产品牌带来不小的压力（见图 2.29）。

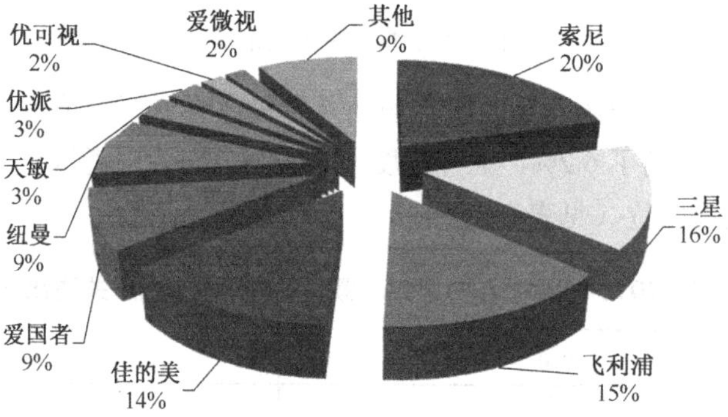

图 2.29　2011 年中国数码相框市场品牌关注比例分布

索尼领跑 2011 年榜单变化较大。对比 2010 年和 2011 年中国数码相框市场品牌关注榜可以看出，榜单变化较大。其中，索尼关注份额大涨 8.7%，增至 20.6%，成功晋级为品牌榜冠军；三星、佳的美等品牌关注份额和排名均有不同幅度的下降；飞利浦、爱国者、纽曼等品牌排名没有变化，但关注比例均有所增长。整体看来，市场的关注份额向着排名靠前的品牌集中，原本就不大的排名相对靠后品牌的关注份额变得更小了（见表 2.9）。

表 2.9　2010—2011 年中国数码相框市场品牌关注比例对比

排　名	2010 年		2011 年	
	品牌	关注比例	品牌	关注比例
1	三星	26.2%	索尼	20.6%
2	佳的美	16.9%	三星	15.6%
3	飞利浦	13.0%	飞利浦	14.5%

续表

排　　名	2010年		2011年	
	品牌	关注比例	品牌	关注比例
4	索尼	11.9%	佳的美	13.6%
5	爱国者	6.0%	爱国者	8.9%
6	纽曼	4.5%	纽曼	8.5%
7	天敏	4.1%	天敏	3.1%
8	优派	2.8%	优派	2.9%
9	爱微视	2.7%	优可视	1.9%
10	联想	2.1%	爱微视	1.8%
—	其他	9.8%	其他	8.6%

（2）季度品牌结构

品牌排名波动范围较广。观察2011年Q1～Q4中国数码相框市场品牌排名可以看出，榜单上品牌的名次均有变化，其中，最为抢眼的就是第二季度索尼超越了三星，登上冠军的宝座，后者的排名一再下降，第四季度已经跌至第四名。其他排名靠前的品牌名次基本处于不断波动状态，与三星和索尼相比，显得相对较为复杂。市场中多数品牌的关注份额相对较小，且波动的可能性较大，因此排名的稳定性较差（见表2.10）。

表2.10　2011年Q1～Q4中国数码相框市场品牌关注排名对比

排　　名	Q1	Q2	Q3	Q4
1	三星	索尼	索尼	索尼
2	索尼	佳的美	飞利浦	纽曼
3	佳的美	三星	佳的美	飞利浦
4	爱国者	飞利浦	三星	三星
5	飞利浦	爱国者	纽曼	爱国者
6	天敏	纽曼	爱国者	佳的美
7	纽曼	天敏	优派	天敏
8	优派	优派	天敏	优可视
9	爱微视	优可视	长城	优派
10	长城	爱微视	优可视	爱微视

2.2.3 数码产品在中国

在中国大陆的数码产品销售排行榜上，除数码相机外，其他日系产品均排在末位甚至难上排行榜，让中国与韩系产品独领风骚。

中日韩三国，均地处东亚地区，同属“汉字文化圈”，具有同质或近似的文化遗产，共同承袭了发源于中国的儒家文化，在过去的历史时期和很多领域一直保持着相互交流和友好往来。进入近代以后，面对西方文化的侵入，三国出现了不同的反响。尤其，随着全球化潮流蔓延，三国在技术发展与产品营销方面出现了截然不同的走势。

1．韩国产品的成功=文化营销+投资

没有人否认，产品销售的背后有深刻的文化因素，目前在中国，几乎每个家庭都有一个人热衷于韩剧，很多家庭成员对韩剧如数家珍，对剧情了如指掌。而在 20 世纪 80 年代中期，中国家庭则热衷于观看日本连续剧，当时的《血疑》、《排球女将》和《姿三四郎》等电视连续剧在中国可谓举国热播，人人争相观看。当时，正是电视机崭露头脚的时代。因此，毫无悬念，日本的索尼、东芝、三洋等电视机在中国热销。

而今，韩剧热播中国，巧合的是，韩国数码产品热销中国，韩国三星、LG 等数码产品成为中国消费者的最爱，数据显示，2004 年，三星集团在华销售额达到 100 亿美元，2006 年，三星电子全球总销售额为 634 亿美元，其中，在华销售额达到 297 亿美元。2007 年，三星集团在华销售超过 360 亿美元，增幅 20%（见图 2.29）。同时，三星也加大了在中国的投入。目前，三星在华投资已经超过 60 亿美元，仅仅 3 年时间，三星集团在华销售就增长了 260%。三十多年前，三星集团是为日本三洋代工黑白电视机一个小厂，1988 年，成为汉城奥运会赞助商后，三星从此踏上文化营销的道路，而三星也从不知名的小品牌一跃变成国际知名品牌，三星从此摘掉低端帽子，跃居高端电子设备制造商行列。这其中，除了三星努力创新、提升技术含量外，文化营销起了很大的作用。

韩剧热播中国，不但将韩国文化传播至中国，在一定程度上提升了韩国数码产品品牌，更对韩国手机、MP3、数码相机等产品加强了营销。一个很有意思的现象是，中国互联网上经常有消费者对韩剧中主人公使用的手机进行分析，无形中对手机销售起了推广作用（见表 2.11）。

表 2.11　中、日、韩手机比较

韩国手机	
日本手机	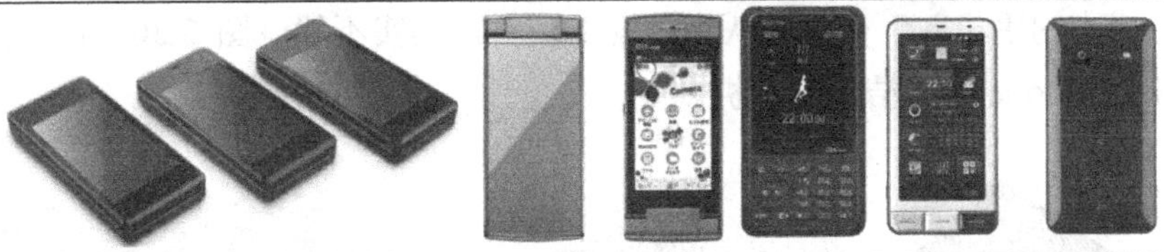
中国手机	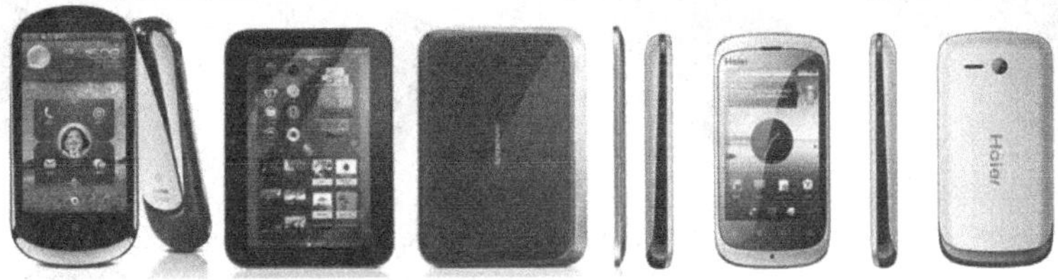

除了文化营销外，韩国企业在华加大投资建立和中国政府紧密的关系也起到一定的作用，目前，三星集团已经在华投资超过 60 亿美元，在华设立的机构有 28 家生产线，30 家营销法人，雇佣员工数量达到 5 万 4 千多人，业务涉及电子、金融、造船、服装和贸易等诸多领域。而相反，日本企业在华投资还在持谨慎态度，他们认为日本企业在中国投资主要存在三大问题：第一个是法律制度的不完善及运用方面的问题；第二个是知识产权保护方面的问题；第三个是税务风险的问题。

2．中国产品的成功=开放的心态+成本创新

1434 年，明朝的皇帝解散了郑和率领的船队，结束了海上贸易，开始闭关锁国。从此，一个全球第一大经济实体走向衰落，在西方国家开始第一次、第二次工业革命的时候，中国一直在战乱和动荡中徘徊。1978 年，这个庞大的农业大国开始了改革开放，而且选择的道路是从农村到城市。2001 年，中国加入 WTO。从此，中国开始大规模市场开放，开放程度甚至超过日本和韩国，2006 年中国一跃成为全球第三大贸易国。

完全开放的心态是中国数码产品营销成功的原因之一，因为开放，本土制造商可以放弃自己的固有思维，可以虚心地学习欧美日韩厂商先进的设计技术和开发经验，可以认真地去了解用户的需求，而这些，在日韩厂商中是不多见的。

中国厂商另一个重要的成功因素是成本创新。光有开放的心态还不够，中国厂商的绝活就是成本创新。在日益扁平的世界中，中国厂商可以方便地将外国的新技术和本土消费者的需求结合起来，例如，海尔公司推出了可以洗地瓜的洗衣机。但这还不够，中国厂商可以用低成本的方式来生产所创新的电子产品。2007 年，中国的“山寨手机”销量达到近 2000 万部。同样配置的日韩手机，在中国售价如果在 3000 元左右，如果被“山寨”后，其售价仅为 400 元左右。这是很多欧美日韩企业难以想象的，“中国企业为什么可以造出如此低成本的手机？”很多人认为是偷工减料，其实不然。图 2.30 所示为中国制造商推出的酷似 iPhone 的“桔子”手机。

图 2.30　酷似 iPhone 的山寨手机

据很多山寨机用户反映，山寨机使用和品牌机差别并不大，而且随着数码产品生命周期不断缩短，花大价钱买高档机的做法已经逐渐被大多数人放弃，很多人追求的性价比，这正是中国数码产品制造商成功的精髓。

据国外媒体报道，某市场研究机构发布的报告显示，2009 年中国山寨手机市场出货量达 1.45 亿部，相当于全球行货手机销售量的 13%。根据研究，2009 年全球正货市场的手机销售量为 11.3 亿部，中国山寨手机销售量相当于这个总量的 12.9%。而全球正货手机销售在 2009 年下降了 8%。研究预测，2012 年山寨手机销量会达到高峰，预计为 1.92 亿部。到 2013 年，预计为 1.76 亿部，基于 2008 年的复合增长率将达到 11.7%。而同时，行货手机的复合增长率仅为 4.4%。

曾鸣教授在《龙行天下——中国制造未来 10 年新格局》一书中指出：“中国的自主创新更多是通过应用型技术创新实现性价比的飞跃，以低成本的方式进行技术创新，以技术创新的方式降低成本，这将成为未来全球竞争的核心！”

毫无疑问，中国制造商找到了改变竞争格局的法宝，全球的竞争规则已经改变，中国制造商与时俱进的心态让他们抓住了这个变革带来的机遇。

3. 日本产品的败北

提起日本电器，全世界消费者的第一感受是性能一流，这是日本企业多年在质量精益求精、追求卓越的结果。但就消费群体而言，只有极少数人追求高质量、高性能，大多数人追求的是性价比。这和以前的产品价值观相比已经大相径庭。

随着集成电路技术的飞速发展，IC 的集成度和可靠性日益提高，和以前分立产品的数码设备相比，目前数码产品的寿命大大延长，甚至很多产品还未出现质量问题就被淘汰甚至被遗弃，这样一味地追求质量而忽视性价比就实际上与中国消费者的需求南辕北辙了。所以无怪乎在中国的数码产品消费中，只有索尼等几家公司的产品在高端产品上占据一定的名次。但是，历来高端消费者总是少数，所以在 MP3 整体消费排行中，日本企业的 MP3 被踢出了前十。

除了要改变对产品价值取向外，日本企业另一个败北中国市场的原因是不了解中国用户的需求。日本的数码厂商很少认真了解中国消费者的群体分布及需求分析，也缺少明确的目标消费群体，韩国手机可以瞄准中国喜欢韩剧的白领一族，中国的山寨机可以瞄准希望享受高科技的农村群体，而日本数码产品则没有针对中国特定的目标群体。

那么，日本数码制造商该如何在中国成功？排除政治因素，日本企业应以开放的心态加强和中国企业的合作，将日本企业的顶尖技术带到中国，另外，在数码产品的研发上，选定中国特定的消费群体，了解他们的真正需求，毕竟，日本企业有多年优秀的工业设计沉淀，把这些需求和工业设计结合，必定可以推出受到目标群体推崇的数码产品。

2.3　消费行为及市场定位分析

2.3.1　消费者行为分析

1. 消费者心理分析

（1）了解人的认知过程

认知心理学观点认为人的认知相当于一个信息加工的过程，包括感觉输入的变换、简约、加工、存储和使用的全过程。狭义的认知心理学认为人的认知过程就是信息的接收、编码、储存、交换、操作、检索、提取和使用的过程，并将这一个过程归纳为四种系统模式：感知系统、记忆系统、控制系统和反应系统。强调人已有的知识和知识结构对他的行为和当前的认知活动起决定作用（见图 2.31）。

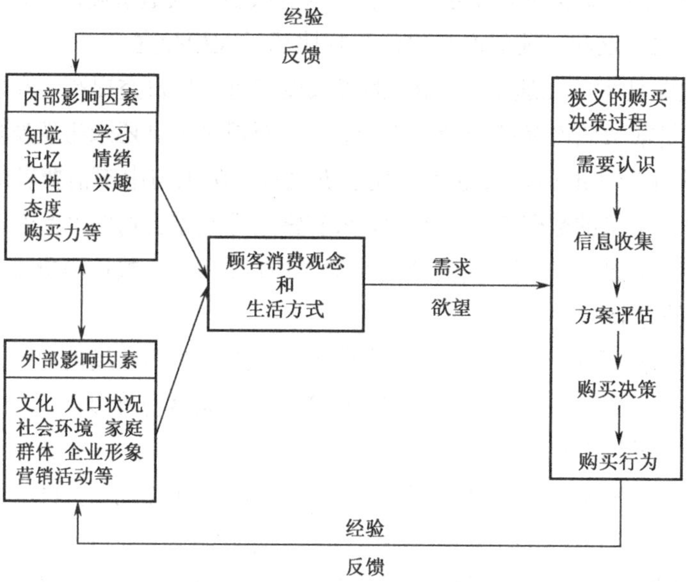

图 2.31 消费者购买决策过程图

人类习惯于对外界事物按照自己的理解加以解释。例如两个小吃摊，他们做的东西都同样好吃，但是有人总会习惯于去人多的那个小吃摊。一个 1m 宽、10m 的木板放在地上，谁都可以轻松地走过去，上升到 3m，也可以走过去，但是升到 10m 呢，你可能就要犹豫了，如果升到 100m，恐怕就没有一个人愿意去走。每个人心里都有这种心理模型，习惯于从已有的认知去理解别的事物。因此设计人员在设计的过程中，应该站在用户的认知上，尽可能的考虑到认知心理对产品的影响。

（2）人的需求变化和生活方式变化对数码产品设计的影响

了解环境、社会、文化对人的影响，可以分析这种影响与人的认知心理之间的关系，以及由此带来的对人的认知的影响和变化。早期的中国人，喜欢前苏联造的一些机器，它们看起来大而结实，给人很可靠的感觉，而且它们很耐用。人们购买电器时首先考虑它质量够不够好，当然越耐用越讨人喜欢。

而随后因为经济条件好了，在选购的时候，人们对产品的外观、色彩、功能开始有了更多的要求。而随着近年来人们对环境保护重要性的认识，像前苏联那种噪声大、能耗高的机器不会再受欢迎。

在技术上采用了微型电子组件之后，设计师设计的数码产品开始变得越来越小巧，但是功能上也日益丰富，使用方式上也日新月异，早期的收音机调频时靠旋钮旋转来实现，人们使用时相对比较麻烦。现在的数字调频收音机，你只需要输入广播的频段，就能很方便的收听喜欢的频道了。这些都表明，数码产品的设计朝着越来越方便用户使用的角度来发展了。

人的需求变化，大致上包括以下几个方面。

① 对产品造型需求的变化（形态、体积、材质和色彩等）。

② 对功能需求的变化。

③ 对使用方式需求的变化。

设计师在设计数码产品时，应从认知心理角度，分析用户对产品哪些方面的需求发生了变化，如产品造型、功能、使用方式等方面。在产品人机交互方面，产品是否做到了很好的传达给用户信息等，是不是能够让用户对产品功能很清楚，对产品使用方式的理解没有偏差。

（3）如何更好的去满足用户的认知心理

① 用户具有复杂性，要明确不同人群对数码产品认知心理状况。

从用户年龄来看，儿童、青少年、中年人、老年人等，处于同一年龄段的人群，他们的认知心理有什么共性。处于不同年龄段的人群，就应该区别对待，去设计符合他们需要的数码产品。对于儿童来说，设计应该非常简洁，符合儿童的认知心理；对于老年人来说，使用不能太复杂。在保证功能的前提下，也应该以简单为原则。

对某一种数码产品来说，使用过它的用户和未使用过它的用户，他们的理解是有差别的。在设计的时候要尽量以未使用过的新用户为侧重点去进行考虑。

② 把握用户对数码产品的认知与对其他产品的认知特点。

在产品满足人们某种需求的功能的同时，人们对产品认知往往有一定的模式，成为人们识别、使用和创造与此类似的新的产品的内在尺度。但是数码产品有时候在这方面并不是很明确。传统产品中的座椅，不论它在设计上怎样变化，人们很容易识别它。而数码产品就不同，如早期的收音机和现在的收音机，用户对它的识别就不会这么容易。拿牙刷来说，它的形态、材质、功能、使用方式的特征非常明确，而数码产品在这些方面的特征就不是非常明确了。新一代的手机很可能会更像一个数码相机，在你未接触它之前，你很可能不清楚它的使用方式。所以，为了方便用户的理解，在产品造型上尽可能使用户联想到以往的生活经验，使用上应该能尽量的提供出能方便用户理解的信息等，从而指导其行为，使得产品易懂易用。数码产品使用地点、场合、时间的不同，也影响用户对产品的认知。因此，要有针对性的去对待。

在传达给用户信息方式上，数码产品设计与其他产品也不同。数码产品的多功能性决定了它不能单纯的通过简单的造型就传达给用户它的使用方法。而在设计中，图标符号、文字、声音等传达手段的应用也多种多样。例如，手机的设计，随着人们日常交际和通信项目的增多，手机的功能项目越来越复杂，多数手机集短信功能、电话功能、记事和备忘录功能、娱乐功能等多种功能于一体，怎样才能使人们能很快去学习和理解呢？这就需要设计一套操作程序了，设计师能做的也就是怎样把它做得更简单。要牢牢把握用户的认知特点，包括人的视觉、听觉、触觉及记忆和思维特征等。例如，人对图像和色彩的视觉敏感性远大于对文字的敏感性，那么操作程序的图形化的设计更符合人的视觉特性。在设计操作时，要尽量减少操作次数。

③ 当数码产品要采用新技术时，也就是在出现重大功能或者使用方式等方面的改变时，一定要以用户的认知心理为依据，以明确哪些是在用户可以接受的范围的，哪些是不易被用户所接受的。

在手表设计的过程中，虽然石英表成本更低，使用起来也不像机械式那样每天晚上都要上发条，但是人们仍然偏向机械表那种指针式的计时方式。这就体现了用户对产品认知的一种不变性。后来就设计出了具有传统钟表的指针显示方式，内部结构则采用石英数码技术的石英表，从而取得了巨大的成功。

2. 消费者购买特征

销售渠道集中化是消费者渠道选择的特点，从图 2.32 可知，电子市场和 IT/数码产品专卖店是消费者购买数码产品比较愿意选择的渠道，其选择比例分别达到 47.1%和 37.1%，呈现出集中化的态势。了解环境、社会、文化对人影响，可以分析这种影响与人的认知心理之间的关系，以及由此带来的对人的认知的影响和变化。

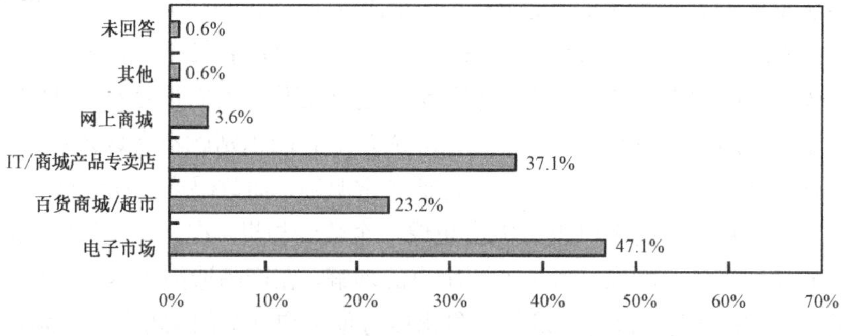

图 2.32　消费者期望购买渠道分布

促销方式多样化和消费者选择集中化是数码产品促销的特征，随着市场竞争的激烈，厂商开展了各式各样的促销方式，但是在厂商的种种促销手段中，消费者最欢迎的就是实实在在的降价/促销手段，其比例达到 60.9%（见图 2.33）。

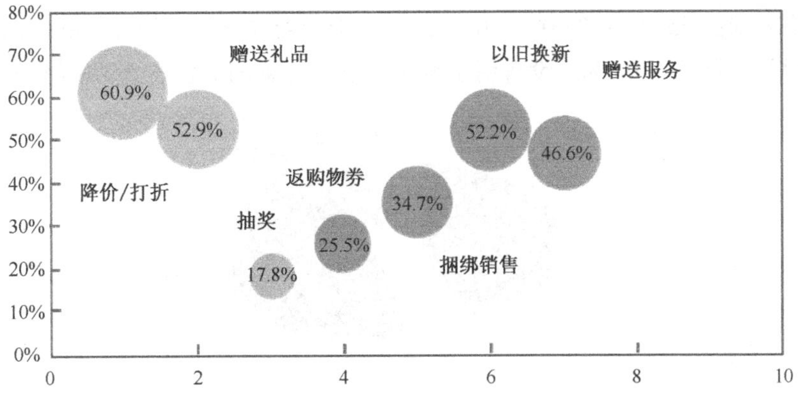

图 2.33 消费者对促销活动感知的分布特征

3. 影响消费者购买因素

除了电视广告因素影响较大外，有 42.5%的消费者在购买数码产品时首要考虑其他人的意见，其中对身边亲人和朋友的推荐，以及社区网友意见的信任程度分别达到 22.1%和 20.4%（见图 2.34）。

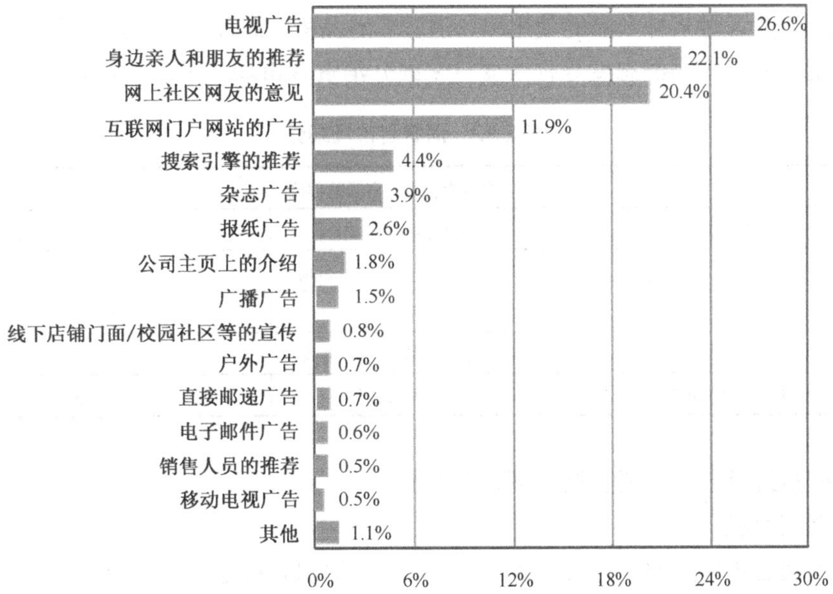

图 2.34 影响消费者购买因素

超过八成消费者在购买商品前期通过社区来查阅信息，其中对商品产生兴趣和已经产生购买欲望分别占45.0%和37.0%。用户在社区论坛查收商品目的性很强，在购买商品后再去查找相关信息仅占0.8%，没有明确购买需求，随意浏览仅占5.2%（见图2.35）。

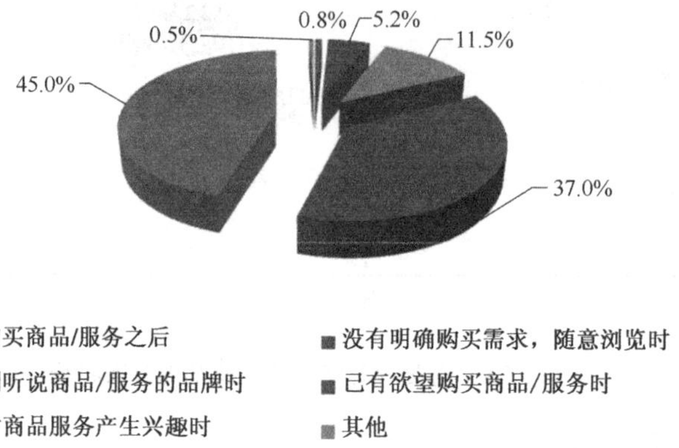

图2.35　消费者进入社区论坛查询购买商品的时期分布

4．消费者购买行为细分

行为细分是指企业按照消费者购买或使用某种产品的时机、消费者所追求的利益、使用者情况、消费者对某种产品的使用率、消费者对品牌（或商店）的忠诚程度、消费者待购阶段和消费者对产品的态度等行为变量来细分消费者市场（见表2.12）。

表2.12　消费者市场细分

1	按消费者进入市场的程度		
	经常购买者	初次购买者	潜在购买者
2	按消费数量来细分市场		
	大量用户	中量用户	少量用户
3	根据对品牌的偏好状况		
	单一品牌忠诚者	几种品牌忠诚者	无品牌偏好者

行为变量细分市场主要包括以下几个方面。

（1）购买时机

根据消费者提出需要、购买和使用产品的不同时机，将他们划分成不同的群体。数码产品可根据不同节假日划分不同的细分市场并制定不同的营销策略。

（2）追求利益

消费者购买某种产品总是为了解决某类问题，满足某种需要。然而，产品提供的利益往往并不是单一的，而是多方面的。消费者对这些利益的追求时会有所侧重，如对购买数码相机有的追求经济实惠、价格低廉，有的追求耐用可靠和使用维修的方便，还有的则偏向于使用显示出社会地位等不一而足。

（3）使用者状况

根据顾客是否使用和使用程度细分市场，通常可分为经常购买者、首次购买者、潜在购买者、非购买者。大公司往往注重将潜在使用者变为实际使用者，较小的公司则注重于保持现有使用者，并设法吸引使用竞争产品的顾客转而使用本公司产品。

（4）使用数量

根据消费者使用某一产品的数量大小细分市场，通常可分为大量使用者、中度使用者和轻度使用者。大量使用者人数可能并不很多，但他们的消费量在全部消费量中占很大的比重。如笔记本电脑的销量其中大部分是由一些企业公司购买，因此，笔记本电脑公司也要把大量购买笔记本的公司作为目标市场。

（5）品牌忠诚程度

企业还可根据消费者对产品的忠诚程度细分市场。有些消费者经常变换品牌，另外一些消费者则在较长时期内专注于某一或少数几个品牌。通过了解消费者品牌忠诚情况和品牌忠诚者与品牌转换者的各种行为与心理特征，不仅可为企业细分市场提供一个基础，同时也有助于企业了解为什么有些消费者忠诚本企业产品，而另外一些消费者则忠诚于竞争企业的产品，从而为企业选择目标市场提供启示。

（6）购买的准备阶段

消费者对各种产品了解程度往往因人而异。有的消费者可能对某一产品确有需要，但并不知道该产品的存在；还有的消费者虽已知道产品的存在，但对产品的价值、稳定性等还存在疑虑；另外一些消费者则可能正在考虑购买。针对处于不同购买阶段的消费群体，企业进行市场细分并采用不同的营销策略。

（7）态度

企业还可根据市场上顾客对产品的热心程度来细分市场。不同消费者对同一产品的态度可能有很大差异，如有的很喜欢持肯定态度，有的持否定态度，还有的则处于既不肯定也不否定的无所谓态度。针对持不同态度的消费群体进行市场细分，并在广告、促销等方面应当有所不同。

2.3.2　数码产品市场定位

1. 数码产品的目标人群

数码产品的目标消费人群为十五岁到四十岁的青年人。消费人群类型可分为时尚消费人群、技术应用型人群、喜好多媒体技术人群和追求功能齐全设备人群。其中十五岁到二十五岁是潜力群，二十五岁到四十岁是销售主流群。

（1）潜力群（15～25岁）

这一群体主要是学生群，他们追求时尚，热爱音乐，对手机、MP3等低端数码产品有很大需求，由于经济因素，他们主要面对中低价位市场。尽管他们不是主要销售群，但确是数码产品的未来潜在群。向学生群推广品牌形象，有助于今后的可持续发展。因此，企业对于学生群定位在品牌推广与形象深化上。

（2）销售主流群（25～40岁）

这一群体主要是工薪青年。他们年轻，追求时尚，喜欢享受，对数码产品有大的需求，重要的是，他们消费能力比较高，对产品的品牌与功能、技术等方面要求比较高，主要面对中高价位市场。而企业时尚、高端、技术研发力高的特点正适合他们的口味。

2. 市场定位

市场定位就是以自身品牌效益和高技术含量面向目标市场消费人群，取得市场占有率。

案例1：小米手机的超高性价比

如果说现在最火的国产手机是谁，肯定非小米手机莫属。自2011年8月16日发布小米手机以来，2011年9月5日，小米手机正式开放网络预订，30万部34小时全部完成预定；接着在2011年12月18日，3.5小时完成了10万部的发售；2012年1月4日，3小时多10万部小米手机又被抢购一空；2012年1月11日，1.5天，付费预定50万部。至此，小米手机的销量已经超过100万部。而在此前，联通定制的小米手机采购也超过百万部。2012年2月16日小米官网摇号首发1000台纪念版电信手机，两天的时间里申请人数超过了92万人。

图2.36　小米手机

苹果每推出一款产品，都会在市场上激发一波抢购狂潮，有人说这是苹果的“饥饿营销”。小米的“饥饿营销”比起苹果犹有过之，尽管雷军表示小米没有故意“饥饿营销”，但小米手机市场一直在饥饿着，这是不争的事实。小米的这一做法也广受诟病，人们一边批评着、指责着，另一边却不得不被小米所吸引，承认“饥饿营销”确实在小米品牌的树立、产品的拓展中起着极为积极的作用（见图2.36）。

（1）小米的定价

1999 元，一个令人惊奇的定价，看双核 1.5GHz 处理器集成 Areno220 图形处理芯片、1GB 内存、4 英寸液晶屏、1930mAh 锂聚合物电池、800 万像素摄像头和相对保守的外观，如果说苹果在卖时尚和品质的话，小米的确在卖配置，而且性价比的确很高。然而，近期网络上却曝出新闻称其成本不过 900 元（加上研发、公司运作等成本也许会更高些，但高出有限）。

为什么消费者的认知与实际有如此大的出入？丹•艾瑞里在《怪诞行为学》一书中给了我们答案：消费者在生活中遇到某个产品，第一眼留下印象的价格将在此后对购买这一产品的出价意愿产生长期影响，这个价格或者说印象，称为“锚”。

在小米手机推出之前，iPhone 的推出早已为智能手机定了价：5000。而到底智能手机的制造成本是多少，没人知道。于是“5000”便成为智能手机定价中的“锚”，一直影响着消费者对智能手机定价的认知，即使其他智能手机不如 iPhone，但心理定价也在 3000～4000 元。

因而，小米手机 1999 的定价成为点爆小米手机的最具杀伤力的爆炸点，引来各大媒体的追踪报道及各大网站的热点传播，也成为其在如今竞争激烈的智能手机市场上最具个性的差异点，引来消费者的一致热捧。

小米手机意在用 1999 的定价来告诉消费者自己的高性价比，而实际上则是在利用 iPhone 的“锚”做掩护，为自己留足赢利空间的同时，以低成本取得品牌传播的轰动效应。

（2）小米手机的目标人群：手机发烧友

手机发烧友，即那些对手机具有狂热爱好的一类人。小米手机在面市之前，一再强调其将目标人群定位于手机发烧友，即喜欢玩机的手机控。

手机发烧友的队伍有多大？是否能支撑起小米手机的消费市场？小米手机如此大的市场动作，仅仅是为了赢取手机发烧友这一消费市场？从小米手机的定价中，我们就可以看出，小米手机所要吸引的，不仅仅是手机发烧友，更是那些热衷于使用智能手机，以及想要使用智能手机，但又考虑现有智能手机市场价格太贵的那部分消费者，这个群体无疑是广泛的。从现实售卖的结果看，其 1999 元定价避开了苹果的高端消费市场而显得相当的亲民，确实吸引了主流消费人群，我们周边每个人都在谈论何时也买个小米手机，但我们却并非都是手机发烧友。

小米手机之所以如此宣传，意在圈定其源点人群——手机发烧友，以“专为手机发烧友研发”的手机身份出现，更容易赢得这些“专业人士”的好感，既然形成消费。再借手机发烧友的“专业身份”以口碑形式向其目标消费者宣传，以此更容易走入目标消费者的视野，达成其最终目的。

案例 2：HTC 的不同定位

说到 HTC 公司，可能会把大家的记忆带回到前几年在国内非常火的多普达，确实在那个诺基亚称王称霸的时代里，国内有着另一个虽然市场份额虽然不是很大，但知名度相当高的厂商，那就是多普达。而在近两年，随着 Android 系统的发展，多普达则以一种新姿态另一个身份再次席卷了国内市场，那就是 HTC。目前 HTC 已经成为了全球第三大手机制造商，在复杂的产品线里，HTC 到底做了什么样的市场定位呢？

（1）为音乐而生——HTC G18（白色）

HTC Sensation XE 是全球第一款搭载 Beats Audio 音效技术的智能手机，在音质方面数一数二（见图 2.37）。

HTC G18 相比 HTC Sensation 在外形上并没有多少变化，仅通过机身背面的红色 Beats Audio 标记体现其不同寻常之处，同时包括红色对虚拟按键、听筒及摄像头边框的点缀，结合酷劲十足黑色的机身，还是让该机给人留下了深刻的印象。同时该机配备的 4.3 英寸的 SLCD 触控屏，540×960 像素的分辨率，显示效果相当的好（见图 2.38）。

图 2.37　HTC Sensation XE

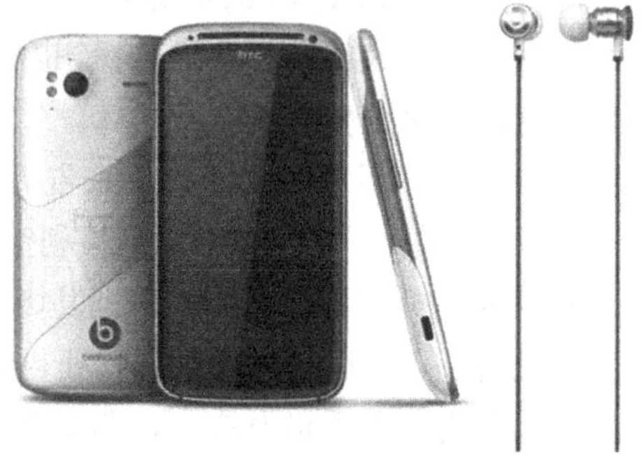

图 2.38　HTC G18

在配置方面，该机搭载 Android 2.3 系统和搭载 HTC Sense 3.0 界面，相比过去最大的不同在于提升了处理器的主频，此次搭载的是 1.5GHz 的双核处理器，还拥有 768MB 的 RAM，内置 800 万像素摄像头和配置了双 LED 补光灯，拍摄效果相当不错。而借助前置的 VGA 分辨率摄像头，则可在高速网络中实现视频通话功能。

（2）为低端用户——HTC G13 Wildfire S（A510e）

野火系列是 HTC 攻占低端市场的利器，而 HTC G13 Wildfire S（A510e）同样是凭借低廉的价格和优秀的表现吸引着各位玩家的关注。

在造型上，HTC G13 Wildfire S（A510e）与前辈 G8 没有太大的区别，能指出来的可能也就是 G13 改变了 G8 那为人诟病的低屏幕分辨率了。该机配备的是一块 3.2 英寸的 TFT 电容屏，320×480 像素的分辨率还是能满足大部分玩家的需求的。101.3mm×59.4mm×12.4mm

的尺寸，握在手里的感觉还是相当轻薄的（见图 2.39）。

在配置方面，该机较之 G8 也有了很大的提升，机器内置一块 600MHz 的 Qualcomm MSM7227 CPU，512MB 的 RAM 和 512MB 的 ROM，这样的配置在低端机里已经算是很强大的了。机器搭载的目前 Android 2.3 操作系统，操作感觉非常好。

图 2.39　HTC HTC G13 Wildfire S（A510e）

（3）为社交——HTC C510e

HTC C510e 是 2011 年 07 月推出的一款主打社交的手机，有着另一个名字“微客”，是新浪与 HTC 合作推出的一款微博手机。

该机在整体设计方面相对于 HTC 之前的机型来说，并没有太大的突破，采用直板触控设计，机身也很圆润，该机的亮点在于在机身下面有着一颗新浪微博专用键。手机配备的是一块 3.4 英寸的 TFT 电容屏，320×480 像素的分辨率，显示也是相当的细腻（见图 2.40）。

在配备方面，该机内置一块 800MHz 的 Qualcomm MSM7227 CPU，自带 512MB 的 RAM 和 512MB 的 ROM，有着非常流畅的运行速度。手机搭载的是最新的 Android 2.3 系统，有着非常好的应用体验。机身背后配备一块 500 万像素的镜头，拍摄效果不错。虽说该机是定位社交，但在其他方面的表现同样出色。

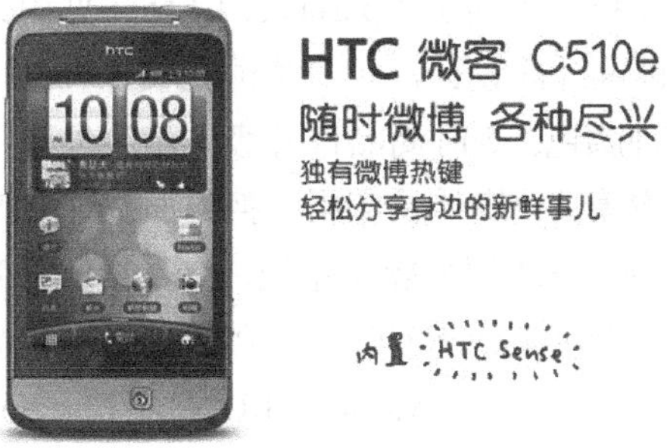

图 2.40　HTC C510e

案例 3：索尼爱立信情感化的产品线定位

索尼爱立信作为一个年轻的国际知名品牌，诞生于 2001 年，是由索尼和爱立信各控股 50% 的合资公司，分别融合了索尼在影音、产品规划与设计能力、消费电子产品营销和品牌推广方面的专长及爱立信在移动通信技术、与运营商关系、网络设施建设等方面的专长。Sony Ericsson 设计可定义为触发所有感官的设计，即沟通理性智慧，又可沟通情感。注重逻辑思维可确保设计的实用性，而新颖、探索性设计则具有情感吸引力。我们追求永远领先消费者一步，以便他们能与我们的思想产生共鸣并受到启发。

2010 年，索尼爱立信在德国柏林国际电子展（IFA）上 发布最新性能的 Android 2.3.4 智能新机 Xperia arc S LT18i（见图 2.41）。作为 Xperia 系列旗舰新机，Xperia arc S LT18i 不仅秉承了 Xperia arc LT15i 获奖的出众设计，还配备了升级至 1.4GHz 的高速处理器；同时，凭借索尼 Exmor R for Mobile 影像传感器与 3D 全景扫描等先进影像技术带来的出色表现，Xperia arc S LT18i 在发布伊始即荣获由欧洲影音协会（EISA）授予的“2011—2012 年度欧洲最佳拍照手机”殊荣。

图 2.41　索尼爱立信 Xperia arc S LT18i

Xperia arc S LT18i 是目前 Xperia 系列智能手机中运行速度最快的产品，它极致地展现了 Xperia 智能手机的最强娱乐特性，更将索尼爱立信倡导的“让智能更娱乐”的用户体验提升至全新高度。

Xperia arc S LT18i 在外观上延续了 Xperia arc LT15i（见图 2.42）荣获 2011 年德国“红点奖（RedDot 2011）”的极致纤薄设计，机身最薄处仅 8.7mm，再配上 arc 优美弧线，新增的白色、粉色和黑色三种颜色，令时尚品位升级；精致外观下，升级至 1.4GHz 的高速处理器使得手机在启动摄像模式、媒体及应用转换方面提速 25%，同时网页浏览增速也高达 20%。配合领先的 Android 2.3.4 智能操作系统，Xperia arc S LT18i 将全面加强消费者的移动互联生活体验。另外，Xperia arc S LT18i 融合了索尼高端影像技术，为用户带来最优化的娱乐体验：配备 4.2 英寸、索尼 Mobile BRAVIA Engine 图像处理引擎的多点触控 Reality Display 显示屏，完美呈现臻美图像与视频；索尼 xLOUD 增强型扬声器，音频效果出众；支持高清摄录功能的 810 万像素摄像头和索尼 Exmor R 影像传感器，实现了低光照环境下依然清晰的拍摄效果；3D 全景扫描功能为用户打破空间限制，拍摄乐趣尽在其中。

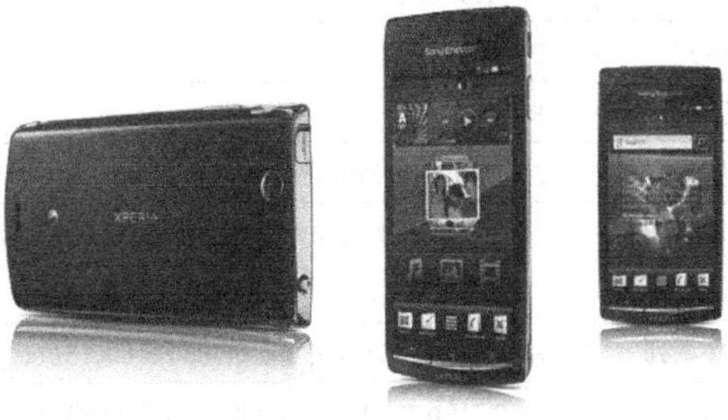

图 2.42 索尼爱立信 Xperia arc LT15i

正是立足于满足用户需求的情感性设计理念，索尼不断创新开发适合不同人群需求的手机线，并扩展手机型号、功能、造型等，很好地塑造了自身亲近于广大用户的品牌形象。表 2.13、表 2.14 所示为索尼爱立信丰富的手机型号线。

表 2.13 索尼爱立信不断扩展的手机型号线

随身拍手机	Cyber-shot 系列	K550 K770 K790/K800 K810/K818 K850/K858 C510 C702 C901 C902 C903 C905
	Snapshot 系列	S302 S312
	Quickshare 系列	K750
随身听手机	Walkman 系列	W20 W100 W200 W205 W300 W302 W350 W380 W395 W508 W550 W580 W595 W610 W660 W700 W705/W715 W710 W760 W800 W810 W830/W850 W880/W888 W890 W900 W902 W910/W908 W950/W958 W960 W980 W995
		W150 WT13i/Mix Walkman
		W8 WT18i WT19i/Live with Walkman
智能手机	Symbian UIQ 系统	P800 P810 P900 P902 P990（Symbian UIQ2.0 系统）
		P1 W950/W958 W960 M600/M608 G700 G900（Symbian UIQ3.0 系统）
	Symbian S60 5th 系统	U1/Satio U5/Vivaz U8/Vivaz pro（Symbian S60 5th 系统）
	Windows Mobile 系统	Xperia X1（Windows Mobile 6.1 系统）
		Xperia X2/X2iM1i（Windows Mobile 6.5 系统）
	Android 系统	X10Mini/E10i X10Mini Pro/U20i X8/E15i W8/E16i（Android2.1 系统）
		Xperia X10/X10i Xperia arc LT15i Xperia neo MT15i Xperia pro MK16i Xperia play Z1i
		peria mini ST15iXperia mini pro SK17iXperia active ST17i Xperia ray ST18i
		Xperia neo V MT11i Xperia arc S LT18i（Android2.3 系统）

续表

智能手机	OMS 系统	A8i（OMS2.0 系统）
		WT18i（OMS2.5 系统）
其他手机	Fun 游戏系列	F305
	Radio 收音机系列	R300 R306
	GreenHeart 环保系列	J10 J20 J105 J108i M1i C901GreenHeart
	Entertainment Unlimited 娱乐无限系列	U1/Satio U10/Aino U100/YariU5/VivazU8/Vivaz pro
	网络及电子邮件系列	K530 K610 K660 G502 G705 txt CK15i/txt pro
	简洁易用系列	J110 J120 J220 J230 Z250 Z300 Z310 T303 K630
	工艺设计系列	S500 S700 Z550 Z555 Z558 Z610 Z710 Z750 Z770 Z780 T650 T700 T707 T715 X5/PurenessJalou
注：仅收录国际版机型，地区定制版及部分过早机型未在收录范围内		

表 2.14 Walkman、Xperia™系列部分手机

Walkman™ E16i	W20	W150	W100i

Xperia™ arc S LT18i	Xperia™ neo MT15i	Xperia™ ray ST18i	Xperia™ PLAY Z1i

另外，索尼爱立信公司还在中国许多重要城市新建立了分公司和研究基地，以扩展全球业务和品牌影响力。“索尼爱立信公司已经拥有了具有吸引力的产品线，索尼爱立信品

牌的手机注重影像、娱乐和互联功能，我们还将不断地为中国消费者提供和开发精彩的手机服务内容，所有这些雄厚的基础都将使我们在中国市场获得成功。”爱立信先生说：“除此之外，我们在北京建立的新的研发中心，说明我们非常注重本地化的发展，我们的产品开发将充分地考虑中国手机市场的各种因素和消费者使用习惯。”

2.3.3　数码产品市场细分

1. 市场细分的变量

市场细分（Market Segmentation）是指营销者通过市场调研，依据消费者的需要和欲望、购买行为和购买习惯等方面的差异，把某一产品的市场整体划分为若干消费者群的市场分类过程。每一个消费者群就是一个细分市场，每一个细分市场都是具有类似需求倾向的消费者构成的群体。

消费品市场的细分标准可以概括为地理因素、人口统计因素、心理因素和行为因素四个方面，每个方面又包括一系列的细分变量（见表 2.15）。

表 2.15　消费者市场细分变量

1	地理细分	地理位置、城镇大小、地形、地貌、气候、交通状况、人口密集度等
2	人口细分	年龄、性别、职业、收入、教育、家庭人口、家庭类型、家庭生命周期、国籍、民族、宗教、社会阶层
3	心理细分	社会阶层、生活方式、个性
4	行为细分	购买时间，购买数量，购买频率，购买习惯（品牌忠诚度），对服务，价格，渠道，广告的敏感程度等
5	受益细分	追求的具体利益、产品带来的益处，如质量、价格、品位等

1）按地理因素细分

按地理因素细分，就是按消费者所在的地理位置、地理环境等变数来细分市场。因为处在不同地理环境下的消费者，对于同一类产品往往会有不同的需要与偏好。例如，对自行车的选购，城市居民喜欢样式新颖的轻便车，而农村的居民注重坚固耐用的加重车等。因此，对消费品市场进行地理细分是非常必要的。

（1）地理位置

可以按照行政区划来进行细分，如在我国，可以划分为东北、华北、西北、西南、华东和华南几个地区；也可以按照地理区域来进行细分，如划分为省、自治区、市、县等，或内地、沿海、城市、农村等。在不同地区，消费者的需求显然存在较大差异。

（2）城镇大小

可划分为大城市、中等城市、小城市和乡镇。处在不同规模城镇的消费者，在消费结构方面存在较大差异。

（3）地形和气候

按地形可划分为平原、丘陵、山区、沙漠地带等；按气候可分为热带、亚热带、温带、寒带等。防暑降温、御寒保暖之类的消费品就可按不同气候带来划分。如在我国北方，冬天气候寒冷干燥，加湿器很有市场；但在江南，由于空气中湿度大，基本上不存在对加湿器的需求。

2）按人口统计因素细分

按人口统计因素细分，就是按年龄、性别、职业、收入、家庭人口、家庭生命周期、民族、宗教、国籍等变数，将市场划分为不同的群体。由于人口变数比其他变数更容易测量，且适用范围比较广，因而人口变数一直是细分消费者市场的重要依据。

（1）年龄

不同年龄段的消费者，由于生理、性格、爱好、经济状况的不同，对消费品的需求往往存在很大的差异。因此，可按年龄将市场划分为许多各具特色的消费者群，如儿童市场、青年市场、中年市场、老年市场等。从事服装、食品、保健品、药品、健身器材、书刊等商品生产经营业务的企业，经常采用年龄变数来细分市场。

（2）性别

按性别可将市场划分为男性市场和女性市场。不少商品在用途上有明显的性别特征。如男装和女装、男表与女表。在购买行为、购买动机等方面，男女之间也有很大的差异，如妇女是服装、化妆品、节省劳动力的家庭用具、小包装食品等市场的主要购买者，男士则是香烟、饮料、体育用品等市场的主要购买者。美容美发、化妆品、珠宝首饰、服装等许多行业，长期以来按性别来细分市场。

（3）收入

收入的变化将直接影响消费者的需求欲望和支出模式。根据平均收入水平的高低，可将消费者划分为高收入、次高收入、中等收入、次低收入、低收入 5 个群体。收入高的消费者就比收入低的消费者购买更高价的产品，如钢琴、汽车、空调、豪华家具、珠宝首饰等；收入高的消费者一般喜欢到大百货公司或品牌专卖店购物，收入低的消费者则通常在住地附近的商店、仓储超市购物。因此，汽车、旅游、房地产等行业一般按收入变数细分市场。

（4）民族

世界上大部分国家都拥有多种民族，我国更是一个多民族的大家庭，除汉族外，还有 55 个少数民族。这些民族都各有自己的传统习俗、生活方式，从而呈现出各种不同的商品需求，如我国西北少数民族饮茶很多、回族不吃猪肉等。只有按民族这一细分变数将市场进一步细分，才能满足各族人民的不同需求，并进一步扩大企业的产品市场。

（5）职业

不同职业的消费者，由于知识水平、工作条件和生活方式等不同，其消费需求存在很大的差异，如教师比较注重书籍、报刊方面的需求，文艺工作者则比较注重美容、服装等方面的需求。

（6）教育状况

受教育程度不同的消费者，在志趣、生活方式、文化素养、价值观念等方面都会有所不同，因而会影响他们的购买种类、购买行为、购买习惯。

（7）家庭人口

按家庭人口可分为单身家庭（1 人）、单亲家庭（2 人）、小家庭（2～3 人）、大家庭（4～6 人，或 6 人以上）。家庭人口数量不同，在住宅大小、家具、家用电器乃至日常消费品的包装大小等方面都会出现需求差异。

3）按心理因素细分

按心理因素细分，就是将消费者按其生活方式、性格、购买动机、态度等变数细分成不同的群体。

（1）生活方式

越来越多的企业，如服装、化妆品、家具、娱乐等行业，重视按人们的生活方式来细分市场。生活方式是人们对工作、消费、娱乐的特定习惯和模式，不同的生活方式会产生不同的需求偏好，如“传统型”、“新潮型”、“节俭型”、“奢侈型”等。这种细分方法能显示出不同群体对同种商品在心理需求方面的差异性，例如，美国有的服装公司就把妇女划分为“朴素型妇女”、“时髦型妇女”、“男子气质型妇女”三种类型，分别为她们设计不同款式、颜色和质料的服装。

（2）性格

消费者的性格对产品的情爱有很大的关系。性格可以用外向与内向、乐观与悲观、自信、顺从、保守、急进、热情、老成等词句来描述。性格外向、容易感情冲动的消费者往往好表现自己，因而他们喜欢购买能表现自己个性的产品；性格内向的消费者则喜欢大众化，往往购买比较朴常的产品；富于创造性和冒险心理的消费者，则对新奇、刺激性强的商品特别感兴趣。

（3）购买动机

即按消费者追求的利益来进行细分。消费者对所购产品追求的利益主要有求实、求廉、求新、求美、求名、求安等，这些都可作为细分的变量。例如，有人购买服装为了遮体保暖，有人是为了美的追求，有人则为了体现自身的经济实力等。因此，企业可对市场按利益变数进行细分，确定目标市场。

4）按行为因素细分

按行为因素细分，就是按照消费者购买或使用某种商品的时间、购买数量、购买频率、对品牌的忠诚度等变数来细分市场。

（1）购买时间

许多产品的消费具有时间性，烟花爆竹的消费主要在春节期间，月饼的消费主要在中秋节以前，旅游点在旅游旺季生意最兴隆。因此，企业可以根据消费者产生需要、购买或使用产品的时间进行市场细分，如航空公司、旅行杜在寒暑假期间大做广告，实行优惠票价，以吸引师生乘坐飞机外出旅游；商家在酷热的夏季大做空调广告，以有效增加销量；双休日商店的营业额大增，而在元旦、春节期间，销售额则更大等。因此，企业可根据购买时间进行细分，在适当的时候加大促销力度，采取优惠价格．以促进产品的销售。

（2）购买数量

按购买数量可分为大量用户、中量用户和少量用户。大量用户人数不一定多，但消费量大，许多企业以此为目标，反其道而行之也可取得成功。例如，文化用品大量使用者是知识分子和学生，化妆品大量使用者是青年妇女等。

（3）购买频率

按购买频率可分为经常购买、一般购买、不常购买（潜在购买者）。例如，铅笔、小学生经常购买，高年级学生按正常方式购买，而工人、农民则不常买。

（4）购买习惯（对品牌忠诚度）

按购买习惯可将消费者划分为坚定品牌忠诚者、多品牌忠诚者、转移的忠诚者、无品牌忠诚者等。例如，有的消费者忠诚于某些产品，如柯达胶卷、海尔电器、苹果电脑等；有的消费者忠诚于某些服务，如东方航空公司等，或忠诚于某一个机构、某一项事业等。为此，企业必须辨别他的忠诚顾客及特征，以便更好地满足他们的需求，必要时给忠诚顾客以某种形式的回报或鼓励．如给予一定的折扣。

2．市场细分的作用

细分市场不是根据产品品种、产品系列来进行的，而是从消费者（ 指最终消费者和工业生产者）的角度进行划分的，是根据市场细分的理论基础，即消费者的需求、动机、购买行为的多元性和差异性来划分的。通过市场细分对企业的生产、营销起着极其重要的作用。

（1）有利于选择目标市场和制定市场营销策略

市场细分后的子市场比较具体，比较容易了解消费者的需求，企业可以根据自己经营思想、方针及生产技术和营销力量，确定自己的服务对象，即目标市场。针对着较小的目标市场，便于制定特殊的营销策略。同时，在细分的市场上，信息容易了解和反馈，一旦消费者的需求发生变化，企业可迅速改变营销策略，制定相应的对策，以适应市场需求的变化，提高企业的应变能力和竞争力。

案例 1：联想的产品细分策略

联想的产品细分策略，正是基于产品的明确区分，联想打破了传统的“一揽子”促销方案，围绕“锋行”、“天骄”、“家悦”三个品牌面向的不同用户群需求，推出不同的“细分”促销方案。选择“天骄”的用户，可优惠购买让数据随身移动的魔盘、可精彩打印数码照片的 3110 打印机、SOHO 好伴侣的 M700 多功能机，以及让人尽享数码音乐的 MP3；选择“锋行”的用户，可以优惠购买“数据特区”双启动魔盘、性格鲜明的打印机及“新歌任我选”MP3 播放器；钟情于“家悦”的用户，则可以优惠购买“电子小书包”魔盘、完成学习打印的打印机、名师导学的网校卡，以及成就计算机高手的 XP 电脑教程（见表 2.16）。

表 2.16　联想的产品细分策略

锋行	天骄	家悦

（2）有利于发掘市场机会，开拓新市场

通过市场细分，企业可以对每一个细分市场的购买潜力、满足程度、竞争情况等进行分析对比，探索出有利于本企业的市场机会，使企业及时作出投产、移地销售决策或根据本企业的生产技术条件编制新产品开拓计划，进行必要的产品技术储备，掌握产品更新换代的主动权，开拓新市场，以更好适应市场的需要。

案例 1：佳能大幅面打印机，细分市场，满足专业化用户需求

2010 年 4 月 16 日佳能公司在北京一次性发布了 7 款大幅面打印机产品，包括 12 色的 iPF6300、iPF6350 和 iPF8310，以及 5 色的 iPF750、iPF650、iPF755 和 iPF655。通过这 7 款新品，佳能不仅重新设立了大幅面打印机领域“高品质”和“高速度”的标杆，而且表现出满足客户细分需求、提供优质企业级服务的能力和决心。

佳能公司大幅面打印机事业本部部长本间利夫先生在发布会开始时提供了一组数据：2005—2009 年间，在全球大幅面打印机市场增长缓慢的情况下，佳能大幅面打印机的销售台数却保持年均 23.5%的增长速度，市场占有率更是从 2005 年的 7%一路飙升到 2009 年的 18%。即使面临 2009 年的经济危机，全球大幅面市场出现整体滑坡，佳能大幅面打印机仍然保持了 20%的增长速度。佳能是怎样做到这一点的呢?本间利夫先生在随后的演讲中给出了答案：强化产品线，面向各个细分市场，提供更丰富、更专业化的产品。在发布的 7 款产品中，12 色的 iPF6300、iPF6350 和 iPF8310（见表 2.17）用以强化高质量图像市场，而 5 色的 iPF750、iPF650、iPF755 和 iPF655 则是在 iPF700 系列的基础上加强对 CAD、GIS 市场和户内海报的支持。结合佳能原有的产品，就全面覆盖了数码照片、广告出版、海报绘制和图纸输出四大大幅面打印机细分市场。同时，针对这四大细分市场的用户，佳能大幅面打印机还有自己的“绝招”。例如，12 色的佳能大幅面打印机可以迎合数码图片社用户的要求，它色域宽广，可以达到近乎银盐照片级的图像效果；在 CAD、GIS 图纸领域，5 色的佳能大幅面打印机既可以满足线条图市场的精度、速度、质量需求，而且迎合了工程图纸色彩化的发展趋势。

表 2.17　佳能 12 色的 iPF6300、iPF6350 和 iPF8310

	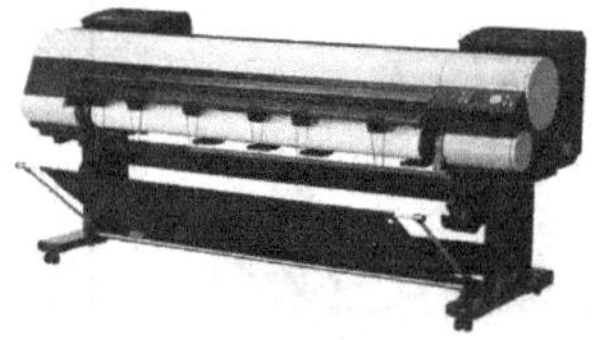	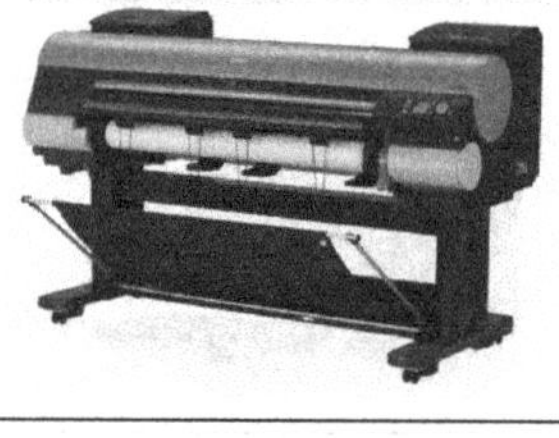
iPF6300	iPF6350	iPF8310

实际上，在四大细分市场的基础上，佳能还在充分了解用户需求的基础上，将全线打印机产品进行了进一步的细分，从而对症下药，帮助用户选择适合自己的机型。佳能（中国）有限公司大幅面打印机事业部宋海洋先生在随后的演讲中，详细介绍了佳能细分市场的方法和对应机型。例如，在 CAD 行业，佳能还按照用户的应用特点细分成建筑、电子、机械设计等类别，相应地确定了新品 iPF650 和 iPF610、iPF510 等对应机型。

（3）有利于集中人力、物力投入目标市场

任何一个企业的资源、人力、物力、资金都是有限的。通过细分市场，选择了适合自己的目标市场，企业可以集中人、财、物及资源，去争取局部市场上的优势，然后占领自己的目标市场。

（4）有利于企业提高经济效益

前面三个方面的作用都能使企业提高经济效益。除此之外，通过市场细分后，企业可以面对自己的目标市场，生产出适销对路的产品，既能满足市场需要，又可增加企业的收入；产品适销对路可以加速商品流转，加大生产批量，降低企业的生产销售成本，提高生产工人的劳动熟练程度，提高产品质量，全面提高企业的经济效益。

第三篇　产品开发基础素质必修——产品、工艺、技术技巧的掌握，为产品设计提供帮助

第三篇包括了第 3～5 章的内容，为本书的重点篇章，内容涉及数码产品设计、生产的相关环节知识，介绍了数码产品的造型、结构、材料和色彩各造型要素，工艺处理与应用，技术发展等内容，通过本章的学习有助于提升对数码产品产品设计、工艺、技术等各知识和技巧的掌握。

第3章 数码产品的设计分析

3.1 数码产品的外观分析

3.1.1 数码产品的物感

人们可从以下几个方面感受来区分、确认和识别各种东西，这些感知称为物感。

（1）质量感

"产品都具有一定的质量。从水瓶的质量大致可以知道它是空水瓶还是满水瓶。人们习惯于木料筷子的质量时，会感到金属筷子太重，使用不方便，会从手中脱落。人们对于产品的质量都会有一定的期待。"人们对于数码产品的质量同样会有一定的期待，如可以单手操作的产品、作为随身挂饰的 MP3 等，操作者会通过对产品质量的感知来判断产品的可能操作方式，这是在数码产品的设计中应该注意的重要问题。如图 3.1 所示，对于图中不同的产品我们会有不同的质量期待。

图 3.1　具有不同质量期待的产品

（2）尺寸感

“产品都存在一定的适用尺寸。产品都存在一定的适用尺寸。用户对于使用过的产品，如电吹风、自行车、桌椅等，都会有一定的预期尺寸感。”对于使用过的数码产品，如数码相机、各类电器的遥控器等，使用者都会有一定的预期尺寸。数码产品的总体尺寸及操作键的尺寸都会成为使用者判断其使用方式的信息来源。如图 3.2 所示，产品的操作键尺寸决定了操作方式。

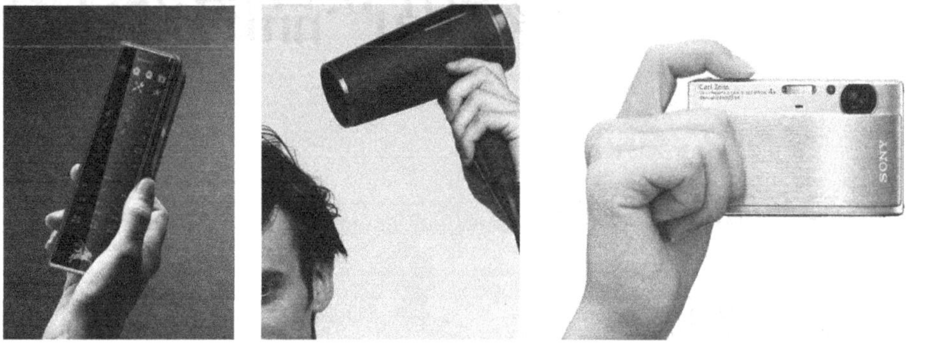

图 3.2　具有不同尺寸期待的产品

（3）表面质感

“从各种材料的表面质感获取信息。人们十分注意在这方面积累经验，并把这方面的大量经验总结出来成为材料学。每个人从小就不断学习积累这方面的知识，把这些质感信息与自己的各种操作使用目的和使用方法联系起来。”如图 3.3 所示，数码产品表面质感的处理会引导使用者的认知，如防水材料的使用会让使用者自然的联想起它能在水中工作。

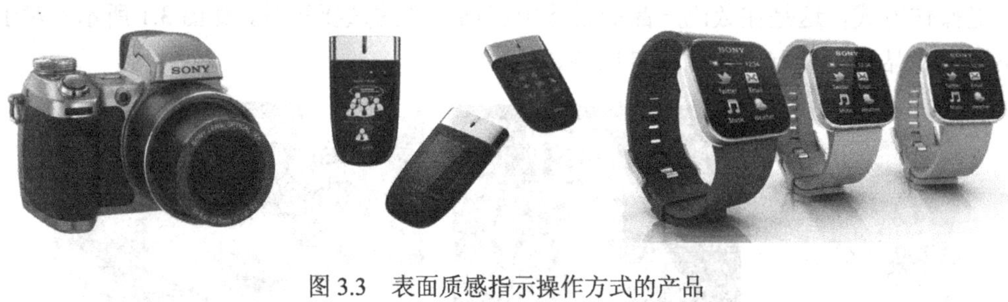

图 3.3　表面质感指示操作方式的产品

（4）形状感

家具、电器等产品都具有一定的特征形状。形状具有一定功能，人们可从器具的外部形状获取功能信息和操作信息。例如，刀具有一个很锋利的刃，可以切割东西；圆形东西可以转动，因此自行车的轮子能够转动。物体的形状对人来说具有十分重要的含义。人类最初是将物体的表面形状作为制作工具的基本出发点。同样，人们经常从形状特征识别各种产品。在一些日常生活用品中形成的对特定形状的认知，能够为数码产品操作键使用方式判断提供引导，例如，数码相机的模式选择拨盘，使用者会通过经验中对圆形物体使用方式的积累将其识别为是通过转动的方式来操作，如图 3.4 所示。

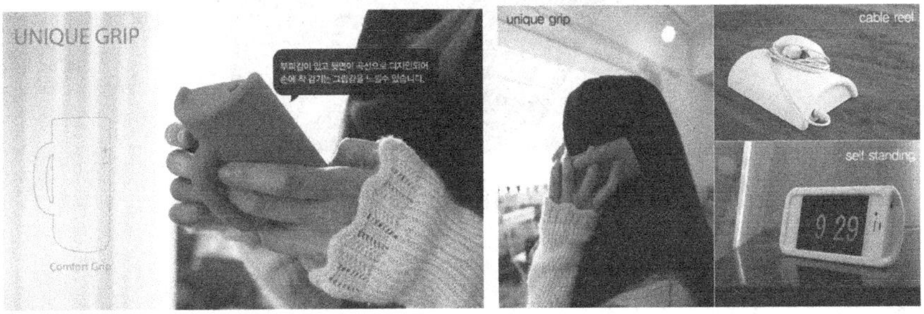

图 3.4　由形状感能判断操作方式的产品

（5）结构感

“各种家具、产品等都具有一定结构，人们从这些结构获取功能用途信息，从外观结构获取操作方法信息。从形状和结构去理解它们的功能用途。如椅子有一个座面，其两侧有扶手，人们从这种结构很容易看出它的功能用途。人们从剪刀的结构很容易理解它的功能和使用方法。”如图 3.5 所示。数码产品操作键的结构也是判断操作方式的重要信息源，如键盘按键中间的内凹形结构会引导使用者自动地去用手指接触它。

图 3.5　由产品的结构感能判断操作方式的产品

（6）色彩感

“颜色传达许多信息。人们对各类产品的颜色具有一定期待。”在数码产品中，操作键的色彩可以作为区分功能部件的重要手段，跟其他操作键不同的颜色可以比较容易的引起使用者的注意，这能成为很好的操作引导途径，如图 3.6 所示。

图 3.6　通过产品的色彩区别引导操作的产品

3.1.2　数码产品的行为感

人们可从以下几个方面感知对象的行为，决定自己的操作行动。

（1）位置感和方向感

“从自行车的车把和座椅，你可以感受到自行车的行驶方向。从汽车的形状可以感受到汽车的方向。使用产品时，从自己相对于产品的位置感受到位置，从产品的形状感受到相对方向。位置感和方向感是人们评价产品功能和行为的重要参考信息。”在数码产品中，方向感体现为像遥控器使用时的正确方向，如图 3.7 所示。因此，方向感是需要通过界面设计给予正确指示的。

图 3.7　给予正确方向感的产品

（2）动感

“人们可以从环境的相对位置变化感受到运动，从关节肌肉感受到运动，从风声和肌肉受力可以感受到速度的快慢，从而获得动感和速度感。操作速度感是人的一个主要要求。

如果操作速度明显高于人的动作节奏，就会引起紧张、失去协调、造成操作出错。”在操作界面设计中，操作键的操作动感设置是需要特别注意的，这是使用者在操作过程中感知反馈的一个重要途径（见图3.8）。

（3）状态感

“产品的状态主要指各个部件的相对位置和相对运动。从产品发出的声音、振动、温度感受到产品的状态。”产品的状态可以显示使用者的操作是否正确，但是在数码产品中，由于其独特的功能完成方式，需要通过操作界面设计将产品的状态给体现出来，如图3.9所示。

图3.8　给予动感方向感的产品

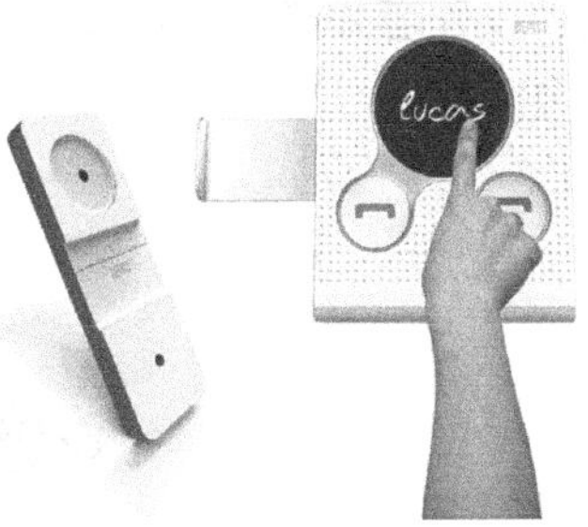

图3.9　通过特殊技术显示状态的产品

（4）行为过程感

“产品的行为方式主要指产品各部件的相对运动、各种结构的相对运动。人们从这些相对运动感受到产品的行为过程。状态感和行为过程感是人制定操作计划、评价操作结构的主要依据。缺乏这些信息，用户就无法进行操作。”数码产品的工作方式决定了其行为过程感是使用者所无法感知的，这需要通过操作界面设计，在产品的操作过程中通过可感知的方式提供给使用者（见图3.10）。

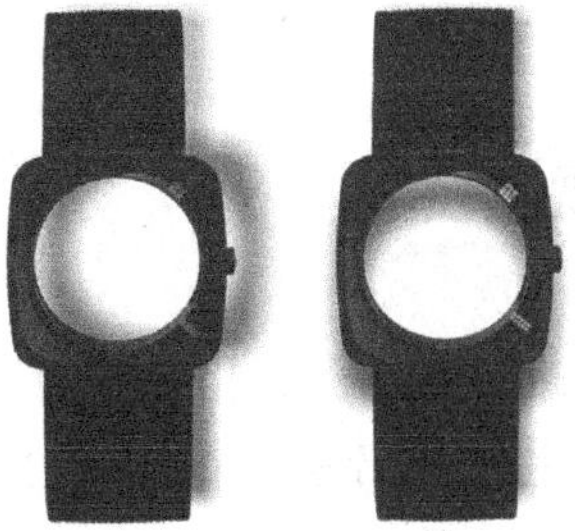

图3.10　产品的行为过程感

（5）行动——结果感

“任何操作都会引起结果，人们最关注自己行动会引起什么结果，由此形成了行动——结果感。你动什么东西，这些东西就会有一些反应，你的手也会有一定感觉。你会看到状态变化的连续过程，这样构成了人的行动——后果知觉链。从中不断取得经验，修正自己的操作，逐渐形成专家用户。这种行动——结果感是人们操作使用产品中，时时需要的信息。行动——结果感是评价操作结果，是决定下一步行动的主要依据。否则，用户就无法判断操作是否成功，无法决定下一步。在这一感知中，最重要的是操作成功感、安全感或危险感。”在数码产品中，行动——结果感的正确表达是使用者获知操作行动结果的主要方式，如在完成数码相机的开机操作之后，相机镜头的活动和显示屏的反映指示了开机操作的结果，以使操作者知道刚才的操作已经成功地完成。在此需要注意的是操作结果表现的及时性（见图 3.11）。

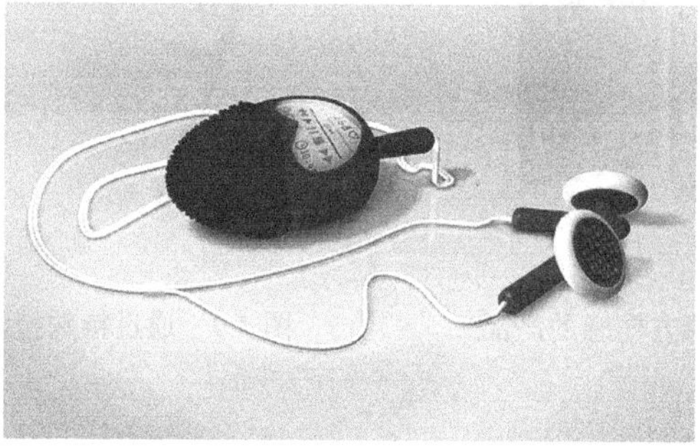

图 3.11　产品的行动——结果感

上述的物感和行为感构成了人们从数码电子产品中获取行动信息的主要来源。在以往机械类产品中，这些信息比较容易表现出来，而在数码电子产品的“黑匣子”中，用户所关注的这些信息几乎都只是变相存在着，因此，我们需要从用户的需求出发，主观的加上这些信息来引导用户正确的操作产品。在此，机械产品的使用经验可以成为我们良好的借鉴来源。

3.1.3　品牌数码产品的外观比较

由于数码产品种类繁多，移动硬盘、数码相框等数码产品的外观变化多样，没有系统性，这里以具有代表性的数码相机（卡片机、单反）、MP3/4/5 为例进行各主要品牌的外观比较分析。

1. 卡片机

从图 3.12 可知，有金属质感、大屏幕特征及轻巧机身的数码相机为众多潜在用户所欢迎，计划购买具有这三种特征数码相机的用户在潜在消费者中所占份额依次为 53.9%、52.6%与 51.3%。计划购买超薄机型的用户则占据了 42.2%的比例，此外，在不同特征中，计划购买外观色彩明亮的用户占据 34.7%的比例。从这一购买特征来看，潜在用户计划购买数码相机产品多倾向于时尚机型。

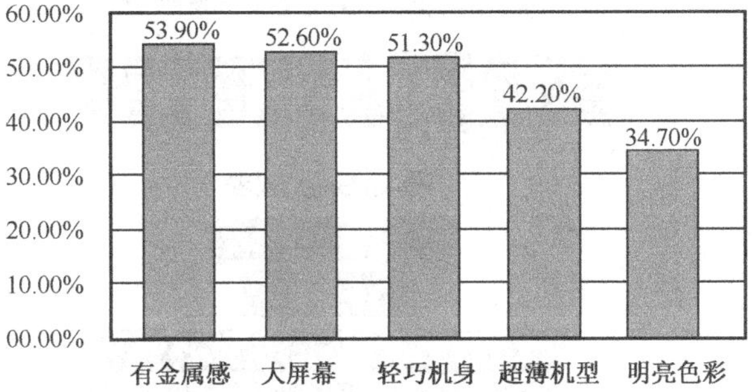

图 3.12　计划选购数码相机的特征分布状况

一直以来，宽大屏幕似乎已经成了时尚卡片机的标志之一。卡片机观配搭上大屏幕，既时尚，又方便回放、取景和拍摄，具有良好的观赏性和实用性（见图 3.13）。

图 3.13　索尼时尚卡片机

（1）佳能

春天里 DC 应该有多少种色彩？佳能给出了答案——36 种。佳能在 2011 年春季新品发布会上，展示了佳能春季小型数码相机全系新品及其他系列新品，多达 10 款 36 种颜色的 DC 新品成为最大亮点，2011 年佳能 IXUS 以“快乐好多”为主题的新广告片也同时亮相。此次推出的 DC 新品包括 IXUS 310 HS 等 3 款 IXUS 伊克萨斯系列，以及 Power-Shot SX220 HS 等 7 款 PowerShot 博秀系列，其中，IXUS 220 HS 厚度仅约 19.5mm 却拥有 24mm 超广角和 5 倍光学变焦镜头。博秀系列方面，PowerShot SX 系列长焦性能依然强劲，两款机器均为15倍光学变焦，SX230 HS新增GPS系统更适合旅行需求。据了解，从2009年实施“你好，色彩。”战略以来，IXUS所传递的轻松拍照、时尚生活的理念受到越来越多年轻人的追捧，IXUS也从一个简单的相机华丽转身成为时尚符号。2011年，佳能相机产品全面响应色彩战略，小型数码相机PowerShot博秀系列、入门级单反EOS 1100D也相继推出了彩色机身供选择。从“你好，色彩。”到“走，拍照去！”再到如今的“快乐好多”，有“色”有型的佳能IXUS一直引领着同类型小型数码相机产品的时尚风潮（见图3.14）。

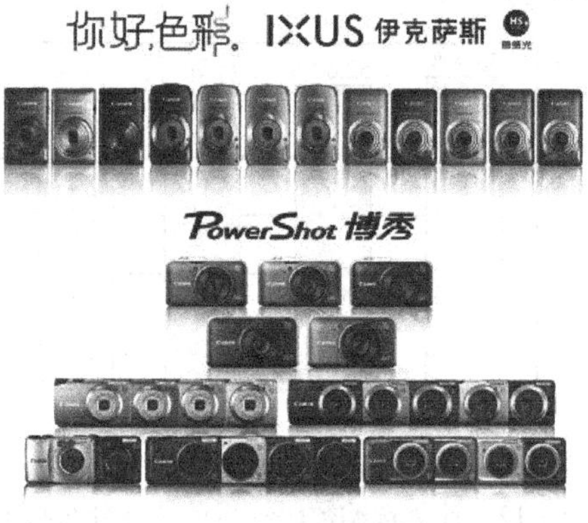

图3.14　色彩丰富的佳能2011年春季新品

在2011年9月的秋季新品发布会，佳能向公众展示了全线秋季数码相机新品，其中小型数码相机伊克萨斯IXUS 230 HS延续该系列一贯的色彩潮流，有绿色、紫色、粉色、蓝色、银色、黑色6种颜色机身，采用了约1210万有效像素高感光度CMOS。纤薄的铝制机身厚度仅约22.1mm，却拥有约8倍光学变焦能力（换算成35mm规格相当于28～224mm视角范围）。其搭载“智能IS光学影像稳定器”，效果相当于约3.5级快门速度。同时搭载了HS SYSTEM，在暗光环境下拍摄也可以实现出色的画质表现。不仅如此，相机还具有“玩具相机效果”、“海报效果”等多种丰富而有趣的拍摄模式（见图3.15）。

图3.15　佳能2011年秋季伊克萨斯IXUS 230 HS新品

（2）尼康

2012 年年初，尼康发布 4 款 S 系列便携长焦卡片机新品，分别为 S9300、S6300、S4300 和 S3300（见图 3.16）。

图 3.16　S9300、S4300、S3300

其中尼康 S6300 为高性能、轻便型变焦系列新机型。配有 10 倍光学变焦尼克尔镜头，同时采用 1602 万有效像素背照式 CMOS 图像传感器及镜头位移减震功能（VR），能够进行相机震动补偿。机身的四角和顶部变窄，体积大大缩小。单从外观方面讲，尼康 S6300 定位于轻巧型 DC，其外观时尚靓丽，共有桃红色、红色、银色、黑色、金色、蓝色 6 种颜色可供选择。外形尺寸为 93.6mm×57.7mm×26mm（不包括凸出部分），产品质量仅 160g（包含电池和存储卡），非常小巧轻薄（见图 3.17）。

图 3.17　S6300

2. 数码单反相机

各品牌的数码单反都有自己的产品外观特色，这里以近年市场上主打的或是 2012 年最新款数码单反来进行外观分析。

（1）索尼

索尼数码单反相机在近两年的发展中获得了很多摄影爱好者的青睐，单反相机 a550/a500 在原有设计特色上获得提升，原 a100/a200 针对的是入门级用户，a550/a500 产品则是介于中端的单反产品（见图 3.18）。

索尼 a550 的机身设计专业度非常高，前拨轮的设计在实际的使用中非常突出（见图 3.19），另外机顶部分添加了更多的功能按钮，使用者的操作更加方便。机身背部的设计包藏了一块可翻转的 3.0 英寸 92 万像素的液晶显示器，提供了更加方便的拍摄方式。

图 3.18　高端入门数码单反机型索尼 a550

图 3.19　索尼 a550 机身

索尼此款产品的顶部设计最为复杂，左侧的模式拨盘相对独立，而右侧的功能按钮设计占据了传统的顶部液晶显示屏位置（见图 3.20）。

底部设计主要在电池仓的考量上，舱门的可拆卸方式便于之后加装竖排手柄（见图 3.21）。

图 3.20　索尼 a550 机身顶部

图 3.21　索尼 a550 机身底部

机身左侧设计考虑到了几乎可以整合的所有左右外设接口，其中包括 HDMI、遥控引闪接口、USB 数据接口（见图 3.22）。

机身右侧设计主要考虑闪存等存储部分，设计依旧可以兼容 SD 及 MS 系列的闪存卡，只要通过简单的内置拨杆即可完成切换（见图 3.23）。

图 3.22　索尼 a550 机身左侧

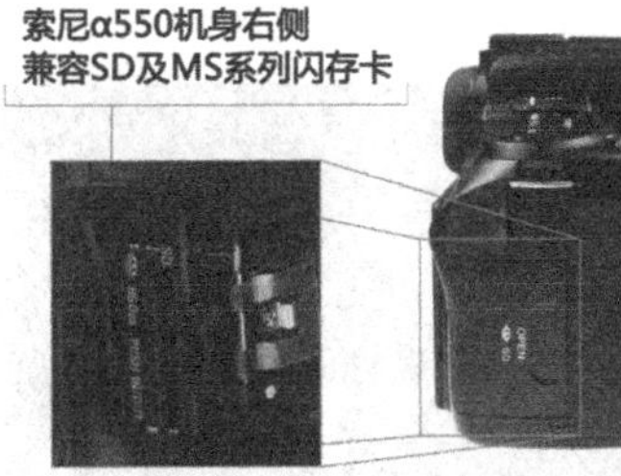

图 3.23　索尼 a550 机身右侧

（2）佳能

在每一类产品中，总有那么一些特立独行的品牌，他们不跟风，不随所谓的大主流推出产品，他们仅仅是为了用心做好每一款自己的产品，但往往也就是这样的品牌，才能做出精品出来，而这个品牌最显而易见的就是苹果，在数码相机领域，特立独行的便是佳能。

目前，除了传统的单反和卡片机之外，还有一种数码相机在近几年发展非常的迅猛，那就是可换镜头的数码相机，俗称微单。目前，几乎所有主流数码相机品牌都有微单的产品，包括索尼、尼康、奥林巴斯、松下、富士、宾得等，但是唯独佳能就是不推出微单，而也就是在 2012 年的春季，几乎所有微单厂商都对旗下的产品进行更新的时候，佳能为我们带来了一款大尺寸 CMOS 传感器的单反专业备机：G1X，这也是佳能历史上首款底片较大但是使用了无反光板设计的相机。

佳能 G1X 作为 G 系列的旗舰产品，该产品除配备大尺寸 CMOS 传感器之外，还配备了新一代的 DIGIC 5 图像处理器、较大体积的机身、较高的画质表现、较强的高感光度表现等，非常强劲的挽回了由于微单的出现对其 G 系列产品线的冲击。

佳能 G1X 仍然延续了 G 系列硬朗的设计风格，纯黑色调的机身颜色使得这款机器显得稳重大气，而相比 G12，这款机器不仅有着较大的机身尺寸，同时还有着 429g 的机身质量，这样的机身尺寸和质量相比卡片机来说，的确是太大和太重了，但是对于追求画质的摄影爱好者来说，这样的尺寸和质量却比单反要小巧很多（见图 3.24）。

图 3.24　佳能 G1X

佳能 G1X 的整体按键设计其实并不简洁，但是错落有致的设计使得这款数码相机显得很有格调，而且机身正背面采用了铝合金材质，握持时，可以感觉到机身既舒适又非常的结实，手柄处蒙皮经过滚花工艺处理，增加了这款数码相机握持的舒适感（见图 3.25）。

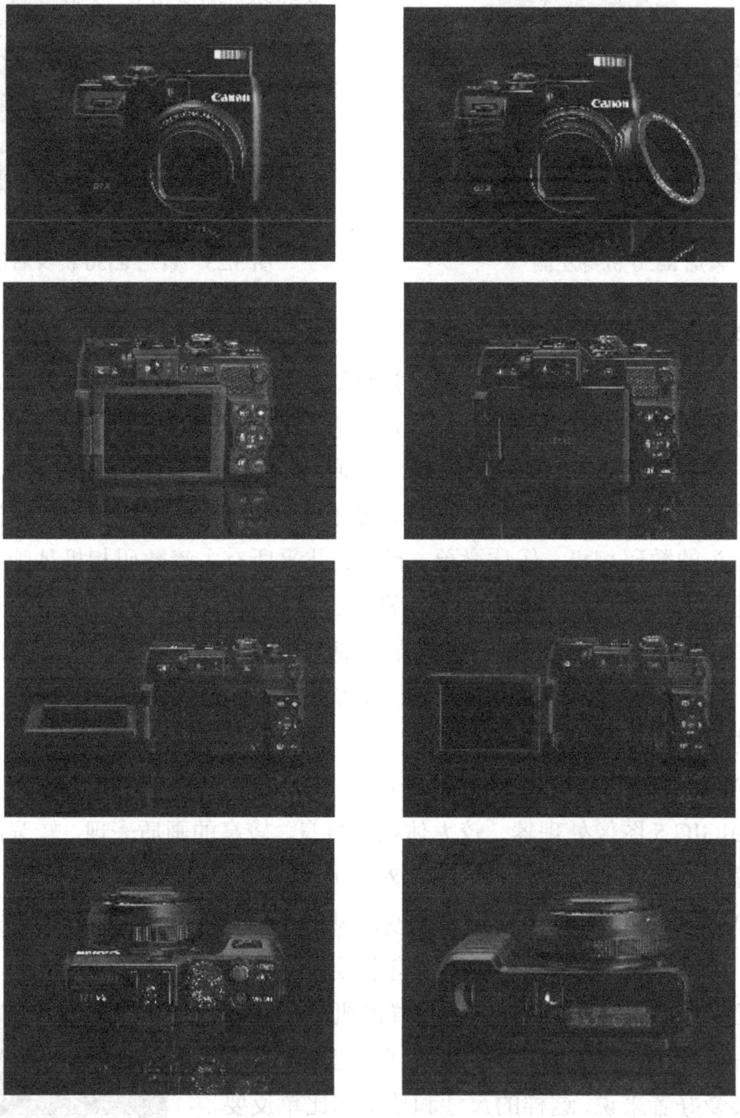

图 3.25　佳能 G1X 各角度外观设计

下面是这款数码相机的细节设计（见图 3.26）：

（a）弹起的佳能 G1X 闪光灯

（b）眼部屈光度调节键及机械师闪光灯开关

（c）机身右肩的按键布局

（d）机身背部的按键布局

（e）镜头及机身侧面

（f）光学取景器

图 3.26　细节设计

通过上面的细节表现可以看出，佳能 G1X 的整体设计风格仍然和 G 系列同出一辙，除了个别按键位置的变化之外，这款机器还在背部右上方增加了一个高清视频的快捷拍摄按键，同时在这个按键的侧面有一小块的橡胶，并且这块相机和手柄一样，都经过了滚花工艺处理，所以有着不错的手感和防滑效果。

（3）尼康

尼康 D800 是一款被给予高像素的全画幅单反，自发布之初就受到了媒体和摄影爱好者的关注，是尼康自 2008 年北京奥运会之后间隔 4 年的质量级产品。3630 万像素的全画幅打破了尼康没有高像素全画幅的格局，并且纵观目前的数码相机格局，3630 万像素的全画幅单反也是达到了数码相机的一个顶峰。该相机的整体尺寸相比 D700 其实并没有什么变化，只不过是边角的处理变得更加的圆润，而且握持感也相对 D700 有了很大的提升（见图 3.27）。

图 3.27　尼康 D800

尼康 D800 采用的是金属骨架，并且在表层接缝处位置采用防潮防尘封闭式设计，为相机适应不同的拍摄环境特别是恶劣的环境提供了强有力的保障。而且和其他品牌同级别的全画幅相机相比，该相机内置有闪光灯，这一点相对来说还是比较人性化的。下面是这款数码相机的各角度外观设计（见图 3.28）。

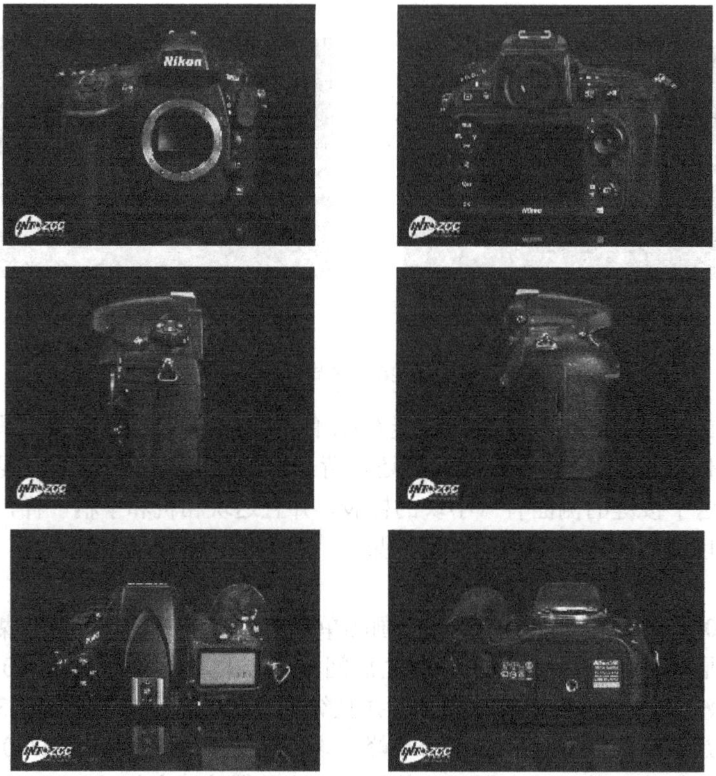

图 3.28　尼康 D800 各角度外观设计

尼康 D800 整体外观变体不大，但是细节变化还是比较大的，我们在手柄处可以看到，尼康标志性的“红裤衩”变成了“红腰带”（见图 3.29）。

由于此前尼康 D700 不具备高清视频拍摄能力，所以在顶部肩屏位置仅仅设置了两个个按键，而此次尼康 D800 支持高清视频，所以在按键的布局上也重新调整，发生了小小的变化，肩屏位置除了拍摄模式调整按键和曝光补偿按键之外，还增加了一个高清视频拍摄按键，而模式调整按键的位置也稍微向后移动了一些，采用这样的按键布局合理地利用了空间，利用食指可以轻松的调节和拍摄（见图 3.30）。

图 3.29　升级版的红腰带，手柄处蒙皮设计

图 3.30　机身右肩的按键布局稍微发生了改变

而机身顶部左侧则是这款机器的左肩转盘，熟悉尼康的用户对这样的转盘设计一点都不陌生，操作方式仍然没有发生太大变化，但是我们在尼康 D800 身上可以看到，其除了图像品质、白平衡及 ISO 调整按钮之外，还增加了一个 BKT（包围曝光）调节按钮，极大的方便了用户在拍摄不同场景时的快速设置（见图 3.31）。

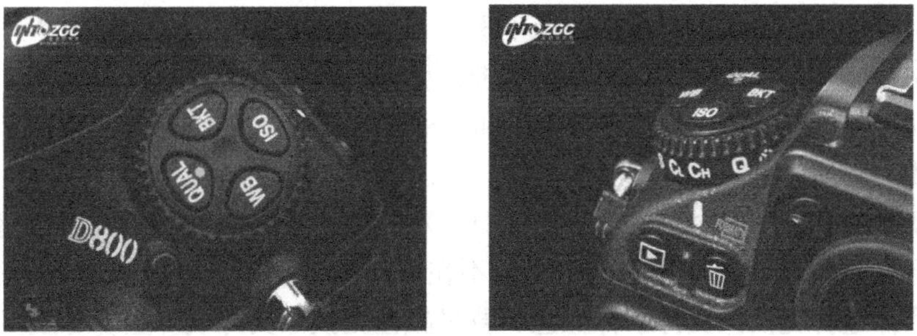

图 3.31　左肩转盘设计

此外，尼康 D800 还搭载了全新的双轴水平仪，横拍或者竖拍都非常方便，其 3.2 英寸 640*480 分辨率的大屏幕，机身搭载的 USB3.0 数据接口，使得这款机器拍摄的大容量文件面对计算机毫无压力可言。

3. MP3/4/5

从前面的市场分析可知，纽曼、爱国者所占的市场份额最多，这里就以纽曼、爱国者、飞利浦这三个品牌的代表性产品或2012年新品来分析其设计。

（1）纽曼

机身无复杂按键，线条流畅，将简约美发挥到极致（见图3.32）。虽然低调，但是同样具备奢华，纽曼A15高清功能大排场让用户体验什么才是真正的低调中的奢华。

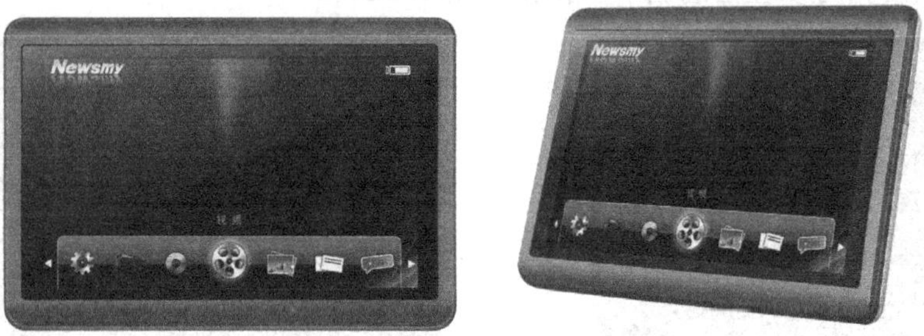

图3.32　纽曼A15

首先，A15具备720P高清视频解码功能，超强视频解析力令播放行云流水。并且支持RM、RMVB、AVI、FLV格式视频直接播放，无须转换格式，即拖即播。

其次，A15拥有5英寸1600万色LTPS低温多晶硅显示屏，超大屏幕极其方便观看视频；800×480的分辨率加上纯高清屏使完美高清画质呼之欲出，艳丽自然的色彩令人目不暇接；16:9的宽屏显示使得视野更开阔，给人以全新的视觉震撼效果。

第三，具有TV—OUT功能，支持色差分量输出，与电视等其他视频播放器接通之后，即可播放机内视频，画质清晰自然，毫不逊色于真正的DVD。为了配合TV——OUT功能，还特别贴心配备了独特的红外远程遥控，可实现远距离操控。

音频功能也毫不逊色，内置3D音效和多种EQ模式，支持MP3、WMA、FLAC音乐格式播放，音质完美。

另外新添的游戏功能令影音娱乐生活更多彩。支持全新64位游戏，内置超级泡泡龙、黄金矿工经典时尚游戏，令休闲娱乐无处不在；超级电子书，特别新增多国语言，支持Windows字体选择更换，支持字体颜色、背景颜色更换，支持横屏竖屏等众多细节功能，为用户提供更加舒适的浏览体验，带来真实课本阅读的感觉。

（2）爱国者

爱国者E5810突破了传统MP3的直板外观，采用独具创意的拼图散片设计。正面面板使用双色注塑如镜面晶莹透亮，表面无按键“跷跷板”的设计使整体简约明快，平添操作乐趣。三围尺寸只有55mm×41mm×11mm，15g的轻巧体积让E5810成为佩戴在女生们胸前新潮的装饰品（见图 3.33）。

图 3.33　爱国者 E5810

产品虽没有装配显示屏，但是对用户的实际操作影响并不大，音量调节键在“拼图散片”的左侧缺角地带，而快进/快退键则分布在机身上下两端，电源开关键及播放、暂停按键则在机身最右方突出的部分，开机操作时需要按住数秒钟，而短按则是播放或者暂停，锁定键为普通开关式。为了不影响机器的美观，机身上并没有太多的端口，给人的感觉就是十分简洁。设计师巧妙地将充电、耳机连接和 USB 数据传输集成在一起，但是由于采用这种三合一接口方式的产品不多，所以爱国者 E5810 只能使用专用的数据线，欠缺兼容性（见图 3.34）。

（3）飞利浦

随着 MP4 发展到一定的阶段，一些厂商逐渐放弃对性能的追求，开始致力于消费者体验，而飞利浦却秉持二者兼修的态度在 2012 年推出一款新品 Tap。做为掌中娱乐数码产品，Tap 不仅在视频方面有卓越的表现，而且外观也惹人喜爱。时尚典雅的黑白两色设计就赚足眼球。机身 78mm×123mm×11mm，质量仅 135g，典雅轻薄。超大 4.3 寸 WQVGA+ 16:9 高清彩色触屏带来非凡的视频体验，通过轻柔的指尖接触来感受 Tap 流畅直观的控制。其直观的触摸屏界面令导航轻松流畅，不论是控制音乐播放功能、浏览视频和图集，还是选择电台频道，只需直接轻击播放器的屏幕，便可快速浏览菜单，以及在文件夹之间快速跳转，高品质的触屏操作如同行云流水般，流畅、方便（见图 3.35）。

图 3.34　爱国者 E5810 细节设计

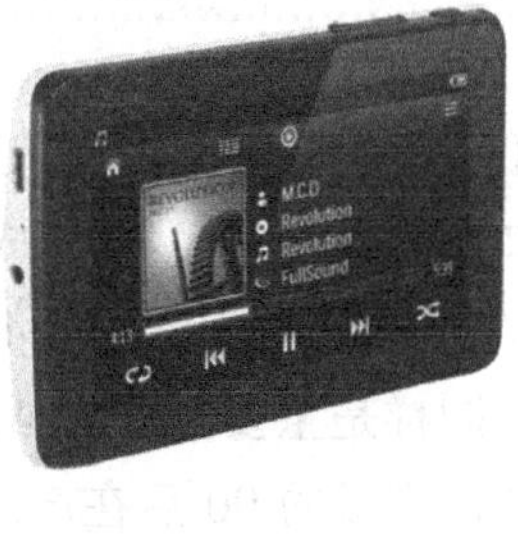

图 3.35　飞利浦 Tap

在功能方面，除了搭载飞利浦固有的 FullSound 飞声音效外，Tap 还引入了专为飞利浦 GoGear MP4 播放器开发的技术“电影环绕立体声”(Surround for Movies)(见图 3.36)。

图 3.36　飞利浦 Tap 电影环绕立体声

另外，飞利浦 Tap 还支持 WMV、rmvb、MPEG4、H.264、Divx、XivD、mkv 等多种视频格式和 MP3、WMA、WAV、FLAC、APE、OGG、AAC+LC 等多种音频格式(见图 3.37)。

图 3.37　飞利浦 Tap 多种视音频格式

3.1.4　数码产品外观趋势走向

“抓住 90 后十年赚个够”这句流行语最近窜红网络，其言下之意，90 后已经成为消费大户，例如，90 后已取代 80 后成为电子产品消费主力军。据 IDG(美国国际数据集团)统计，90 后人群每年能带来至少 40 万台以上的计算机销量。其他如 MP3、手机等 IT 消费产品，他们同样是重要消费力量。90 后对视觉化的外观设计尤为看重，如款式、颜色和外观。另外，许多的 90 后在产品品牌的选择上会表达自己的倾向。在数量、价格及大小等方面，90 后则甚少关心。

作为数码产品，诞生之初简单耐用是主要特征。随着这些产品普及程度的提高便成为消费者随身携带、生活中不可或缺的伴侣，其消费电子产品特征远远大于其他特征，设计师们将外形设计重点转移到消费电子产品特征上。对于消费电子产品来说，时尚化设计是其不变的主题。因此，设计师要深入研究和了解目前的社会环境和消费者的生活态度、审美情趣及时尚追求，增强针对性和服务性，在造型、色彩、材质、功能搭配和装饰物等的选择上竭力突出其时尚化特征，将社会上的流行趋势和时尚特征等转化成设计元素，体现到这些产品的外观设计上。

从外观上来讲，数码产品主要表现为以下几个趋势。

1. 时尚化和个人化

现如今，娱乐、多媒体、游戏和商务等特征是消费者能普遍接受的功能，加上人们的崇尚新事物的心理和知识经济时代的到来，为了体现这些消费特征，今后几年手机外观可以千姿百态、风格多样，但其主流格调仍是时尚化，这是现代社会人们不可或缺的消费理念。

案例 1：琥珀数码——科技演绎时尚

“大众时尚不仅能够满足人们的消费欲求，而且代表该数码随身听的品牌数码视觉新形象，诠释品牌时尚新感应”，这句话是琥珀数码“科技演绎时尚”的品牌内涵。而琥珀数码首创的大众时尚，也诠释着数码时代人们对数码产品的感悟与要求。在人们的概念中，时尚是有钱人的游戏，而琥珀则用高性价比、时尚外观的 MP3 体验，站在潮流前端，让大众对时尚可望不可及的概念荡然无存。

挥舞着“科技与时尚”的旗子，琥珀数码迅速的在人们的心目中建立起一个潮流指标，时尚元素和靓丽的外形，使得琥珀 MP3 可以用产品传递出时尚，用时尚引导消费，其产品同时也表达出含蓄的张扬，沉淀出不同的时尚元素。琥珀数码自身的涵养注定了它成为 MP3 里面的大众时尚代表，而且其产品外观设计对于追逐时尚的脚步从来没有停止过，紧贴时尚潮流，外观前卫而切入生活。从独特的审美角度欣赏和讨论现代人的时尚生活，使得消费者饶有兴味地关注周围的时尚生活。

不拘一格的设计手法，正是 MP3 设计中“跨界”的别有洞天，琥珀数码对 MP3 的全新理解，使得消费者们要购买的不再只是单纯一个品牌、一个播放器而已，而是一种专属于大众时尚“风格”数码产品。

苹果 iPod 打着时尚，手表中的 swatch 也打着时尚牌，对于那些乐观向上、要求高品质生活的消费群体，时尚于社会之中代表着一个时代的文化与激情，是潮流变迁中的必然产物，而时尚并不单单是浮华在表面上的美丽。

琥珀数码的产品也正是以多变的时尚元素和专业的功能且具绝对质量的设计，打破追求时尚总是必须付出昂贵代价的刻板观念，提供给消费者最为时尚、最具性价比的 MP3 产品。更提供了大众时尚最好的诠释，完全符合现代人求新求变、又追求自我风格的特性。

琥珀数码的石珀 MP3，它的外观带你走近遥远的古生物世纪，用岁月经典碰撞未来科技，带给你灵感绽放出的光芒（见图 3.38）。

蜘蛛 MP3 带来值得你“玩味”的超眩感官刺激，产品摇身一变，成为身上最为吸引人的前卫饰物。用别致的艺术语言，将艺术充分“融入”新时尚的随身听中（见图 3.39）。

图 3.38　琥珀数码的石珀 MP3

图 3.39　琥珀数码的蜘蛛 MP3

为成为动感、时尚、具有高度亲和力和强大生命力的 MP3 品牌而不懈努力与充满期待的广大消费者充分的完美结合，诠释着琥珀数码的“科技演绎时尚”产品内涵。琥珀数码在提供时尚潮流的同时，也让所有用户随时拥有领导潮流的 Updated Look。以奇迹般的时尚元素，以及低价提供一向与平价品无缘的高品味时尚，成为大众时尚风暴，这是琥珀数码迷人的地方，更是琥珀数码成功秘密所在。

2．轻薄便携

数码产品越来越在人们的日常生活中无孔不入，成为不可或缺的一部分。并且随着科技水平的飞速发展，制造工艺的提高，数码产品越来越轻、薄、便携。

案例 1：奥尼小音响——让旅行“乐”起来

在掌上数码逐渐全面普及的背景下，我们的娱乐方式正在伴着我们走向户外。随着年轻一代玩家的成长，市面上数码产品消费群体正在悄然发生着显著变化，贴合使用场合的便携趋势、彰显玩家个性的潮流产品，引领着 IT 数码行业今后的走向。很多朋友出行的时候都会带着 MP4、手机等音乐播放器，来自奥尼国际的小音响，小巧的身型与全面的功能设计，具备独立电源供电，支持 U 盘、SD 卡等音源文件即插即放，在音质与便携上都独具特点。

（1）奥尼小音响——旅行机 L1

现在的 80 后、90 后对于小音响的依赖，有时候更甚于家庭影院的大音响。这些小巧的小音响，造型时尚别致、功能强大、价格亲民，让人爱不释手。奥尼小音响——旅行机 L1 在造型上融入跑车设计元素，曲线优美，动感高贵，为业界首款定位于旅行运动的小音响；在颜色上，有鲜明靓丽的红、黄、蓝、白、银 5 款颜色，满足了 80 后、90 后“驴友”的个性需求；机身表面采用的钢琴烤漆工艺，更显高贵时尚，同时有效防损抗摔（见图 3.40）。

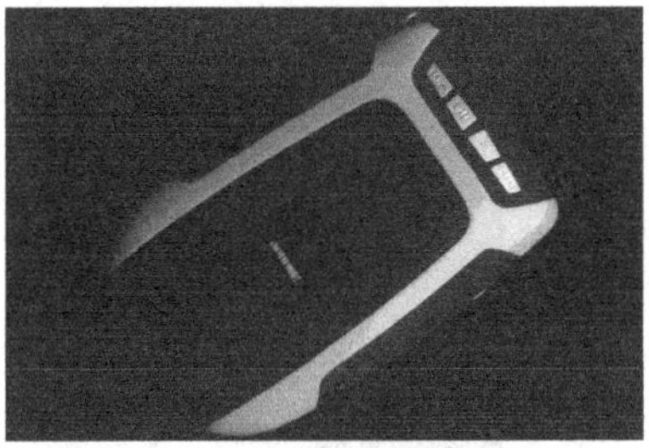

图 3.40 旅行机 L1 共推出 5 款不同颜色

在功能和技术上，奥尼小音响——旅行机 L1 支持 micro SD 卡、AUX 音频（MP3/WMA 音乐文件）即插即放，内置天线可实现 FM 自动收音。此外，该机还可实现复读学习、录音回放、万年台历、时钟显示和闹钟提醒等功能。而机身正面搭载的液晶点阵显示屏，可同步显示歌词、时间、电量续航、模式效果等，实现模式可视操控，设计十分人性化。

在音质方面，奥尼小音响——旅行机 L1 采用 40mm 扬声器磁铁扬声器，独特的音质辐射盆设计，令音质表现更出色。这款内置隐形降噪扬声器，还具备录音功能，可随时随地进行录音，方便记录旅行心情（见图 3.41）。

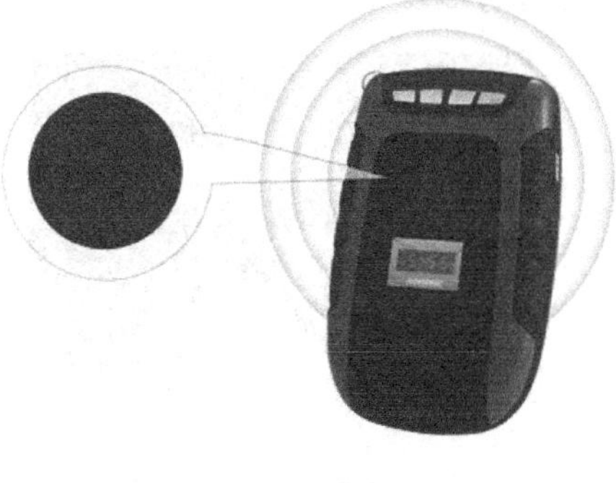

图 3.41 旅行机 L1 音质辐射盆

作为一款定位于旅行的小音响，奥尼小音响——旅行机 L1 在供电方面特别设计有锂电池和计算机 USB 双供电模式，其中锂电池为常见的 500mHA 诺基亚 BL—5C 手机电池，连续放音时间可达 4 小时，续航能力长达 10 小时，可随时随地享受音乐。

（2）锂电池就能驱动的便携低音炮——奥尼小音响 D513

在外出旅游中，一款 2.1 声道的低音炮足以让人震撼，但独具个性的涂鸦版便携低音炮——奥尼小音响 D513 则会让人爱不释手。

该产品外形采用经典 UFO 造型设计，涂鸦版的外观设计个性、时尚、街头文化突出；机身表面采用的集成高光、磨砂、晒纹几大当红主流工艺精心打造，质感细腻，且能有效防损抗摔（见图 3.42）。

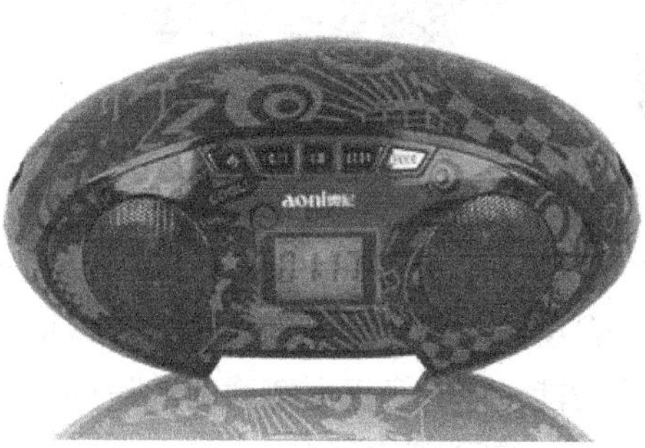

图 3.42　涂鸦版便携低音炮——奥尼小音响 D513

奥尼小音响 D513 虽然体积较小，却功能超群，它不仅可以全面支持 U 盘、SD 卡、MP3、MP4、手机外接、音乐曲目播放记忆等功能，音箱还内置有 FM 收音机功能，可自动搜台并能自动存储频道（见图 3.43）。

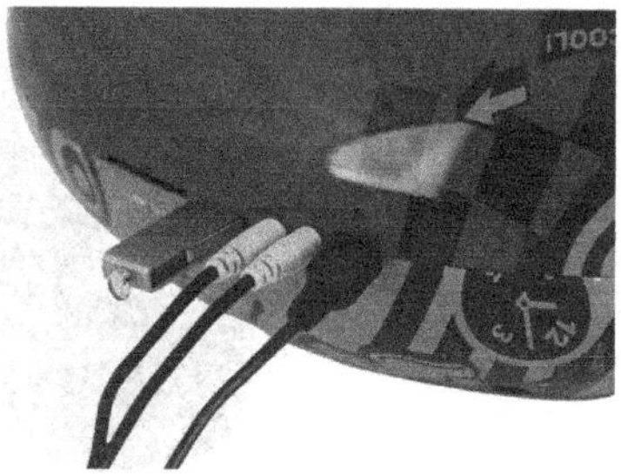

图 3.43　机身背部 U 盘、SD 卡、MP3、MP4、手机外接、电源接口一字排开

它的发声系统为独立分频 2.1 声道低音炮，其机身底部为超强低音炮，而一体化立体声便携移动音乐系统，2 英寸微型铝振膜扬声器让音乐更富有节奏。音箱正面还前置有液晶显示屏，可以直接显示歌曲名称、时间、FM 频率等信息，方便操控（见图 3.44）。

在机身设计上，奥尼小音响 D513 还融合设计了快捷操作按键、数码显示屏、遥控器等人性化设计。除了拥有快捷按键，该款便携小音响还配有智能遥控器，可自由控制曲目。此外，奥尼小音响 D513 还配送耐用锂电池、DC、AUX 传输线、便携带等（见图 3.45）。

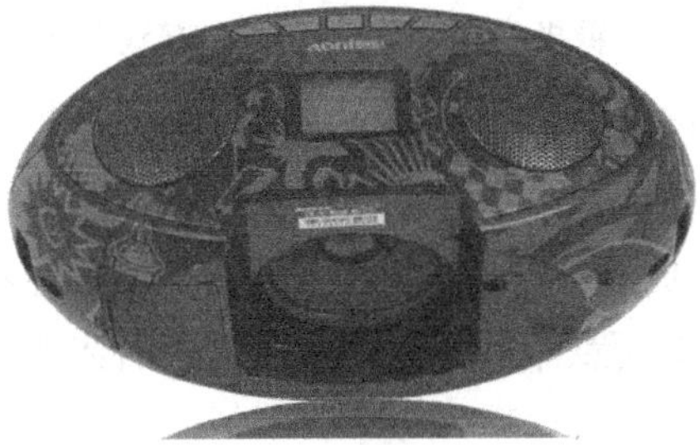

图 3.44　奥尼小音响 D513 低音炮底部

图 3.45　奥尼小音响 D513 配件展示

（3）糖果色彩诱惑——奥尼小音响 D511

色彩斑斓的 2011 春季，“糖果色”再度成为时尚潮流的风向标，发饰、项链、手包，服饰……无一不打上了“糖果”的烙印，成为糖果女孩延伸的主题。这款宛如糖果般甜美娇艳的奥尼小音响 D511，靓丽的色彩将使使用者成为瞩目的焦点。

奥尼小音响 D511 有一个有趣的中文名称——“超声乐枕”，这一名称来源于其自身的诸多特点，“超声”是其采用了业界独创的超声波成型技术制作而成，其整个制作过程一气呵成，无缝隙焊接；“乐枕”则是奥尼小音响 D511 的设计灵感来自于可爱的小枕头，同时还能给人带来快乐（见图 3.46）。

奥尼小音响 D511 不仅造型独特，表面采用集成高光、磨砂、丝印几大当红主流工艺精心打造，质感细腻，且能有效防损抗摔。另外，它采用业界首创的超声波一体成型技术，该技术利用声能的机械作用和热作用进行超声焊接，使整个制作一气呵成，外壳浑然一体，不用一个螺钉，无缝隙，最大程度的减少了声音随缝隙漏泄，使音乐纯正而动听。而独特的小枕头造型轻巧玲珑，体积为 L200mm×H81mm×D35mm，从真正意义上实现音乐随身享受（见图 3.47）。

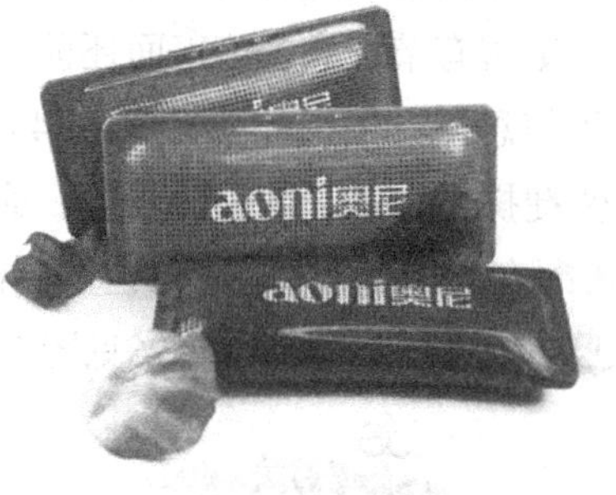

图 3.46 糖果色奥尼小音响 D511

图 3.47 糖果色奥尼小音响 D511 精致工艺

（4）装在钱夹中的音乐旋律——奥尼小音响 D508

奥尼小音响 D508 延续了奥尼小音响 D511 的仿生工程学设计，仿佛钱夹式样小巧设计的外观非常耐看。表面采用的钢琴烤漆工艺，让奥尼小音响 D508 看起来更精致细腻。针对不同人群的颜色喜好，奥尼小音响 D508 共拥有两款不同颜色产品，红色时尚典雅，白色自然大方，可满足不同女性口味（见图 3.48）。

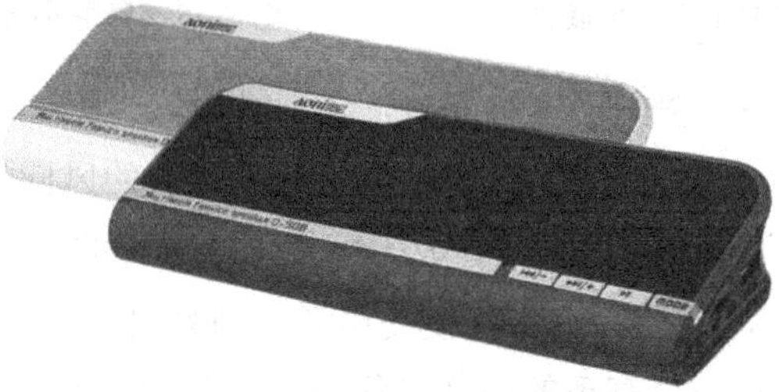

图 3.48 奥尼小音响 D508

奥尼小音响 D508 除了造型上的独特，在功能上也是毫不逊色，不仅支持 U 盘、micro SD 卡即插即放，还支持 AUX 音频播放和 FM 自动收音。特别值得一提的是 FM 收音出众，可调频收音自动搜索，自动存储记忆，随时掌握最新报道。而在供电方面，奥尼小音响 D508 采用了 800mAh 超大容量锂电池和 USB 双供电模式，无论是在室内还是室外都可以欣赏美妙的音乐。

奥尼小音响 D508 还采用了智能识别设计，开机无卡、无盘即自动进入 FM 收音机模式，插入音乐文件盘后自动切换成 MP3 模式，不需要任何手动操作，老人小孩都能方便使用（见图 3.49）。

奥尼小音响 D508 侧面为 3.5 芯输入/输出、U 盘接口、TF 卡接口，其中 3.5 芯输入/输出可轻松连接笔记本、数码音乐播放器、手机等广泛视听产品和各类音源。此外，机身设计的前进、后退、暂停、模式转换快捷键，操作简单（见图 3.50）。

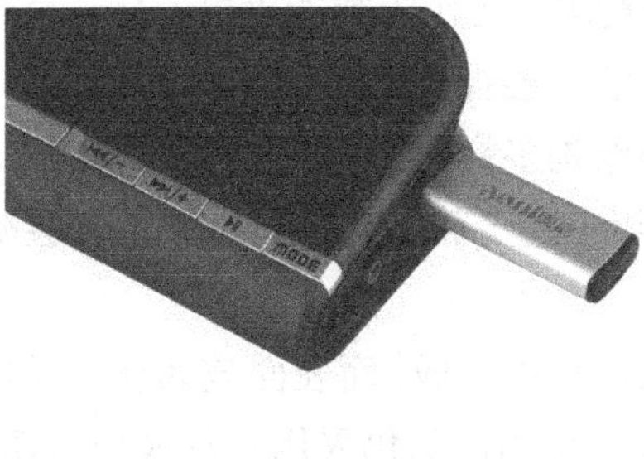

图 3.49　奥尼小音响 D508 智能识别设计

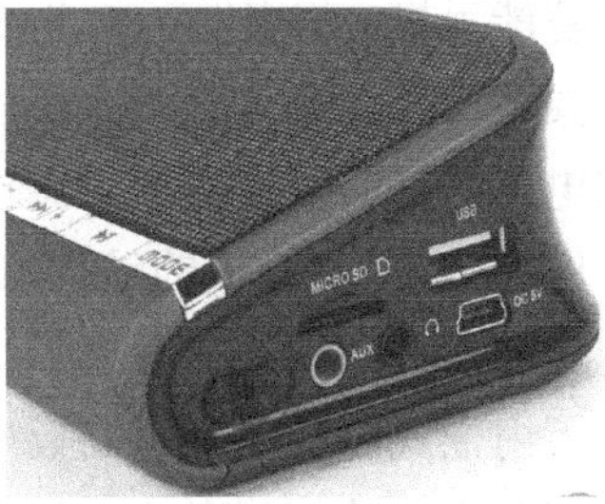

图 3.50　奥尼小音响 D508 各数据接口

3. 触摸式、大屏智能化

智能化、触控式技术，改变了手机发展的轨迹，也颠覆了人们惯有的认知，今后将彻头彻尾地影响着人们的生活，改变着世界。

2011 年 11 月 26 日，世界手机业巨头诺基亚正式向德国法兰克福证券交易所提出退市申请，并计划裁员 1.7 万人。曾经风云全球的手机业巨头，却在手机行业朝迎旭日之时，走向了自己的英雄迟暮。跟不上行业发展趋势、在智能手机领域发展滞后被认为是诺基亚业绩不佳而走向退市的原因。

另据报道，2011 年第三季度中国智能手机以 2390 万部的销量超过美国的 2330 万部成为全球最大智能手机市场。成也萧何，败也萧何，智能手机把苹果和中国推上世界第一的地位，也把诺基亚从业界龙头的宝座上硬生生给拽了下来。

传统的手机业巨头诺基亚曾长期占据世界手机领域的半壁江山，股票市值冠绝欧洲，而在 21 世纪以前，乔布斯及他的苹果公司还鲜有听闻。随着苹果的 iPad、iPhone 分别在 2001 年和 2007 年的推出，乔布斯和他的苹果公司一夜之间声名鹊起。十年之后的 2011 年 2 月，苹果公司打破诺基亚连续 15 年销量第一的霸主地位，将其拉下马；8 月 10 日，苹果股票市值超越埃克森美孚，成为全球市值最高的上市公司。11 月 26 日，曾经的欧洲市值之王诺基亚，正式向德国法兰克福证券交易所申请退市。

智能手机带来的改变，不仅仅发生于苹果和诺基亚身上。昔日的行业巨头如摩托罗拉、索尼爱立信、西门子、飞利浦等公司的智能手机业务也发展受挫，而老牌劲旅三星在智能手机领域依然势头强劲，来自中国台湾的 HTC 异军突起，内地的联想、华为、中兴等企业也紧追趋势，迅速抢占智能手机市场。

前瞻资讯产业研究院通信行业研究员刘晓玲认为，苹果取代诺基亚领跑全球手机行业，跟两者对手机行业发展的趋势研究和发展策略有关，苹果顺势而为，所以发展迅猛，诺基亚尾大不掉而错失良机；当然，诺基亚业绩不好、股价大跌乃至退市，也并不能说其大势已去，我们仍然可以看到诺基亚正在努力，如精简人员、更换 CEO、调整公司策略等。

小小的智能手机，却引发了如此大规模的行业洗牌。而作为智能手机，有一个最显著也是极其重要的部件，就是改变手机外观和操作方法的触控屏。

投射式电容是目前触摸屏的主流技术，并且呈结构多样化。根据 DisplaySearch 最新报告指出，电容触摸 ic 面板的结构将会在未来几年中趋于简单化，传感载体将会减少，这将有利于轻便的移动设备的发展。

触摸面板内嵌式触控主要由面板厂整合于面板制程中完成，而表面玻璃整合触控则依赖于触控厂商和表面玻璃厂商的合作或整合。目前，苹果的产品仍采用一片玻璃传感载体，载体上下两面各有 ITO（铟锡氧化物）透明线路，至于其他的品牌多半是于载体的同一单面镀上一层或两层的 ITO。

由于投射式电容触控屏出货量年度增长超过 100%，表面玻璃也顺势成了触控屏的一个重要部件。不论是表面玻璃整合还是面板内嵌式触控，从美观与保护的角度来看，表面玻璃对于投射式电容触控屏是必须的。曲面的表面玻璃是一个设计的新方向。由于很多有触控功能的智能手机看起来都非常相似，所以手机品牌厂商尝试使用曲面的表面玻璃来使产品的外观差异化。由于曲面的表面玻璃有更为复杂的工艺及高成本问题，曲面的表面玻璃将主要使用于高端产品中。

基于用户需求，平板电脑市场与触控面板产业将更加重要，特别是低价格的产品，如 Amazon 的 Kindle Fire 系列，已经进入了触控面板市场（见图 3.51）。

图 3.51　Amazon 的 Kindle Fire 系列

目前，触摸屏的应用范围从以往的 ATM 机、工控计算机等小众商用市场，迅速扩展到了手机、掌上电脑、GPS、PMP（MP3、MP4 等）、平板电脑等大众消费电子领域，智能化的触控技术和产品，触发了人类世界无限的精彩。

4. 绚丽色彩

虽说手机的时尚化涉及手机功能、造型、色彩、材质等多个方面，但手机外观色彩首当其冲，是最为惹眼的。手机外观色彩设计把握色彩的流行方向，对提高手机的销量显得十分重要。流行色体现了一个时代某一段时间里，人们对某种色彩的喜好和偏爱。流行色的起因就是模仿。应该看到，流行色对手机产品的设计、生产、销售都显示了巨大的魅力。流行色对引导消费者审美观念和消费心理，提高手机产品竞争力的作用是不可低估的。

当手机还徘徊在单一色彩的时候，我们充其量只能用渐变来表现手机中的万千世界，传递情感的语言也显得苍白和无力。当色彩的元素悄然走进手中那方寸天地之后，信息的传递从此变得绚丽多彩，我们的视野被色彩带进了一个全新的世界，人们的喜怒哀乐从此拥有了更丰富的手段和更具个性的表达方式。在使用功能之外，手机也被赋予了个性、时尚、装饰等多种附加功能。色彩美使人的视觉感官感知空间美，每种色彩组合都有自己的特性，在视觉上、感性上和意象上产生不同的审美效果。

对于流行色，并不是所有消费者都认同或认可。由于消费者的审美观念千差万别，对色彩的感知也各不相同。例如，老年人消费者由于思想、心理的因素，不习惯赶潮流，流行色对他们的影响力并不大；还有一些经济收入比较低的消费者，没有能力去追赶潮流。流行色对于年轻消费者特别是女性消费者的影响还是相当大的。他们认为追求时尚是一种时髦，显示的是青春、活力。这些正是流行色的主要对象。只有顺应流行色彩的潮流，不盲目赶潮流，敢于创新，翻出新意，才能让流行色在手机上真正流行起来，快速打开市场消费的大门。

在手机色彩设计上要创新性运用流行色。首先要充分认识色彩的强烈的表现力和无穷的魅力。手机色彩要想流行，追求时尚化，就必须具有审美的特定感情和强大的生命力、感染力、吸引力，使手机消费者由色彩联想到手机的功能，由色彩获得情感与审美的充分享受。

笔记本电脑产品的推陈出新，黑、灰长期主导的沉闷笔记本颜色时代正在走向终结。以往单调的设计已经不能满足消费者日渐挑剔的目光，消费者在选购笔记本电脑的时候越来越多的关注笔记本个性化时尚的设计。笔记本电脑已经像服装、手机一样，成为年轻人彰显自我的贴身配件，拥有一款色彩丰富的笔记本电脑也成为时下消费者表达自己个性的出发点。2012 年，对于笔记本电脑来说，除了体积上的轻薄，色彩炫丽多样化则是最突出的特点。

2012 年春季东芝推出的笔记本，包括 Satellite P、M、L、C 等系列，主打的就是炫丽的色彩。这些系列产品的发布会的主题定为“闪出色”，东芝认为靓丽色彩与金属质感是 2012 时尚界的两大流行趋势，众多知名时尚品牌都在今年的新品中融入个性色彩与独特纹理，因此东芝才推出了具有金属质感的炫彩笔记本产品，Satellite M800 系列更是其中的代表产品。M800 系列除了拥有传统黑白红三种色彩外，另加入了三款独特而亮丽的“闪”

色彩：霸道粉、锐丽蓝、狂热金。独具时尚金属质感的炫色金属镀印工艺，加上个性简约的波曼纹设计，时尚感十足（见图 3.52）。

图 3.52　东芝 Satellite M800 系列笔记本电脑

2011 年，以 3D 立体晶钻工艺和玛瑙粉、珊瑚蓝、琥珀棕等宝石色泽为主打的联想 IdeaPad Z470 系列流行本闪亮登场，将潮流风尚和丰富娱乐应用的特点完美展现，让“拥有 Z470”成为达人们的流行指标（见图 3.53）。

图 3.53　联想 IdeaPad Z470 系列

2012 年联想 Z470 再次升级，推出了全新的 Z480，联想 IdeaPad Z480 除了拥有炫彩的外观之外，还有着十分强大的内“芯”，它搭载了英特尔最新的 Ivy Bridge 系列处理器，与之前的 Sandy Bridge 系列处理器相比，Ivy Bridge 结合了 22 纳米工艺与 3D 结构晶体管技术，在大幅度提高晶体管密度的同时，核芯显卡的性能更是提升了近 1 倍，处理器性能则提升了 20%以上（见图 3.54）。

图 3.54　联想 IdeaPad Z480

与全民皆知的联想 Y 系列，以及这几年中在入门级市场里风生水起的 G 系列相比，联想 Z 系列笔记本电脑或许并没有那样极高的知名度，但合理的价格、不俗的做工品质，以及颇能吸引消费者眼球的金属元素和多色外壳时尚元素，使得 Z 系列从一开始就成为了主流市场里的热门产品，与同价位产品相比有着不俗的竞争力。

5. 新工艺、新材料的使用

（1）传统工艺与新兴工艺的综合应用

传统的手机，ABS、电镀、电铸、铭牌、五金件、橡胶件、透镜、皮纹、蚀纹、丝印、镭雕，紫外线等材质与效果的配合，是手机外观发展的初步阶段。将新兴的 IMD、IML、铝合金、镁合金、不锈钢等工艺及材料与传统工艺有机结合，将使手机的外观设计进入一个全新的阶段，手机外观设计由传统设计进一步走向多元化的设计。尤其 IMD、IML 等新材料具有清楚度高、立体感好、表面耐划伤的特点，可随意更改设计造型图案，更好地增强、产品美观外型、体现完美异型结构的上风，使手机外观设计如虎添翼。在未来的手机外观设计中，个性化、时尚化、身份化将成为手机外观设计的主题，手机会变得越来越轻、越来越薄，而这一切都依靠于工艺与材料的快速发展与进步。

由英国大学设计师 Kieron-Scott Woodhouse 设计的环保手机 ADzero，该手机采用 Android 系统，但在外观上却和别的 Android 手机相差甚远，相信这一款手机定会收到热爱环保的人士喜爱（见图 3.55）。

图 3.55　竹材料制成的环保手机：ADzero

一般人谈起手机，最先反映的是品牌，接着就是功能什么的，很少有人会想到手机电池，其实手机电池里面有很多奥妙，常见的手机电池都为锂电池，它体积小，储存的电量可以供一般手机待机几天，但它却有一个致命的危害，如果处理不当，会对人体造成危害，液体燃料电池的液体燃料可以充分发挥作用，在保证电量的同时，还具有环保、无污染的特点，该手机的储存运行能力也大大提高，该手机可以通过一个透明的内饰，监测燃料的数量，提示你及时补充（见图 3.56）。

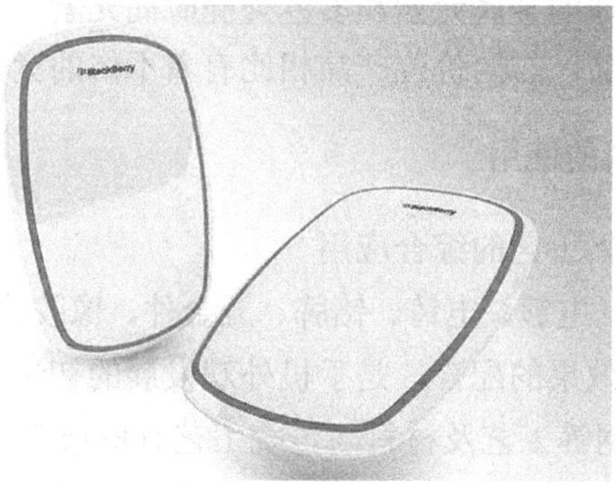

图 3.56　环保液体燃料概念手机

（2）可折叠手机显示屏给未来手机外观设计无限的想象空间

目前数以万计的传统手机还在每天不断的生产，消耗很大的资源和人力物力。这个概念立体折纸电话可以作为一张纸片来通过打开折叠，变成一个三维立体的电话，所有的部件均实现了最小化，以最节省材料的方式呈现出来。它达成了电话最初最本质的功能，最简单却最有效率（见图 3.57）。

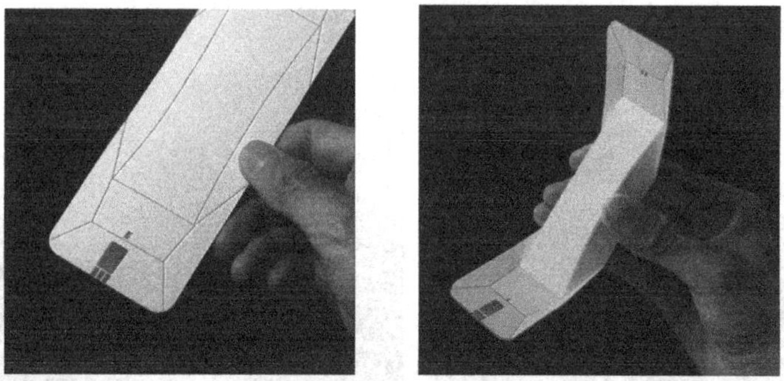

图 3.57　概念立体折纸电话

荷兰一家公司发布了一款名副其实的屏幕可折叠的手机，这款相当于两张名片大小的显示屏“挤进”了尺寸不比其他手机大的手机中。Polymer Vision Readius 是世界上第一款同类产品。当用户需要阅读新闻、博客、电子邮件时可以将显示屏打开，显示屏折叠起来后手机能够装进口袋中。Polymer Vision 在两年前展示的原型产品就引起了消费者的兴趣，现在这款产品已经投产，竞争对手包括苹果的 iPhone 和亚马逊的电子图书装置 Kindle。

Readius 的价格没有披露，但据悉其价格与高端手机相当。这款手机重约 115g，电池可以支持 30 小时的正常使用。而且还是一款支持 HSDPA 的 3G 手机，Readius 上只有 8 个按钮，未来型号将配置小型键盘，该机还支持 microsd 卡扩展。

与亚马逊的Kindle相似，Readius配置有电子纸张显示屏，显示的黑白文字和图像与纸张上印刷的质量相当，用3G手机网络与互联网相连接。Polymer Vision表示，与苹果iPhone一样，Readius为运营商提供了刺激数据服务的机会。用户能够在家庭中的计算机上设定自己的电子邮件账户、新闻源、播客、有声图书、博客feed，在更新时数据就会传输到Readius上（见图3.58）。

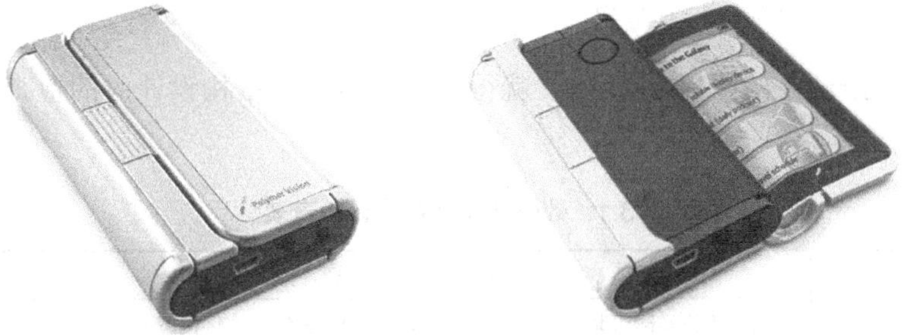

图3.58　Polymer Vision Readius

下面这款可弯曲的柔性手机是设计师Paz Brouk专为女性设计的，美女们出门通常都喜欢将自己的手机放在手提包里面，有很多时候来的电话遗漏。设计师将手机材料全部采用柔性可弯曲的特殊材料，使用者可以将它灵活的进行折叠，如折叠成像一个夹子一样夹在自己的手提包外面，这样来电话的时候就会很容易的发现（见图3.59）。

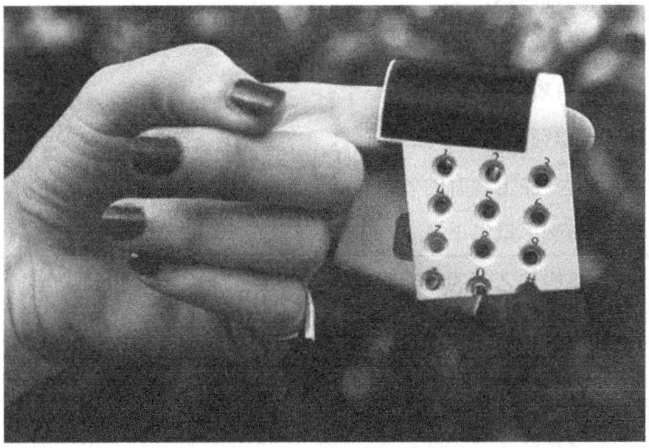

图3.59　可弯曲的柔性手机

可见，在不远的将来，无论是概念型折叠式显示屏手机，还是即将投产的此类手机，随着时间的推移，它们终将走向人们的生活之中，令人们的生活更方便、更简单、更美好。

3.2 数码产品的结构设计分析

3.2.1 数码产品结构设计要求

要了解数码产品的结构设计要求，就得知道数码产品结构设计时的检查要点等（见表 3.1）。

表 3.1 数码产品结构设计检查表

检查项目	问题点
装配问题	（1）模拟实际组装检查零件固定和干涉（Pro/E 建立简化模型） ① 检查螺钉柱的个数和位置； ② 检查卡勾的个数和位置； ③ 定位柱定位安装； ④ 防鼓肋 （防止零件鼓出或凹陷）； ⑤ 唇边； ⑥ 零件组装的时候会不会干涉其他零件。 （2）螺钉问题： ① 机械牙锁合要大于三个； ② 自攻牙锁合要大于三个； ③ 螺钉是否干涉其他零件。 （3）对产品上线时的效率，如生产线的装配人数需尽量少，且每个工位的装配尽量简单； （4）装配尽量简单
干涉问题	（1）机构件之间的干涉检查； （2）电子件之间的干涉检查； （3）机构件和电子件之间的干涉检查
单个零件结构的合理性	（1）拔模检查； （2）进行壁厚分析检查： ① 看壁厚是否过厚引起缩水； ② 壁厚是否均匀，是否平缓过度（倒 *C* 角或者 *R* 角）； ③ 壁厚是否过薄。过薄的壁厚不容易打满。一般最薄 0.6mm，小面积区域 0.5mm 也可。 （3）零件结构强度是否足够。结构强度能强一定让它强： ① 过高的螺钉柱加 Rib； ② 零件强度比较弱的加 Rib（Rib 尽量做薄防止缩水，常取 0.8mm）；

续表

单个零件结构的合理性	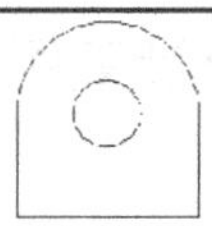 ③ 片状的螺钉过孔柱一定要加 Rib，加强其强度。 （4）卡勾检查 ① 卡勾卡合面的大小 0.6～1mm，卡勾之间的间隙 0.05mm. ② 卡勾倒 *C* 角。 （5）外观倒角； （6）倒 *C* 角：定位柱 螺钉柱 卡勾 便于零件安装； （7）按键行程是否足够； （8）是否会出现熔接痕，两股料流汇合处出现熔接痕； （9）吊环孔是否有导角，防止吊绳被磨断； （10）翘翘板式按键按的时候会不会碰到侧壁
零件模具问题	（1）在产品的结构设计过程中，应充分考虑模具的成本和寿命： ① 减少模具的复杂性； ② 减少斜顶； ③ 减少滑块； ④ 尖角利边； ⑤ 对插位。 （2）斜顶问题： ① 有没有斜顶，是否可以通过切割塑胶材料来取消斜顶； ② 斜顶是否有足够的退出空间； ③ 斜顶是否会干涉其他特征。 （3）有没有倒扣，切除倒扣部分； （4）对平板及透明件的设计应充分考虑模具的浇口
成本问题	尽量降低成本
共用问题	能共用其他机种零件的尽量共用，以降低成本
外观问题	（1）*R* 角是否能完美的做成； （2）分模线是否影响外观； （3）是否需要美工线
其他问题	（1）3D 文件必须重生； （2）外发文件必须删除 supress 特征； （3）运动机构件一定要把它的运动全过程都画出来，以减少错误

3.2.2 数码产品的结构设计案例

数码产品众多，这里以结构相对复杂的数码相机为例进行结构分析。

1. 数码相机主要结构

① 机身（Camera Body）是一个不透光的盒子。这个不透光的盒子，光线不能进入其中，但它又开了一个可以开关的孔洞，可以让所要的光线进入其内（见图 3.60）。

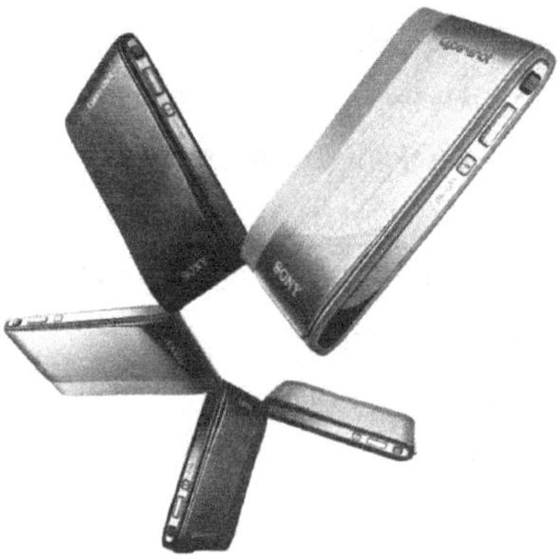

图 3.60 数码相机机身

② 镜头（Lense）：用多片光学玻璃（Optical lens）制成的镜头，把进入相机的光线聚焦起来，在感光体（菲林或电子影像内存，如 CCD 或 CMOS）上形成一个清晰的影像。时下比较复杂的镜头，是由十多片的光学玻璃组成的变焦镜头，单一片的称为透镜单元（Lens Element），多个透镜单元组成一个整体，这就是摄影镜头（见图 3.61）。

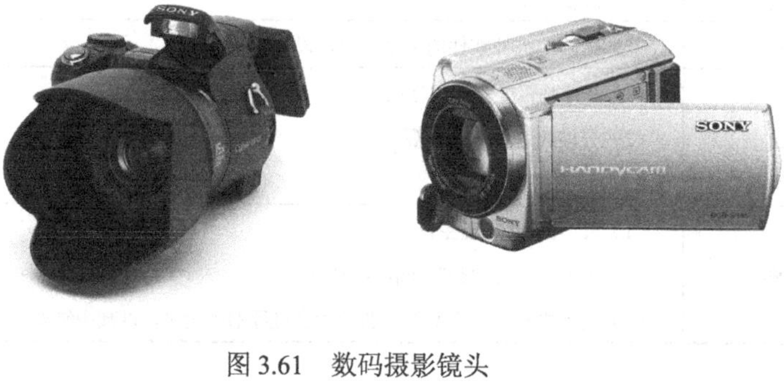

图 3.61 数码摄影镜头

③ 观景器（View-finder）：使摄影师能在拍摄前看到他所将要拍摄的照片所能包括的景物范围。最简单的观景器可以是用金属线做成的一个长方框，有些观景器仅是一个通透的观察景物的窗框，有的则是由包括反光镜和棱镜在内的光学系统组成，例如，单镜反光相机（SLR）这一种观景器，大概可以做到 WYSIWYG（看什么，拍什么）（见图 3.62）。

图 3.62　数码相机观景器

④ 对焦装置（Focusing System）：最简单的相机没有对焦设备，只是其镜头能使某一距离（如 1m）之外的景物都能产生清晰的影像，但在近于那一距离的景物则不能聚焦，不能形成清晰影像（见图 3.63）。

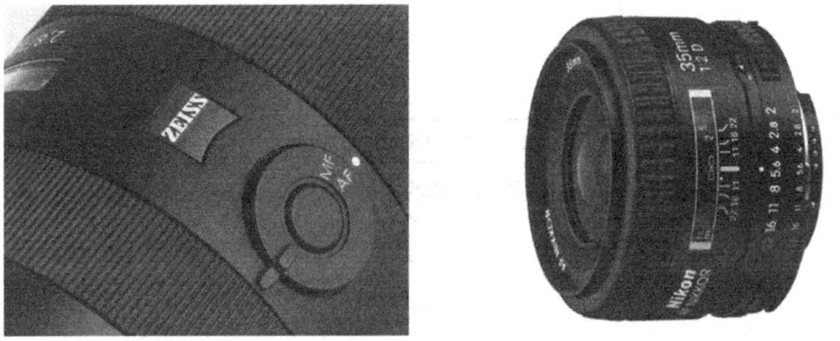

图 3.63　对焦装置

⑤ 快门（Shutter）：快门主要是一个机械装置，它也可以由电子控制，能控制进入相机的光线所投射到菲林上的时间。你的相机上应该有一个能够控制曝光时间长短的装置。一些全自动的（傻瓜机）便不能控制快门。

⑥ 快门按钮：用来操纵快门开启的按钮，用做正式拍摄照片。

⑦ 光圈（Aperture）：这个装置可以控制到达菲林的光线量，它是以利用控制镜头通光孔径的大小来达到这一作用的。SLR 采用的光圈是由许多极薄的叶片于镜头内一片片叠成，而其中心形成一个近乎圆形的光孔，在控制每一叶片的动作时可使光圈变大或变小，

这样便能控制通过镜头投向菲林的光束的多少，称为光圈，这种光圈大小的数值用光圈值或 f 值标示在镜头上。

2．数码相机结构设计

（1）建立自顶向下的约束

数码相机结构复杂，在设计之初就必须建立其相关部件的约束关系。如图 3.64 所示，总体参数、外围轮廓尺寸、组件位置等可以在装配结构的上层定义，且被相应地向下传送到装配下层的组件部件中。在装配顶层的定义数据可以包含基准、草图、用于修剪的片体等。下层组件应包含对父几何对象的几何连接。

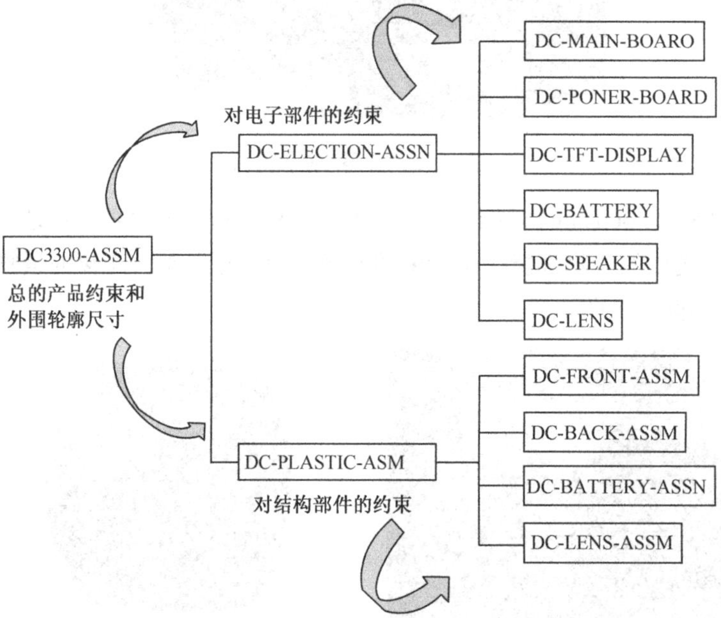

图 3.64　数码相机自顶向下的约束

（2）建立层次化的控制模型

控制结构是一个独立的装配结构，用于定义和管理产品布局、子系统设计准则及布局所需的几何信息和参数。在控制结构的顶层定义产品的设计规则及约束（即产品总参数），用于驱动产品设计规则和约束自顶向下传递。在顶级以下，根据设计产品主要子系统的划分，依次建立针对子系统的次级控制结构，对更小系统进行布局和限制。当在控制结构中所有的子系统已向下分成最小的组件，则进入控制结构的最后阶段，即建立“起始部件”。“起始部件”是控制结构的最低层，是详细设计装配或概念设计装配在控制结构中的连接端。通过“起始部件”建立“连接部件”，“连接部件”是产品详细设计及装配开始的第一环节。“连接部件”继承“起始部件”的相关几何体及其他约束和限制，发生在“起始部件”中的任何修改都能传递到“连接部件”。图 3.65 所示为基于此类规则建立的数码相机部件的层次性控制模型。

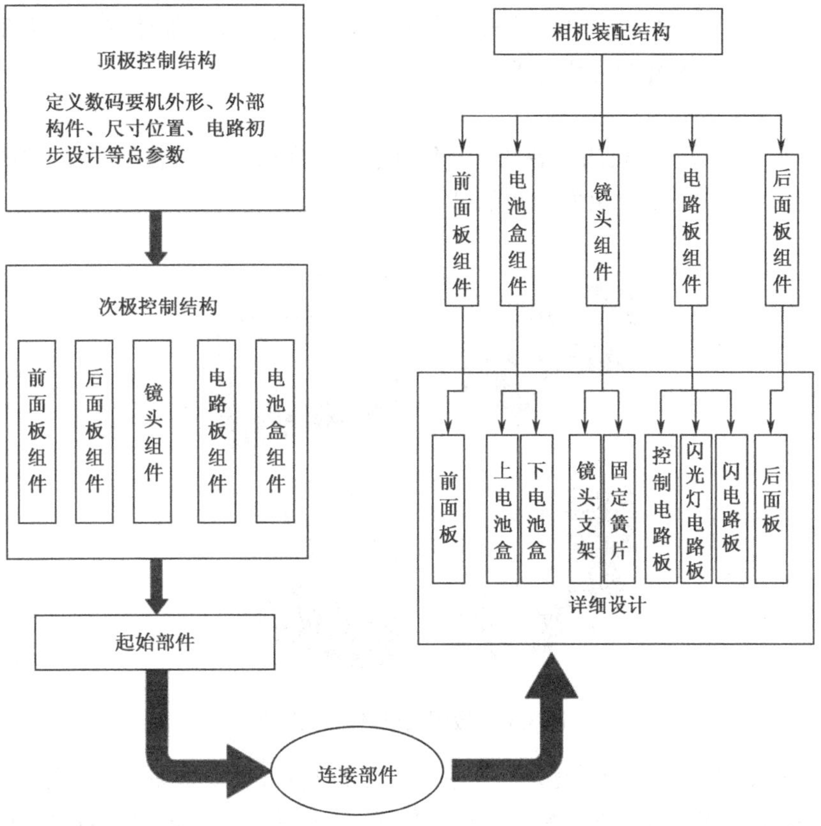

图 3.65　数码相机部件层次性控制模型

① 产品总参数的确定。

数码相机结构设计过程中会受到造型设计、选择外购部件与数码相机电路开发等方面的限制。因此，需依据数码相机造型设计、外构部件的参数、电路设计和其他一些不确定因素建立数码相机控制结构总参数。

② 划分数码相机的主要子系统。将数码相机按功能关系划分为前面板、后面板、镜头组件、电池盒组件、电池盖 CF 盖组件、电路板组件等。

③ 建立顶级控制结构装配图。

3．装配设计

（1）详细设计

以连接部件为起点，依据各零部件在相机中的功能要求，逐步细化零部件结构，推进零部件的详细设计；在设计过程中，一边进行详细设计，一边进行装配，在装配结构中通过局部的部件间建模，进一步完善零部件的详细设计。尤其是零部件有装配关系的模型特征，应用局部的部件间建模尤为方便。

（2）虚拟装配设计

图 3.66 所示为数码相机的总装图。其包括前、后面板组件的装配，镜头组件的装配，电路板组件的装配，电池盒组件的装配等。

图 3.66　数码相机产品总装图

依据该虚拟装配关系，通过运动分析和干涉分析检查，有助于在产品设计初发现问题，从而可以方便地对相关零部件结构进行参数化修改，提高了产品的设计效率，节约了产品的设计成本。

4．数码相机结构的参数化修改

由于数码相机的结构设计是由数码相机控制结构控制的自顶向下的参数化设计，所以当数码相机控制结构参数发生修改后，可以自动传递到数码相机装配的相关组件中，同时保证零部件有正确的几何体和位置关系，维护设计的完整性，并减少设计改变的时间和成本。

当数码相机控制结构总参数修改时，镜头、镜头支架和 PCB 板会自动修改。图 3.67 所示为镜头组件修改前后结构变化的相对透明度，即修改前后的结构对比，深色为修改后得到的结构，浅色为修改前的结构。

图 3.67　修改前后的镜头组件的相对透明度

3.3　数码产品的色彩应用分析

3.3.1　数码相机的色彩应用

目前单反相机一般以黑色为主，卡片机的色彩比较绚丽多彩（见图 3.68、3.69）。

图 3.68　单反相机颜色

图 3.69　丰富多彩的卡片机

调查结果显示，银色机型为潜在用户所欢迎，有三分之一以上的用户计划购买这种颜色的数码相机；其次是选择金属色泽这一特征的消费者，占据了 29.6%的比例。计划选购黑色数码相机的用户也占据较高的市场份额，为 19.0%。选择其他色彩的用户所占比例也不少，有 9.1%的用户接受外观色彩靓丽的机型。潜在用户对淡色数码相机，以及白色机型的购买欲望相对较小，二者在潜在消费者中依次占据 6.5%与 0.8%的比例（见图 3.70）。

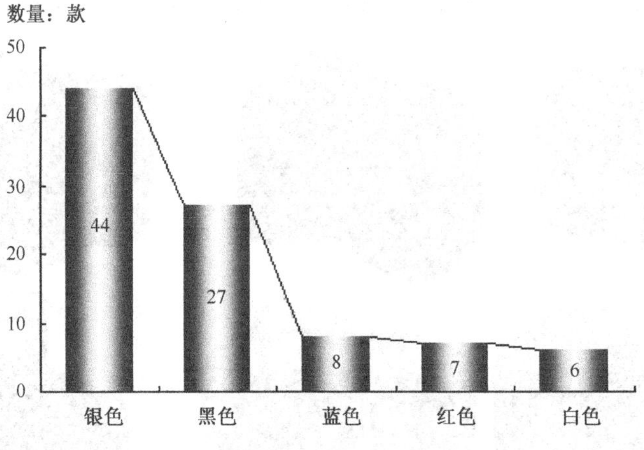

图 3.70　消费类数码相机色彩选择分布状况

3.3.2　音乐播放器的色彩应用

如今，音乐播放器也受手机造型的影响，逐步朝着超薄、色彩艳丽的方向发展（见图 3.71）。

图 3.71　色彩艳丽的音乐播放器

调查结果显示，潜在用户购买产品的色彩倾向主要集中于红色系、黑色系、彩色系与白色系这四种机身。其中，红色系成为潜在用户群的首选，有 30%的消费者表示愿意购买红色机身的 MP3。而在实际用户当中，首选的是白色产品。

在潜在用户当中，计划购买黑色 MP3 播放器的用户占据 27.5%的比例，随后是彩色系产品，有 20%的用户表示愿意选购此类机型。选择白色机身的用户占据潜在用户 17.5%的比例，选择其他色机身的用户相对较少，大约 5%（见图 3.72）。

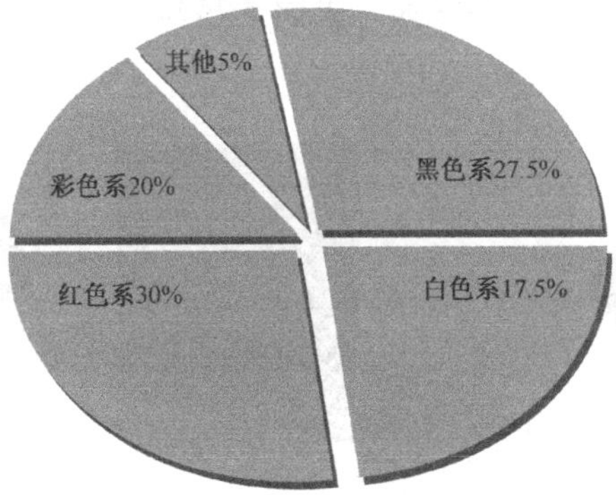

图 3.72　潜在用户购买 MP3 色彩选择调查

3.3.3 笔记本电脑的色彩应用

同样，现在笔记本电脑的发展趋势也是超薄、色彩绚丽。谈到笔记本的颜色，很容易让人联想到苹果的纯白、IBM 的深黑、上网本的多彩等。当然，这种颜色变化之中包含着技术进步的足迹。

调查结果显示，年轻消费群体购买产品的色彩更加倾向于黑色，所占比例高达 66.2%。随后是具有银色机身的产品，有 17.1%的消费者表示计划购买这类产品。而计划购买白色机型的用户占据 7.8%的比例。其他单色笔记本仅占据 8.9%的比例。可以看出，黑色与银色机身的产品将成为年轻消费者的首选，二者累计占据了整体市场八成以上的比例（见图 3.73）。

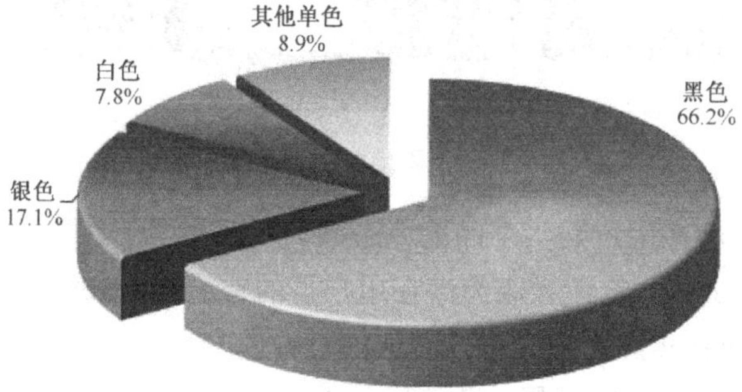

图 3.73　用户选购笔记本电脑的外观颜色分布

黑色代表高贵庄重，是商务人士的最佳配色。从笔记本诞生至今，黑色笔记本一直在市场占据着一席之地，并逐渐成为经典（见图 3.74）。

图 3.74　经典的黑色

3.3.4　数码产品色彩流行趋势

1. 银色

银色退出主色调的地位，摇身一变以金属的身份进入市场的视野，与金色、透明材料共同执掌主力配色的天地，如果分寸拿捏到位，完全可以达到夜与电，光与影的效果。单纯的金色或是银色，都无法同闪电划破天幕时的绚丽相媲美一样，配角成就的往往不是个体，也不是群体，而是整体，这就是它的伟大之处（见图 3.75）。

图 3.75　银色的数码产品

2. 黑色

黑色，如同一袭庄重贵气的晚礼服，将会无可争议地成为主流，这恰似金融危机下人们的心情，复杂中透着简单，感性中透着理智，当冲动的魔鬼化作一缕青烟的时候，还有什么比黑色更能诠释你的心情呢？与之相反，因为黑色特有的融合力和创意空间，跟着感觉走的时尚主义者同样会大胆运用（见图 3.76）。

图 3.79　黑色数码产品

3. 红色

被奥运点燃的激情是红色的寓意，2008 年奥运之后，红色仍将被设计师们赋予更多和更深刻的含义，它成为共性和个性、传统与现代的双重代表，进入时尚主打色的行列。如果说银与黑可以搭配传统，那么红与黑将扮靓什么呢？相信设计师的答案一定会让市场惊艳（见图 3.77）。

图 3.77　红色数码产品

4. 白色

白色与透明色恰似一对孪生姐妹，明净之余给了我们平静和希望。尽管它们在过去的日子里，由于喜欢偏安一隅而被说成是孤芳自赏，但对光明的理解，会让人们重新在品味雪莱的“冬天到了，春天还会远吗”的诗句的同时逐渐喜欢这对孪生姐妹（见图 3.78）。

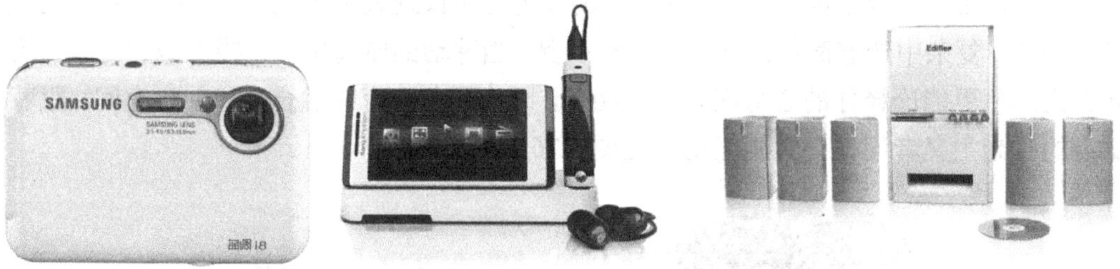

图 3.78　白色数码产品

5. 蓝色

蓝色冷暖皆宜，动感十足，尽管只是点缀，却似黑夜中的繁星闪耀，魅力无穷。同时，个性的亮色也将不乏市场，黄、绿、粉、橙是新人类的最爱，数量不多，内涵却足以丰富色彩。彩绘在设计师的手下渐成气候，由局部走向整体，将会宽泛我们的视野（见图 3.79）。

图 3.79　蓝色数码产品

3.4　数码产品的材料应用分析

目前，市场上数码产品的材料具有相通性，各类产品要考虑的问题也大同小异。笔记本电脑外壳的材料可以用在数码相机、MP3、手机、数码摄像机等数码产品上，这里就以笔记本电脑外壳的材料对数码产品进行材料分析。

3.4.1　好的外壳应具备的因素

绝大多数用户选购笔记本电脑常感性地以“美”来衡量一款机型的外壳，殊不知，“美观”仅仅是笔记本外壳三大作用中最“轻微”者。只有满足“保护性”与“散热性”并重的前提，“美”才是真正健康的美。

1. 护体

笔记本电脑在携带和使用时不可避免地会受到外力冲击，如果外壳材质不够坚硬，首先受损的是液晶显示屏。笔记本轻薄化已成为目前的发展趋势之一，在规定的厚度尺寸下，保护液晶屏不受外力挤压受损的重担就落在了外壳上。

当首款超轻超薄的三星迅驰笔记本 X10 推出，“轻薄”之美在带来欣喜的同时，也令笔记本面临更大的挑战（见图 3.80）。当主流机型的机身厚度从 25mm 降至 15mm 左右后，笔记本迫切需要更坚固的材质维持整机的坚硬度，以适合各种错综复杂的移动工作环境。许多笔记本电脑在使用一年后相继出现无故死机、重启等现象，这往往是由机身材质过软、移动时主板变形所致。而部分笔记本电脑液晶屏上的“白斑”，也大多因上盖强度不够、液晶屏受挤压而造成。可见，坚固的外壳对机身保护尤其重要。

图 3.80　首款超轻超薄的三星迅驰笔记本 X10

2. 散热

笔记本电脑是高集成度电子产品，CPU、芯片组、显卡芯片和硬盘等无一不是发热大户。一般情况下，CPU 和显卡芯片的热量可由散热器通过导风管排出机体，而芯片组、内存和硬盘等设备则需借助外壳进行主动散热。因此，我们常见到许多超轻薄机型，以及配置较好的高性能机型都采用热传导性较好的金属材质辅助整机散热。然而，利用笔记本外壳辅助散热难免会产生弊端。众所周知，笔记本电脑硬盘多位于掌托下方，此时再利用金属材质掌托传导硬盘热量，难免会影响用户的使用舒适度，笔记本电脑的键盘也如此。因此，外壳材质的散热性仅仅是首先考虑的第一步，更重要的还是厂商们的精心设计（目前比较成熟的设计方案为掌托与键盘采用隔热材料，避免热量直接与手接触；机身底部采用高导热性材料以加强散热）（见图 3.81）。

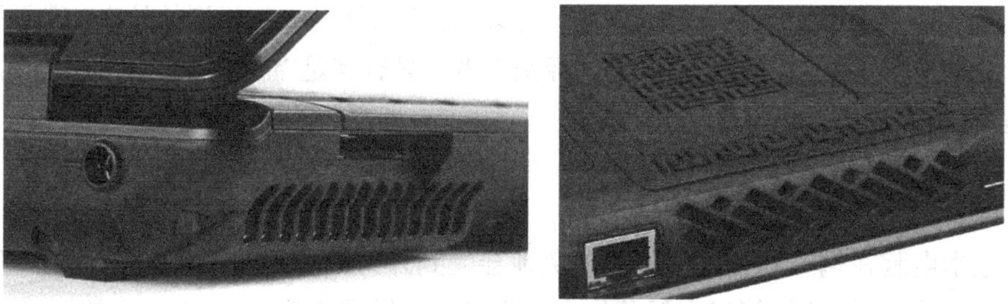

图 3.81　笔记本电脑散热孔

3. 美观

特殊外壳材质的使用不仅令整机标新立异、独具个性，还能树立良好的产品形象，体现品牌特色，IBM ThinkPad 和 Apple PowerBook 便是两大典范。前者“千篇一律”的经典黑色造型早被广大用户熟知，后者独到的白色设计也成为众品牌争相效仿的对象（见图

3.82）。在 ThinkPad 和 PowerBook 成功的背后，顶级的钛合金材质功不可没。

图 3.82　IBM ThinkPad 和 Apple PowerBook

3.4.2　外壳使用材料

1. ABS 工程塑料

这是一种最普通的笔记本材料，它通常用于低价笔记本中。尤其是那些价格为×999（×<6）的笔记本，几乎百分之百采用了这种材料。ABS 工程塑料即 PC+ABS（工程塑料合成），在化工业的中文名字为合成塑料，之所以命名为 PC+ABS，是因为这种材料既具有 PC 树脂的稳定性，又具有 ABS 树脂的易加工性。现在这种材料已经广泛应用于军事、汽车工业等领域。在笔记本中，这种材料有的用在整个外壳，有的只是用在屏的顶盖，也有的只是在内存或硬盘的盖板用到。

ABS 工程塑料的最大优点在于成本低、维护方便。一般来说，ABS 工程塑料正是由于成本低才被许多笔记本电脑厂商采用，它们还有个共同的特点是，采用 ABS 工程塑料的笔记本通常体积都比较庞大。

它的缺点也很明显，如质量大、导热性能差、强度和韧性不高等。质量较大，这也是为什么低端机型动辄 3kg/超过 3kg 的原因。而正因为塑料的这个缺点，轻薄笔记本几乎没有使用 ABS 塑料的。另外，ABS 塑料在最开始使用的阶段不会出现什么问题，但随着使用时间的延长，就会有不同程度的磨损与变形，在塑料上会出现十分明显的磨损痕迹，同时用手一按外壳，就好像是鼓皮一样陷下去再弹上来。目前市场上大部分厂商都已经开始弃用这种材料，除了少量低价笔记本电脑产品外。

这一类的笔记本目前存世的依然较多，IBM“大黑”，七喜“仿黑”，联想 6999，神舟 3999，明基 R22E，A32、TCL……举不胜举（见图 3.83）。

图 3.83 神舟 3999

2．增强改性 PC 材料

增强改性 PC 材料，又称聚碳酸酯，原料是石油，经聚酯切片工厂加工后就成了聚酯切片颗粒物，再经塑料厂加工就成了成品。有 PC-GF10/20/30 等许多种规格，不同的规格都有不同的特性。虽然它比 ABS 工程塑料少了一些 ABS 的特性，但是它有其自身的优点，共同的特性是具有较好的强度、高的耐热性和好的尺寸稳定性。其力学性能更高，加之很耐热、同时散热性也不错，外观触感也像金属。

它的化学特性稳定于水、矿物和有机酸，部分溶于芳香族碳水化合物，在强碱作用下分解。玻纤和碳纤增强 PC 的吸水率很低，可极大地提高对环境的抗腐蚀性。高流动性 PC 可用于制作低于 1mm 的薄壁制件，PC 改性材料的抗蠕变性和载荷下抗变形能力明显提高。其散热性能也比较好，热量分散很均匀。

从这些介绍来看，似乎它就是最合适的笔记本材料了，不但价格相对便宜，而且具有许多金属的优点并克服了许多塑料的缺点，但是它有个最大缺点是比较脆。大家对 PC 比较陌生，其实这种材料就是常见的光盘，光盘很脆，手掰一下就裂了。针对这种问题，有公司于最近开发成功了一种新的材料，这种材料是通过将植物材料加工成笔记本电脑机体的技术——“植物性树脂机体技术”生成，它以玉米等植物为原料的聚乳酸为主要成分，具备阻燃性和与 ABS 树脂不相上下的强度及耐热性。

运用这种材料比较显著的就是富士通了，在很多型号中都是用 PC-GF20 这种材料，而且是全外壳都采用这种材料，外观也极像金属（见图 3.84）。

图 3.84 采用“植物性树脂机体技术”的富士通笔记本

3. 镁铝合金材料

其实说铝合金材料更恰当些。现在以金属材料为主的机型，一般主要元素是铝，再掺入少量的镁或是其他的金属材料来加强其硬度，依据添加金属的不同而称为镁铝合金或钛铝合金。镁铝合金具有金属的强度，而且质量轻也易于散热，抗压性较强，能满足 3C 产品高度集成化、轻薄化、微型化、抗摔撞及电磁屏蔽和散热的要求。

镁铝合金导热性能和强度尤为突出，其硬度是传统塑料机壳的几倍，但质量仅为塑料机壳的三分之一，通常被用于中高档超薄型或尺寸较小的笔记本的外壳。而且，镁铝合金外壳可以通过表面处理工艺变成粉蓝色和粉红色，可使产品更豪华、美观，而且容易上颜色，这是工程塑料及碳纤维所无法做到的。

镁铝合金的缺点也十分明显，它成本较高，不耐磨、易掉漆，而且成型比 ABS 困难得多（需要用冲压或者压铸工艺）。很多镁铝合金的笔记本如果平常不加保养，在用过一段时间之后就会变形。这里特别要指出的一些采用钢琴漆面的笔记本电脑，看着非常靓丽，但同时也非常娇贵，稍微不注意就容易被刮花。

用镁铝合金打造的笔记本，由于比塑料类的强度高，散热性能好，又比钛合金、碳纤维的更便宜，所以这类笔记本现在简直有“泛滥”之势。而说到它的推广，目前已经在市场上消失的华禹邦甲可谓功不可没。这里还要提到戴尔，这个品牌笔记本的许多款型从 2004 年开始都采用了镁铝合金材质，而价格居然与普通工程塑料笔记本看齐（见图 3.85）。

图 3.85　性价比高的戴尔笔记本

4. 钛合金材料

钛合金因具有强度高、耐蚀性好、耐热性高等特点而被广泛用于各个领域。由于钛合金的耐热性、强度、塑性、韧性、成型性、可焊性、耐蚀性和生物相容性均较好，从而成为工业中的王牌合金，尤其是在化工领域，应用非常普遍。钛合金种类很多，目前在发展航空发动机用的耐热钛合金和机体用的高强高韧钛合金是最大的热点。

其实，虽然都是钛合金，但组成成分、成本是不完全一样的。它们都只是钛合金的分支之一，其他比较常见的还有耐蚀、高强、医用和阻燃钛合金。现在，这类过去往往被用在航空、军事等领域的特殊材料，正逐渐被人们应用到笔记本电脑领域，用这类钛合金制造笔记本外壳，让人有坚如磐石的感觉。

钛合金的优点是坚固、耐用、耐磨、轻便、散热性好，可以加工出比铝镁合金更加复杂的外形，同时兼具很好的抗撞击特性；其承受的压力也大，能够支持大尺寸的显示器：钛合金机种配备 15 英寸的显示器，也不用在面板四周预留太宽的框架。至于厚度，钛合金加工到 0.5mm 也依然坚固，而镁合金不行，这就可以让笔记本体积更小。

钛合金的强度和韧性是已经很强的镁合金的 3～4 倍。但缺点就是钛是种昂贵的金属，比镁还要贵上许多，因此用它制造笔记本会显得过于昂贵，加之铸造工艺较为困难，必须通过焊接等加工程序才能成型笔记本外壳，所以限制了其推广。

不过，即便是 IBM 的钛合金外壳，其主要的材料成分还是铝，成分按用处而不同，一般掺入的合金仅有 2%～3%。因为铝这种金属的化学特性很奇特，纯铝材料虽然很软，但加入微量的其他金属以后，就不但变硬，而且非常有韧性，掺入金属因为只占相当少的比例，所以对整体的质量不会有太多的改变。而且 IBM 笔记本专用钛合金还渗入了碳纤维材料，使得整体硬度得到进一步加强，所以才当之无愧获得“黑金钢”称号（见图 3.86）。

图 3.86　钛合金笔记本

5. 纳米碳纤维材料

纳米是长度单位，原称“毫微米”，就是十亿分之一米。在达到纳米尺度的情况下，由于物质中电子的放性和原子的相互作用将受到尺度大小的影响非常大，物质将呈现与众不同的特性，甚至是发生神奇的改变。如果能得到纳米尺度的结构，就可能控制材料的基本性质，如熔点、磁性、电容甚至颜色，而同时还不需要改变物质的化学成分。

例如，用超微粒子烧成的陶瓷硬度可以更高，同样通过纳米技术制造出来的碳纤维组织，强度比以前的碳纤维增加 10 倍以上，还将大大减小磨损，增长使用寿命。碳纤维材质是很有趣的一种材质，它既拥有铝镁合金高雅坚固的特性，又有 ABS 工程塑料的高可塑性，外观类似塑料，但是强度和导热能力又优于普通的 ABS 塑料。

IBM 很早就采用了碳纤维制造笔记本，正如全球售出 200 万台的 IBM600 系列。据该公司的报告显示：碳纤维强韧性是铝镁合金的 2 倍，而且散热效果最好，因此碳纤维机种的外壳摸起来最不烫手。碳纤维是一种导电材质，可以起到类似金属的屏蔽作用（ABS 外壳则需要另外镀一层金属膜来作屏蔽）。采用这种材料的笔记本还有一个好处，如果它的表面有油性较重圆珠笔、油性水笔等留下的污迹，也能轻松抹掉（钛合金材料也是如此）。

碳纤维材料完全可望取代传统塑料外壳的材料，不过，其缺点是现阶段价格并不便宜，一只碳纤维材料的网球拍价格往往动辄千元。另外，由于成型并没有 ABS 外壳容易，加之着色也比较难，因此，碳纤维机壳的形状一般都比较简单缺乏变化，外观上也不够时尚。此外，碳纤维机壳还有一个缺点，就是如果接地不好，会有轻微的漏电感，因此 IBM 在其碳纤维机壳上覆盖了一层绝缘涂层。

这里还要提到采用了碳纤维材料的索尼 TX 系列，尤其是号称只有 1000 台的 TX17 “尊贵蓝”，不仅屏盖采用碳纤维材料，TX 还在底座工程塑料中混合了碳纤维，强度比 T 系列高 200%，并且质量还减轻了 30%。就因为这个“尊贵蓝”三字，它就比本已十分昂贵的普通 TX17 更高出 1000 元。“尊贵蓝”TX17 的最大魅力所在就是这个独具匠心的颜色设计，通过非常复杂且困难的工序将外壳碳纤维杂乱的花纹条理化；侧面看的效果，能隐约浮现出别致细密的发丝状条纹，随着角度的变化，当仰视的时候，透过外表半透明喷漆，亮蓝色颗粒跃然眼前（见图 3.87）。

图 3.87　TX17“尊贵蓝”

6. 另类的材料

如今市场上有不少有创意的材料，如合金+车漆、钢琴漆、皮革、木头、超强度防弹材料乃至昂贵的水晶材料。

这其中，合金+车漆的方式正在逐步推广。合金+车漆通过类似汽车烤漆的工艺将汽车漆烤制在合金笔记本上，不但提升了质感和档次，也增加了耐磨性和观赏性（见图 3.88），不过价格不菲是限制其推广的重要因素。合金外壳+钢琴镜面漆与合金+车漆类似，只不过定位不同，将原本只是应用在高档钢琴上的钢琴漆移植到笔记本电脑身上，不但赋予其触感光滑细腻的特性而成为艺术品，更提高其防水、防潮性，让笔记本电脑本身呈现轻盈且坚固的效果，缺点依然是价格较为昂贵。而外包皮革则纯粹是一种装饰，无非能彰显个性和时尚，虽然兼有一定的防滑特性但带来更多的不利却是散热问题，价格昂贵自不必说。

而木头、超强度防弹材料乃至昂贵的水晶材料则从根本上对笔记本模具材料进行了革命性的改变（见图 3.89）。木头和水晶实在太另类，前者不防水也不够结实，后者则纯粹是在炫耀。业界对超强度防弹材料比较看好，虽然它几乎还没有什么实际应用。此材料苹果独特的半透明特殊机箱材料，其透明只是一个方面，可以打造非常时尚的笔记本；另一个方面就在于这种材料是应用于军事领域的防弹材料，不但耐高温，而且抗震、耐磨，这些特性对于笔记本非常实用，可以打造非常好的笔记本模具。

图 3.91　合金+车漆笔记本

图 3.92　华硕 Bamboo 笔记本

3.5　概念数码产品设计赏析

1. 手机类产品

（1）安卓平台概念手机 Galaxy Skin

当 iPhone 成为人们最青睐的手机时，设计师 Heyon You 带来的安卓平台概念手机

Galaxy Skin，突出了他们的野心，以超越 iPhone 作为目标，将手机变成人类的皮肤。它有四大亮点：不需要支架、不需要投影仪、全身柔若无骨、身材骨感（见图 3.90）。

图 3.93 安卓平台概念手机 Galaxy Skin

（2）Blackberry Empathy 的概念机

设计师 Kiki 和 Daniel 的一款名为 Blackberry Empathy 的概念机设计方案，融入了多项创意功能。首先是机身外观设计，黑莓 Empathy 采用了不规则的多边形机身设计，纯黑色的机身看起来很像一块黑钻石。机身正面为全触摸屏设计，背面则保留了 QWERTY 物理键盘。在待机时，整个机身可以呈现出全透明的状态，使用的时候则会变成纯黑色的不透明机身，可以更好的显示画面（见图 3.91）。

图 3.91 Blackberry Empathy 的概念机

Empathy 方案还包含有一个情感戒指，借助生物识别技术，可以判断用户当前的心情好坏并传送到手机中，并通过社交功能进行公布。在手机的通信录里，可以看到其他人的情绪状况，每个联系人的头像都有两个彩色圆环，内环表示现在的心情，外环则代表之前的状态。

（3）折纸手机

折纸手机是摩托罗拉的一款概念设计，它由一种纤薄的“高科技材料”制成，可以折叠成不同的形状，从而实现不同的功能，包括手机、录音机、照相机，甚至可以用它来折纸鹤（见图 3.92）。

图 3.92　折纸手机

（4）三屏全键盘折叠概念手机

现有的触摸屏手机都是使用了一个长方形的显示屏，产品的同质化已经非常严重。设计师 Kristian Ulrich Larsen 这款非常大胆的创意杰作 Flip，采用了非常独特的外形设计和交互设计，是未来智能机的一个发展方向（见图 3.93）。

图 3.93　三屏全键盘折叠概念手机

首先是外观设计，Flip 机身由三部分折叠而成，在完全折叠的情况下，手机的正面和反面是两块弧形触摸屏，第一次展开后，原有的前后屏可以组成双屏浏览网页、电子书等内容，这样可以直接扩大两倍的显示面积，手机显示面积不足的问题得以解决。

在首次展开之后，原本隐藏在内部的另外一块屏幕和一个 QWERTY 全键盘会组合成另外一个操作界面，这样展开的手机两面分别是两块全触屏显示界面，一面是全键盘+触摸屏界面，在全键盘那一半可以进行文字输入或者视频聊天，全键盘中间设置有一个高清摄像头。在这种展开状态的基础上，Flip 还可以再进行一次展开，二次展开之后全键盘再次隐藏在机身中，三块显示屏将组成一个立体的中空三棱柱，三个面全部可以显示并进行触控操作。

这样的设计基本解决了手机显示面积小的瓶颈，将手机的应用和功能进一步提升。

2．播放器类产品

（1）创可贴播放器

创可贴大家都用过，当有了创伤时就将其贴上能达到止血护创的作用。设计师 Chih-Wei Wang 和 Shou-His Fu 带来了一个创可贴播放器，这个播放器能像创可贴一样贴在身体各处，它带有播放/停止按钮，并带扬声器，可以实现音乐播放。无论是运动，还是胎教，它都是个好帮手（见图 3.94）。

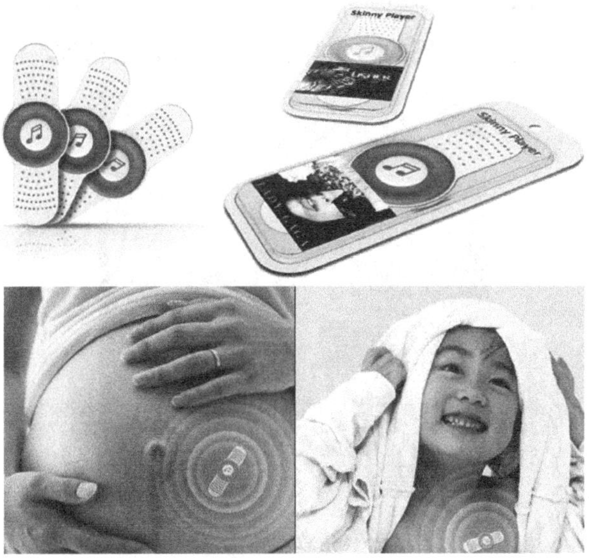

图 3.94　创可贴播放器

（2）带柔软触摸屏幕的音箱一体播放器

音箱和播放器一体式设计。音箱上的触摸屏只显示最简单的内容，那就是不同颜色的块状图形，使用者可以通过手指的动作来播放音乐。与其他触屏播放器不同的是，这款音箱一体播放器的触摸屏表面柔软，富有弹性，手感非常好（见图 3.95）。

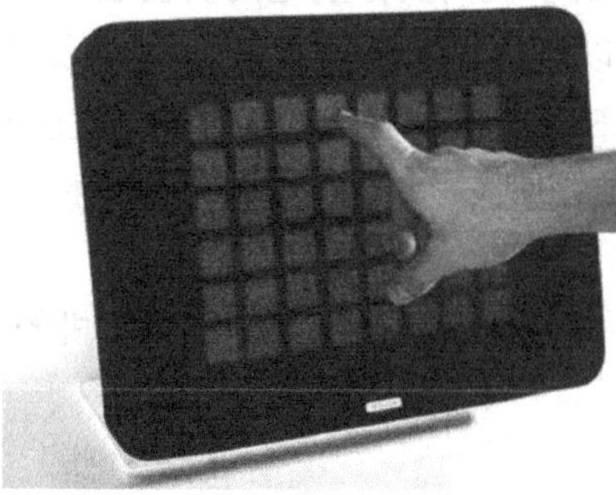

图 3.95　带柔软触摸屏幕的音箱一体播放器

（3）精致的陶瓷收音机

虽然收音机在功能上并没有太大的差异，但是与家居饰品一样，一款造型别致的收音机可以凸显主人的品味。

这款新鲜收音机是由陶瓷制成的，调频旋钮被设计在了顶部，可以通过一侧的刻度来了解当前的频率。音箱同样位于顶部。而且为了方便移动，它还设计有一个提手。吃早餐或下午茶的时候可以更好的与周围的陶瓷器皿融为一体，很精致、漂亮（见图 3.96）。

图 3.96　精致的陶瓷收音机

（4）创意智能自动音乐暂停耳机

每当我们用手机听音乐的时候，恰巧手机来电，或是有熟人打招呼，就得忙不迭地找出播放器关闭音乐，然后跟人回话。如果兜里东西太多，这个时候难免有些狼狈呢！当然，你也可以直接摘下耳机，让音乐继续播放。但是谈话结束之后，我们常会直接做其他事情，忘记音乐还在播放，让电池白白浪费。索尼爱立信这款新型耳机则不会如此，当你从耳朵上摘下其中一只耳机的时候，它就会自动暂停音乐，十分方便，再也不必手忙脚乱地在包里瞎翻了。这款创意耳机采用的是与手机触摸屏类似的电容技术，它能检测人体是否与耳机接触，当你将耳机取下的时候，它就会作出反应（见图 3.97）。

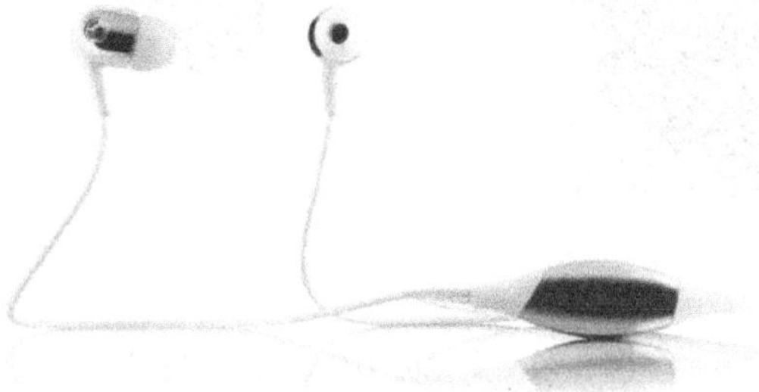

图 3.97　创意智能自动音乐暂停耳机

（5）iPad 手持式一体扩音音箱

您是否还在觉得 iPad 的功放声音小，无法满足您欣赏音乐的要求？眼前这款便捷扩音器可以通过蓝牙或 3.5mm 耳机线与您的 iPad 平板电脑等手持设备相连，在音质毫无损减的情况下能够将声音提高 5 倍之多。它采用柔软的硅胶材质制成，带给您的是一流的听觉效果与舒适的握持手感（见图 3.98）。

图 3.98　iPad 手持式一体扩音音箱

3. 鼠标类产品

（1）变化无穷的创意激光鼠标

这是一款由一家韩国公司效仿激光投影键盘的原理，推出的革新性的激光投影鼠标。它依靠激光投影仪的支持，在有效范围内您仅用自己的手指就可以完成各种鼠标操作：左右键单击、双击、滚动、旋转、放大等。激光投影器外形小巧可爱，不会占用桌面过多空间，操作起来也非常简单。同时，不需要握持就可以进行鼠标操作不仅十分便捷，还从真正意义上缓解了手部疲劳（见图 3.99）。

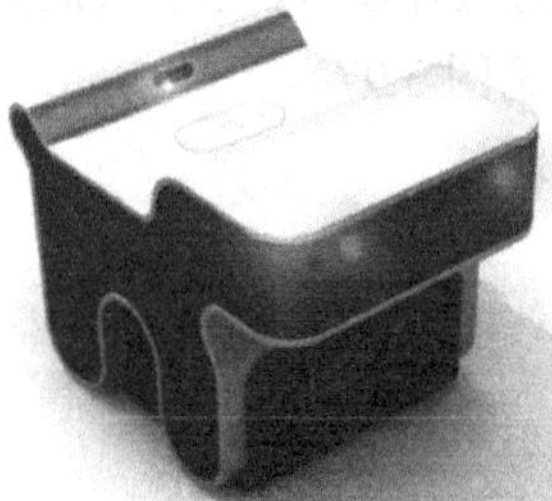

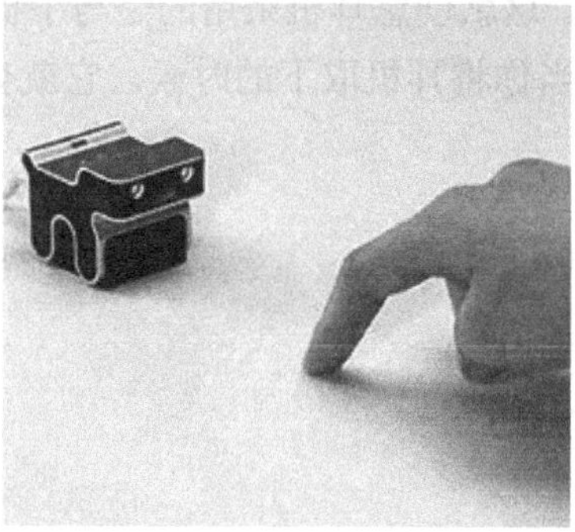

图 3.99　变化无穷的创意激光鼠标

（2）溜溜球鼠标

现在的年轻上班一族都必须使用到计算机，很多人在计算机面前一坐就是一天，从而带来了很多健康疾病，背部僵硬，手腕酸痛，严重的导致颈椎炎等，设计师为了使这些坐在计算机面前不运动的人们去运动就设计了这款溜溜球鼠标，这是一款无线蓝牙鼠标，需要电力供应，而它的电力原来是自发电，只有甩动溜溜球才能为鼠标的电池充电，当鼠标没电的时候就会迫使使用者起来运动，在甩动溜溜球充电的同时还能使自己的身体得到运动，一举多得（见图 3.100）。

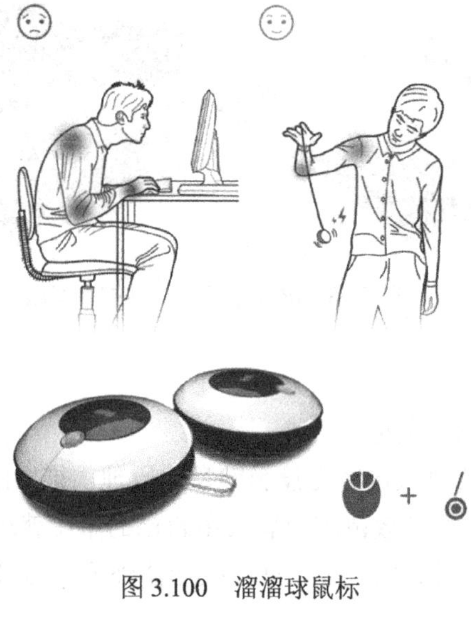

图 3.100　溜溜球鼠标

4. 其他类产品

（1）33g 创意数码眼镜照相机

这款眼镜式照相机外形独特，使用起来十分方便。拍照时只需按下镜框上的按键即可，别人看起来就像在调整眼镜一样，可以避免许多不必要的尴尬。别看它体积小巧，仅重 33g，但是它既可以拍照片也能拍视频，效果也非常不错。它支持 SD/SDHC 卡，通过 USB 线连接就可以进行充电或传输图片，充满电时可支持连续拍摄 1 小时（见图 3.101）。

图 3.101　33g 创意数码眼镜照相机

（2）方便电池

我们所使用的大多数电子设备都离不开电池作为驱动能量，但安放电池的电池盒往往因为需要，设计得十分紧凑，要想从中取出废旧电池，有时还真是麻烦。该设计将常见的标准电池做了改装，让电池头尾变得扁平，而肚腩依旧鼓鼓囔囔，在保证电池供应足够电量的前提下又能方便我们取用电池。如此一来，只要按动电池头尾，我们就能让电池从电池盒中翘起来，轻松取出了（见图 3.102）。

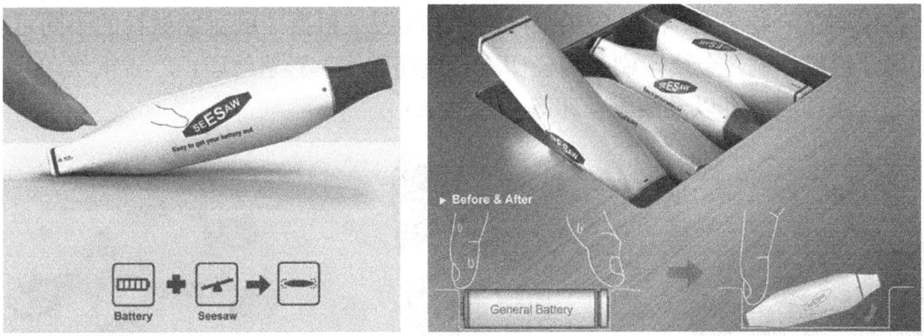

图 3.102　方便电池

第4章

数码产品的工艺处理与应用

4.1 塑胶产品表面处理

4.1.1 印刷

若需在工程塑料的表面上印字或图案时，有以下几种方法：丝网印刷、曲面印刷、渗透印刷、蚀刻印刷、电化铝烫印、激光印字（镭雕）。

1. 丝网印刷

1）简介

丝网印刷是一种古老，而又应用很广的印刷方法。根据印刷对象材料的不同可以分为织物印刷，塑料印刷，金属印刷，陶瓷印刷，玻璃印刷，彩票丝印，广告板丝印，不锈钢制品丝印，丝印版画，以及漆器丝印等（见图 4.1）。

（a）织物印刷　（b）塑料印刷　（c）陶瓷印刷

图 4.1　不同材料丝网印刷

2）塑料丝网印刷

塑料件的丝印，是塑料制品的二次机工（或称再加工）中的一种。塑料制品的种类繁多，但就印刷的方法而言，片材及平面体用平面丝印法；可展开成平面的弧面体用曲面丝印法；异形制品则用间接丝印法。塑料制品固树脂、添加剂及成型方法的不同，其表面性能的差别很大，尤其是表面的平滑性、极性及静电等问题。

塑料丝网印刷的应用范围见表 4.1。

表 4.1　塑料丝网印刷的应用范围

1	ABS 塑料
2	电子产品塑料部件的外观面
3	塑料标牌
4	软质、硬质塑料件
5	仪器面板
6	彩色涤纶标牌

（1）ABS 塑料的丝网印刷

ABS 树脂塑料，是一种工程塑料。近年来广泛应用于电视机、计算器等产品及国民经济许多领域。ABS 塑料是丙烯睛、丁二烯、苯乙烯的三元共聚物。由于 ABS 塑料是三元共聚物，因此兼有三种组元的共同特性：丙烯睛能使共聚物耐化学腐蚀和具有一定的表面硬度；丁二烯能使聚合物具有橡胶状韧性；苯乙烯可使聚合物具有易加工成型的特性。

ABS 塑料有各种颜色，制品具有光泽的外表，吸水率低，在一定温度范围内具有良好的抗冲击强度和表面硬度，有较好的尺寸稳定性。大多数 ABS 树脂在-40℃温度下仍有相当的抗冲击强度，表现出韧性，其制品的使用温度范围在-40～60℃，ABS 塑料的分子量高，物理性能好，易加工成型，印刷适性较好。

（2）电子产品塑料部件的外观面的丝网印刷

电子产品特别是数码相机、MP4、电视机等，对于外观的要求很高，国外美工设计人员对产品的外观装饰是非常重视的，而我国目前用于外观装饰的工艺较少，限制了美工人员的思路，使他们只能通过产品的尺寸、各种线条的运用、塑料本身有限的颜色来改变产品的外观。塑料丝印开发以后，为电子产品的装饰带来了方便（见图 4.2）。

（3）塑料标牌的丝网印刷

近年来，塑料标牌及塑料成型后进行丝印图形文字的装饰部件发展很快。如在聚氯乙烯硬板（PVC 板）、聚碳酸酯、ABS、有机玻璃、改性聚苯乙烯的塑压件上进行丝网印刷，得到了广泛的应用，取得了良好的装饰效果和经济效益。

图 4.2 数码产品丝网印刷

（4）软质、硬质塑料件的丝网印刷

软质塑料多用于制作玩具，如充气卡通玩具等。制作时通常是先在软质片状塑料上丝印图案，再裁切、热合成型，所用材料厚度一般为 0.8～3.0mm。若进行两道色以上的丝网印刷时，大部分的塑料会有伸缩，出现第二道色与第一道色的套色误差。这种套色误差使商品失去了原有价值，无法作为合格品摆上货架。为此，进行多色印刷只能采用能固定软质塑料的长台印刷机而别无它法，进行长台印刷时，承印物要使用黏着剂固定。值得注意的是，玩具印刷必须使用有关标准规定的无毒、无害的油墨。硬质塑料制品有硬质板和成型品两种，票券、招牌、仪器刻度盘、化妆品容器等都是由硬质塑料制成的（见图 4.3）。

图 4.3 软质、硬质塑料件的丝网印刷

（5）仪器面板的丝网印刷

仪器面板的表面材料可能是金属、各种塑料和油漆等，选用合适的油墨，在面板上丝印一些文字和图形，表示仪器设备的一些功能，同时也美化了面板。网印的文字和图形要求清晰、附着力好、耐磨，而且也要求色调柔和素雅，给人们以美的感觉（见图 4.4）。

图 4.4　仪器面板的丝网印刷

（6）彩色涤纶标牌的丝网印刷

涤纶标牌是国内近几年才迅速发展起来的新型标牌品种。由于它具有色彩鲜艳、装饰性好、粘贴方便、制造方法简单、成本低廉等优点，因而深受广大用户的欢迎，并迅速在高、中、低档电子产品、家用电器，以及文化用品上得到了普及应用。目前，国内已有许多专业化的工厂生产这种标牌。但是，由于这些工厂的生产工艺都是按照大批量标牌加工的需要设计的，因而对于那些品种多、数量少的涤纶标牌产品来说，无论是从加工工艺，还是生产成本方面来看，均无法适应。

3）丝网印刷原理

其印刷的基本原理是丝网印版的部分网孔能够透过油墨，漏印至承印物上；印版上其余部分的网孔堵死，不能透过油墨，在承印物上形成空白。传统的制版方法是手工的，现代普遍使用的是光化学制版法。这种制版方法，以丝网为支撑体，将丝网绷紧在网框上，然后在网上涂布感光胶，形成感光版膜，再将阳图底版密合在版膜上晒版，经曝光、显影，印版上不需过墨的部分受光形成固化版膜，将网孔封住 ，印刷时不透墨；印版上要过墨的部分的网孔不封闭，印刷时油墨透过，在承印物上形成墨迹，印刷时在丝网印版的一端倒入油墨，油墨在无外力的作用下不会自行通过网孔漏在承印物上，当用刮墨板以一定的倾斜角度及压力刮动油墨时，油墨通过网版转移到网版下的承印物上，从而实现图像复制。

4）丝网印刷的特点

丝网印刷的特点很多，最根本的一点是印刷适应性很强。在所有不同材料和表面形状不同的承印物上都能进行印刷，而且不受印刷面积大小的限制，所以也称万能印刷法。

丝网印刷同其他印刷方法相比具有以下特点。

（1）成本低、见效快

丝网印刷既可以机械化生产，也可以手动作业，它的投资可大可小，从数千元就可以从事个体手工生产，到上千万元兴建一个现代化网印厂。这种印刷方法所需设备和材料费用较其他印刷方法低，另外其制版方法和印刷方法也较简便。

（2）适应不规则承印物表面的印刷

丝网版富于弹性，除在平面物体上进行印刷之外，还可以在曲面、球面或凹凸不平的异形物体表面进行印刷，如各种玻璃器皿、塑料、瓶罐、漆器、木器等，使用平印、凸印、凹印方法所不能印刷的，它都能印刷。

（3）附着力强、着墨性好

由于丝网版的特点，油墨透过丝网孔，直接附着于承印物表面。根据承印物材质的要求，既可用油墨印刷，也可用各种涂料或色浆、胶浆等进行印刷。而其他印刷方法则由于对油墨中颜料粒度的细微要求，而受到限制。

（4）墨层厚实、立体感强

在四大印刷方法中，丝网印刷的墨层较厚实，图文质感丰富，立体感强。胶印墨层为1.6μm，凸印约为5μm，凹印的墨层约达到12.8μm，柔性版印刷的墨层厚度为10μm，而丝网印刷的墨层厚度可达到60μm。厚膜丝网印刷的墨层厚度可达到1mm左右。

（5）耐旋光性强、成色性好

如果按使用黑墨在铜版纸上一次压印后测得的最大密度范围进行比较的话，胶印为1.4mm，凸印为1.6mm，凹印为1.8mm，而丝网印刷的最大密度值范围可达到2.0mm。在印品的成色性方面，即使是印色彩相当浅淡的同一件彩色印品，丝网印刷的质感和色泽远远超过了胶印。

（6）印刷对象材料广泛

可以是纸张、纸板、木材、金属、纺织品、塑料、软木、皮革、毛皮、陶瓷、玻璃、贴花纸、转印纸，以及各种材料的结合体，所以丝网印刷除了在印刷工业应用之外，还广泛地分布在印染、服装、标牌、无线电、电子、陶瓷和包装装潢行业。

（7）印刷幅面大

现在平印、凸印、凹印和柔性版印刷都受到印刷幅面尺寸的限制，而丝网印刷却可以进行大幅面印刷。特别是目前随广告市场的迅速发展、网印大型户外广告印刷品在广告市场中所占比重日益增大。现在最大幅面的网印户外广告可达到2.2m×3.8m和2.2m×4m（见图4.5）。

图 4.5　网印大型户外广告

2. 曲面印刷

1）简介

作为在塑料成型品的表面进行文字或图案的印刷方法，曲面印刷法常常被采用。曲面印刷是指用一块柔性橡胶，将需要印刷的文字、图案，印刷至含有曲面或略为凹凸面的塑料成型品的表面。

2）曲面印刷的原理

曲面印刷是先将油墨放入雕刻有文字或图案凹版内，随后将文字或图案复印到橡胶上，再利用橡胶将文字或图案转印至塑料成型品表面，最后通过热处理或紫外线光照射等方法使油墨固化（见图 4.6）。

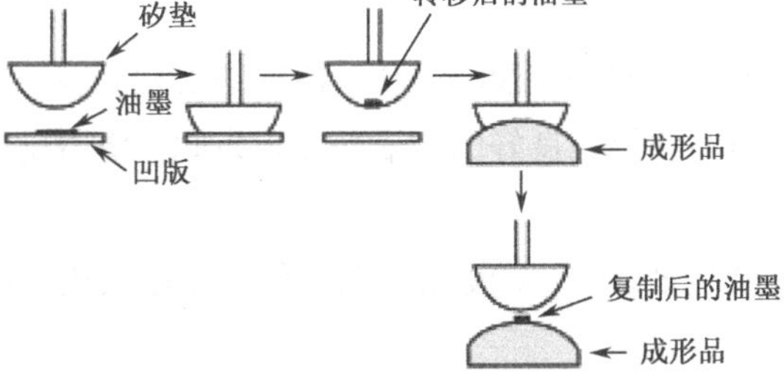

图 4.6　浸染印刷的原理

曲面印刷工艺包括成型品的脱脂、成型品的表面处理（必要时）、印刷、油墨的固化处理及涂布过多等后处理。

曲面印刷流程如图 4.7 所示。

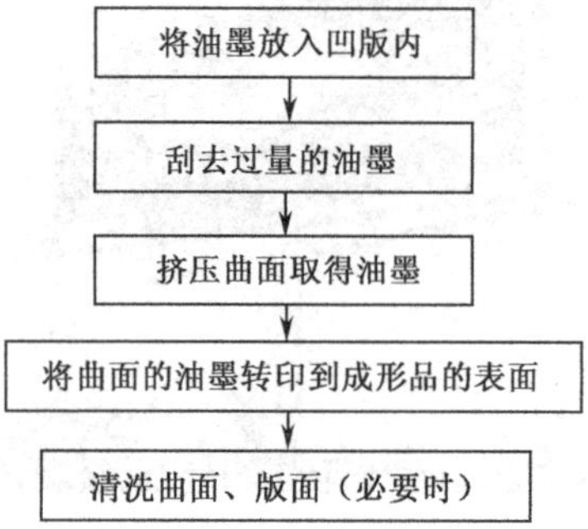

图 4.7　印刷过程

3）前处理工艺

要想得到美观、耐久性的印刷品，则有必要对成型品进行前处理。前处理包括成型品表面的油脂与垃圾的清洗，以及为了改善油墨的润湿性和黏合性的表面处理。

（1）前清洗（脱脂）

采用有机溶剂清洗成型品表面渗出的油污。因为成型品的表面易受模具防锈剂、脱模剂、人的油脂，树脂的添加剂等的污染，导致油墨开裂，降低了油墨与成型品的密接性。特别是当出现印刷不均匀问题时，则表明成型品表面受污染的可能性极高。

（2）表面处理

绝大多数的合成树脂与油墨的密接性不如金属和纸。为此有必要对成型品的表面进行适性处理。

4）油墨固化处理

在多数情况下，采用某些方法使油墨固化。特别是工程塑料，为了防止受油或溶剂等的污染，仅靠单纯的干燥不能得到良好的印刷效果，为此，使用反应性的油墨可以提高树脂与油墨的密接性。

硬化处理方法有热硬化处理与 UV 硬化处理二种。无论采用何种方法，都利用了油墨的化学反应性能。

（1）热硬化处理

将印刷后的成型品放入恒温槽内，使印刷品被远红外线照射或热风加热，因热反应使油墨固化。通常温度控制在 60～100℃，有时温度也会达到 150℃左右。一般来说，固化的温度高，则可得到良好的印刷效果。但是，承印物为塑料成型品时，如果采用高温处理的话，则会引起成型品的收缩及变形。此外，印刷后干燥不充分的话，加热会造成溶剂起泡。

（2）UV 固化处理

被印刷的成型品在特定波长的紫外线（UV）照射下，利用光化学反应使油墨固化的方法。

5）后处理工艺

为了提高印刷品的耐久性，有时会实施表面涂布等后处理。表面涂布方法，一般以涂布热固化性或 UV 固化性的透明涂布液最为常见。

3. 电化铝烫印

1）简介

电化铝烫印是利用专用箔，在一定的温度下将文字及图案转印到塑料制品的表面。其优点在于该方法不需要对表面进行处理，使用简单的装置即可进行彩印。此外，还可以印刷出具有金、银等金属光泽的制品。其缺点是印刷品不耐磨损，且树脂与箔的相溶性会影响其印刷适性。

2）电化铝烫印方法

适用于成型品形状的电化铝烫印方法有以下两种。

（1）模压印

利用热的模版将箔压印在成型品光洁的表面上（平面、曲面），从而得到精美的文字及图案的方法。如图 4.8 所示，将金属模版放在电热板上加热后使箔转移到成型品的表面。模印所用材料为不因加热而被氧化且热传导性较大的金属材料。

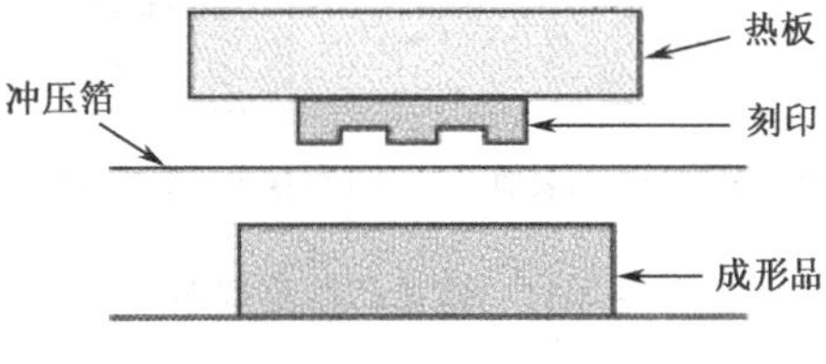

图 4.8　橡胶压印

（2）橡胶压印

由橡胶等所制成的箔加热后压印至凸面的方法，如图 4.9 所示，将耐热橡胶板（硅胶）贴在加热板上，加热后将箔转印到成型品表面。在选用橡胶压印时，必须对箔的种类、压箔条件进行选择。

此外，由于与箔相接触部分是选用热传导性较低的橡胶，故电热板的设定温度要高于模压印，一般为230～240℃。我们必须依照不同的模压材料相应地提高温度。

在对凸部进行电化铝烫印时，对温度、加压条件的控制比较困难，有时不一定能得到精美的制品，为此，用铝箔来替代橡胶箔是一种比较有效的方法。所以，在对凸部进行电化铝烫印时，必须做好充分准备。

（3）电化铝烫印

电化铝烫所用的专用箔，通常是由不同种材料叠加组成的。目前箔的种类繁多，需根据自行需求向箔的生产厂家提出咨询（见图4.10）。

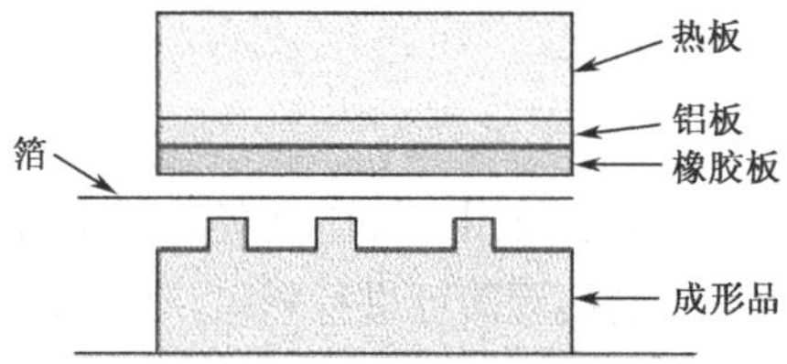

图4.9　电化铝烫印

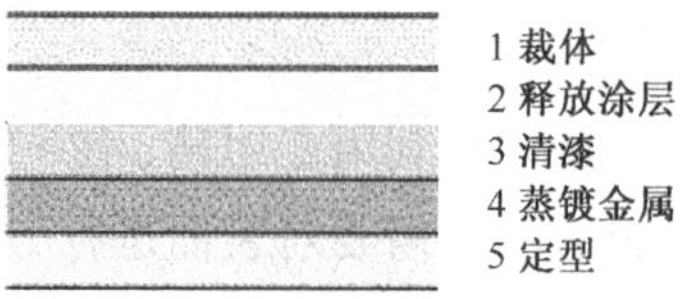

图4.10　热冲压箔之概略

4. 渗透印刷

由于渗透印刷是采用具有升华性能的特殊油墨，使油墨渗透到成型品内部的印刷方法，故比较适用于有耐磨损要求的场合。由于采用的是特殊的油墨，所以在转印方法上没有问题。转印方法可分为直接法与热转印法二种。无任采用何种方法，印刷后通过加热处理均使油墨渗透至成型品内部 30～50μm，如图4.11所示。

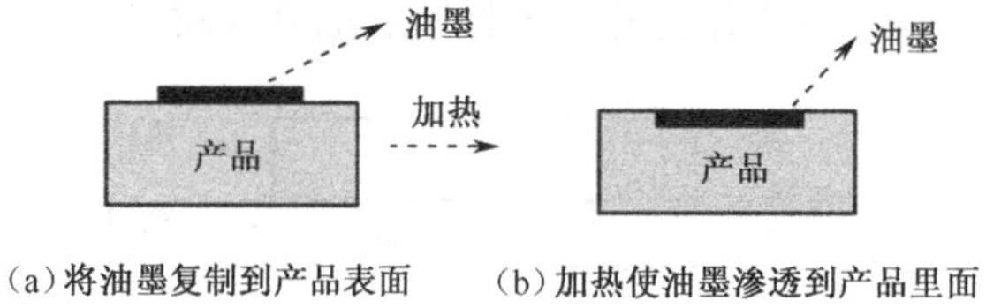

图4.11　渗透印刷原理图

1）选择油墨

升华性油墨与一般油墨不同，且在种类与颜色上均受限制。目前，仅有黑、红、黄、蓝四种颜色。没有白色，请务必注意。

2）转印方法及工艺

（1）直接法

像曲面印刷一样，采用普通的油墨及印刷方法。加热后使其冷却，并必须用溶剂清洗表面上过多的油墨（见图 4.12）。

（2）热转印法

事先用升华性油墨将图案印刷于特殊的离型纸上，而后将图案转印到塑料薄膜上，印刷图案在离型纸的印刷时已被确定，这时还可以使用彩印。将离型纸粘贴在印刷表面后，于纸面上加热并适当加压，离型纸上的染料会渗透至成型品的内部（见图 4.13）。

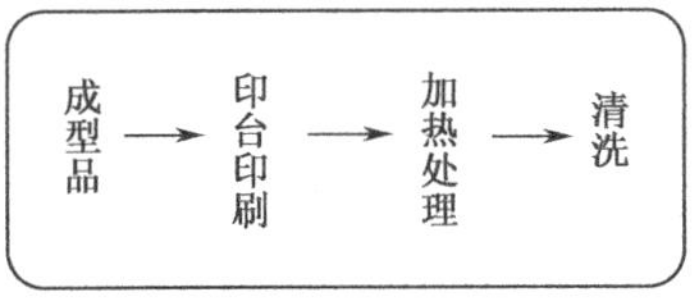

图 4.12　直接法

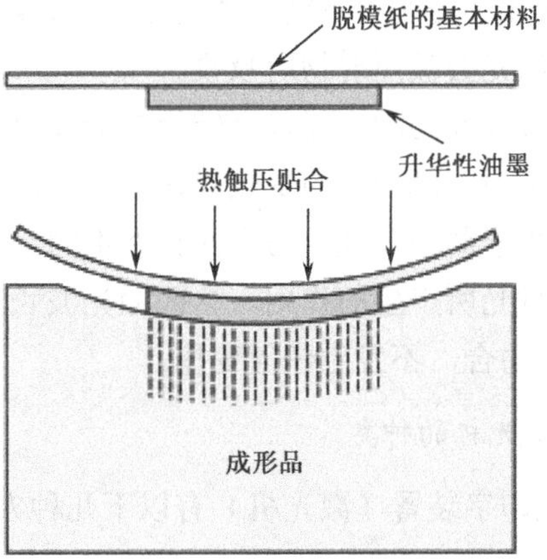

图 4.13　热转印法

5. 激光印字

1）简介

激光印字技术是利用激光所持有的高能源，直接将文字、图案打印至材料表面的印刷方法。我们可以依据所使用的激光种类（波长）或打印方式，分成数种类型。与一般的油墨印刷相比较，由于不需要周边设备，所以也就不需要使用溶剂，因此，激光印字技术是属于环保型的装饰技术。此外，它利用制品本身的质变进行雕刻，印刷品因不易被磨损而备受瞩目。

2）激光印字的特征

激光印字法有以下几种特征。

① 由于不使用油墨与溶剂，也不需要进行清洗或表面处理，故不需要周边设备、保管设备、废溶剂等处理设备，成本低。

② 由于使用激光进行打印，因此可描绘出精致的图案与细小文字。但不适用于涂布或粗体字。特别是扫描式，由于受计算机的控制，可自由描绘，并可针对每一种产品的不同文字进行自动打印。

③ 色彩与清晰度会受激光种类（波长）与印字材料的组合所影响，可印刷的颜色也是有限的。由于其印刷原理与黑白印刷相似，因此无法进行多色或彩色印刷。

④ 目前的激光印字设备价格昂贵，成本高。

⑤ 由于是雕刻印刷，耐磨损性好。

3）激光印字原理

激光印字是利用下列工序进行配色、雕刻，将图案或文字印刷在承印物上的。

① 激光会被照射物所吸收。

② 被吸收的激光能量会转为热能或引起光化学反应。

③ 被照射部分会因受热或化学反应，而分解、蒸发、碳化、变色、发泡。

④ 由于周边及颜色与表面状态不同，因此我们可以清晰地看到文字或图样。

⑤ 激光所产生的作用，会因激光波长或照射物质而异。有时也会因激光波长与照射物质不相吻合，不发生任何变化。

4）激光机的种类

激光印字装置（激光机）有以下几种方式见表 4.2。

表 4.2　激光印字装置（激光机）方式

依据激光发光装置的不同而分类	二氧化碳激光机
	钇铝石榴石激光机
	激太原子激光机
	高频钇铝石榴石激光机
依据打印方式的不同分类	扫描式激光机
	屏蔽式激光机

① 扫描式激光印字的机理

扫描式激光机是采用相当于 X 轴与 Y 轴的两块镜片来控制激光的光线，在承印物上打印出所要图案或文字的方法（见图 4.14）。

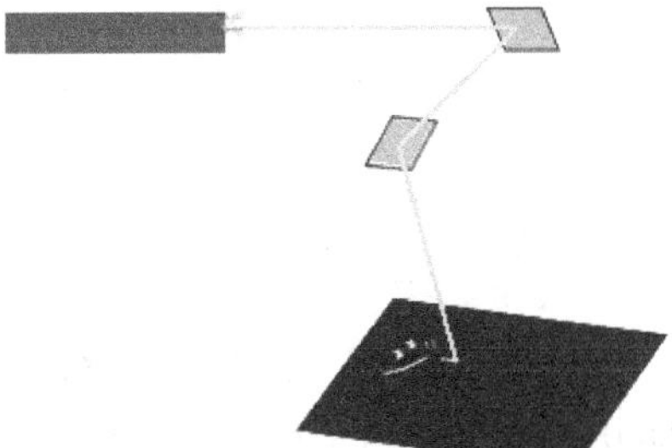

图 4.14　扫描式激光印字

② 屏蔽式激光印字的机理

使用屏蔽式激光机时，必须事先将要印刷的图案、文字制作在模板上，然后使激光透过模板，根据其投影进行雕刻的方法（见图 4.15）。

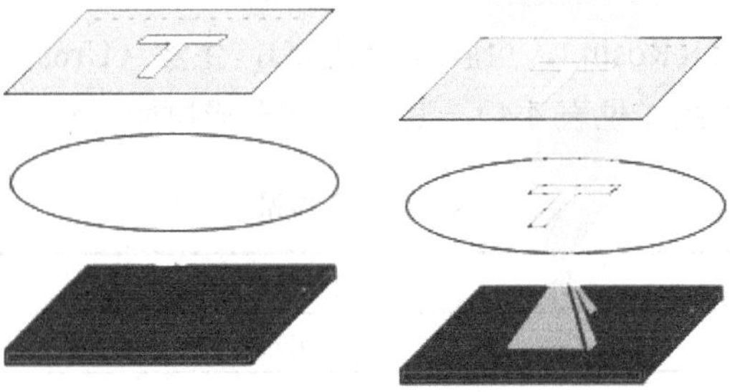

图 4.15　屏蔽式激光印字

两种印刷方式各自的优缺点比较见表 4.3。

表 4.3　扫描式、屏蔽式激光打印优缺点比较

<table>
<tr><th></th><th>扫 描 式</th><th>屏 蔽 式</th></tr>
<tr><td rowspan="4">优点</td><td>善长打印细小文字</td><td>每一次打印所需时间极短，适用于量产</td></tr>
<tr><td>绘图数据由计算机控制，适用于少批量生产，也可在每一个产品上分别打印文字或符号</td><td>因采用屏蔽式，可提高打印图案及文字的清晰度</td></tr>
<tr><td>以划线或细小文字为主进行打印时，可采用高速打印</td><td rowspan="2">与扫描式相比较，可高速打印粗体字与涂布图形</td></tr>
<tr><td>与屏蔽式相比较，可打印的面积较大</td></tr>
<tr><td rowspan="3">缺点</td><td rowspan="3">遇到粗体字或涂布图形时，打印所需的时间较长</td><td>进行其他图案的打印作业时，必须更换模板</td></tr>
<tr><td>制作模板时需要一定的费用</td></tr>
<tr><td>由于激光是通过透镜分散的，在进行大面积的印刷时，会因无法完全获得激光能源，而无法获得反差（Contrast）</td></tr>
</table>

4.1.2 涂料

1. 涂料组成

涂料用来保护物体表面，并增加其外观、圆滑、美感，且对太阳光线、水分、汽油等所生的铁锈、腐蚀作用具有防止的功能。由于最近合成树脂发达，涂装机器日新月异地发展，新颜料开发，大大地提高了涂料价值。

涂料基本上由三种主成分混合成液体，即树脂、颜料及溶剂，另外还有涂料添加剂。

涂料基本组成：树脂（Resin）；颜料（Pigment，赋予涂膜颜色）、溶剂（Solvent，作溶解用）。

（1）树脂

将颜料与颜料连接并赋予涂膜光泽与硬度，即为树脂，其种类如下。

① 天然树脂：松脂（Rosin），虫胶（Shellac），生漆（Urnshiol）。

② 合成树脂：乙烯系（见表 4.4），其中所用合成树脂占涂料中 90%以上。

表 4.4 乙烯系

乙烯系	醇酸树脂（Alkyd）
	不饱和聚元酯（Polyester）
	尿素树脂（Urea Resin）
	胺基树脂
	三聚氰胺树脂（Melamine Resin）
	酚树脂（Phenolic Resin）
	环氧树脂（Epoxy Resin）
	聚酯树脂（Polyurethane）
	压克力树脂（Acrylic Resin）
	硅树脂（Silicone Resin）

（2）颜料

赋予涂膜色彩，且具有遮盖下涂的能力者，即为颜料。颜料分类如下。

① 着色颜料——赋予涂料色彩，遮盖力。

② 体质颜料——具有充填性、耐研磨性，用于中涂。

③ 防锈颜料——抑制锈的发生，用于下涂。

（3）溶剂

可使树脂溶解，将树脂及颜料容易混合成透明液体。溶剂与涂装时调合涂料所用的稀释剂（Thinner）有所差别。

溶剂是具有单独能将某种物质完全溶解的化学品，装在涂料桶混入涂料内即是溶剂，而将涂料稀释用的稀释剂，即是由数种溶剂组成的稀释剂，俗称香蕉水。

稀释剂由各种溶剂所组成，依据涂料的种类、蒸发的速度、溶解力，可配成许多种类的稀释剂。

硝化棉喷漆（Nitro Cellulose Lacquer）使用喷漆稀释剂，压克力烤漆使用压克力烤漆稀释剂，聚尿酯涂料使用聚尿酯稀释剂，喷磁漆使用喷磁漆稀释剂。

若喷漆涂料使用喷磁漆稀释剂，则涂料不溶解，若以喷漆稀释剂溶解聚尿酯涂料，虽可溶解，但涂膜会有气泡，针孔的发生，无法得到美观的涂膜。

表 4.5 为代表性的稀释剂的分类。

表 4.5　代表性的稀释剂的分类

喷漆稀释剂分类					三聚氰胺烤漆稀释剂分类			压克力烤漆稀释剂分类			
碳氢类	酯类	醇类	酮类	醚类	碳氢类	醇类	醚类	碳氢类	酯类	醇类	醚类

因此，须依涂料的种类、气温、湿度选择专用的稀释剂。

（4）涂料用添加剂

涂料成分除了树脂、颜料、溶剂外，尚须加入其他添加剂（Additives）以改善涂料与涂膜的性能，这些添加剂应视涂料的种类与发生的现象而慎重选用。

醇酸树脂（Alkyd）涂料与油性涂料以熟炼油为展色剂须用干燥剂（Driers）涂料分散时又须用分散剂（Dispersing agents）、平坦剂、防沉剂、增黏剂、防结皮剂、颜色分离防止剂等，硝化纤维素涂料须用可塑剂，有些添加剂视情况而添加。

2. PU 漆

（1）定义

PU 漆又称双组分聚氨酯漆，皮革漆是 PU 漆的一种。

（2）特点

PU 漆的性能特点如下所述。

① 漆膜较薄，硬度最高能达到 2H。

② 耐黄变。

③ 漆膜附着力很强，漆面不容易开裂脱落。

④ 光泽匀称，但看上去不是很亮。

⑤ 具有很强的渗透性和柔韧性，能渗透到基材的表层里面。

⑥ 抗重击能力和耐磨性很强。

⑦ 兼具保护性和装饰性，可用于高级工艺品、高级木器、钢琴、大型客机等的涂装。

⑧ 漆膜具有优良的耐化学药品性，耐酸、碱、盐、石油产品。

⑨ 能烘干，也能常温或低温固化。

（3）PU 烤漆操作流程

PU 烤漆的操作流程如图 4.16 所示。

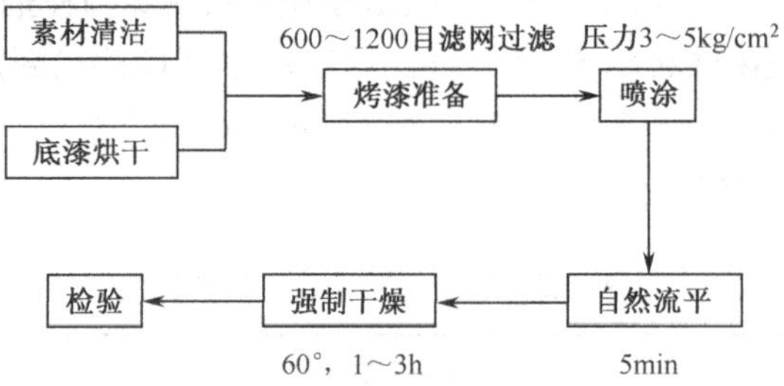

图 4.16　PU 烤漆操作流程

3. UV 涂料

1）定义

UV 就是紫外线（Ultra-Violet Ray）的英文简称。工业用的 UV 波的应用范围为 200～450nm。用 UV 来照射"UV 照射可硬化的材料"而使它硬化的制程，称为"UV Curing Process"。

2）特点

UV 的优点如下。

① 硬度高。最高硬度可达 5～6H，但手机、相机产品一般不会做到太高的硬度，因为硬度太高，势必其他的物性会降低，如柔韧性等。

② 固化速度快，生产效率高，固化机理属一种自由基的链式反应，交联固化在瞬间完成，所设计生产流水线速度最高可达 100m/min，工件下线即可包装，属于绿色环保型涂料，与传统烘干型涂料相比使用 UV 涂料的效率是其 15 倍以上。

③ 常温固化，很适合塑料工件，不产生热变形。

④ 涂层性能优异，UV 涂料固化后的交联密度大大高于热烘型涂料，故涂层在硬度、

耐磨、耐酸碱、耐盐雾、耐汽油等溶剂各方面的性能指标均很高；特别是其漆膜丰满、光泽尤为突出。

⑤ UV 漆所采用的光固化工艺在淋刷油漆时无污染，是公认的绿色环保产品比 PU 漆更环保。

UV 的缺点：涂料对灰尘敏感，因而对施工环境要求严格。

3）UV 喷漆操作流程

UV 喷漆的操作流程如图 4.17 所示。

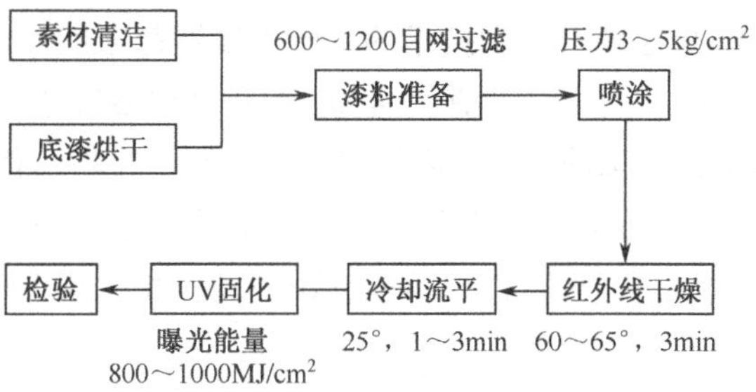

图 4.17　UV 喷漆操作流程

4）应用领域

(1) UV 光固化丝印上光油

可用于印刷局部上光，也可以满版上光，上光印刷表面色彩鲜艳光亮透明，具有照片效果、耐磨、不起层、不卷曲的特点，用于高档包装的表面装饰及保护。

(2) UV 塑料上光油（可烫金）

UV 塑料上光油主要用于 PE、PP、PC，适用于数码产品塑胶件表面上光。

产品特点：耐黄变，低气味，耐摩擦，高光泽，柔韧好。本系列还有 UV 磨砂光油。

(3) 光盘保护 UV 光油

光盘保护胶是光盘生产的关健材料，对光盘的质量至关重要，要求与光盘的反射金属层黏接好，对油墨适应性强，高低温性能好，抗磨损性能佳。

5）PU 漆、UV 漆的比较

UV 漆和 PU 漆之间主要的区别是其工艺处理过程的不同。UV 漆所采用的光固化工艺在淋刷油漆时无污染，比 PU 漆更环保。从工厂加工的工艺上说，UV 漆对工人的健康及环境的保护有好处；从生产角度看，UV 漆是一种更新换代的产品（见表 4.6）。

表 4.6 PU 漆、UV 漆的比较

项　　目	加工方式	硬化时间、可否返工	硬　　度	附着力	价　　格	光泽度
PU 漆	烤箱	硬化反应需 7 天；可返工	漆膜较薄不是很硬，最高能达到 2H	特别好	低于 UV 漆	光泽匀称，看上去不是很亮
UV 漆	UV 灯固化	硬化 30min；不可以返工	漆膜硬度高，最高硬度可达 5～6H	不如 PU 漆	成本高	光泽度高，可为亚光、半亚光和亮光

PU 烤漆与 UV 烤漆是在现有科学技术的基础上发展起来的一门新技术，因此可以看做多种技术共同结构形成的综合体，包括辐射源（UV 和 EB）、原料、单体和齐聚物、光引发剂、各种助剂（如颜料、添加剂）、化学配方（涂料、油墨、黏合剂等）、基材与涂布装置等。自出现以来，就成为生产高档产品青睐的外观工艺，在全球取得了长足的进展，市场在稳定的成长中根据对多个厂商的了解，总的来说，PU 漆正逐渐被 UV 漆所取代，很多厂商基本不再使用 PU 烤漆，原因如下。

① UV 烤漆的干燥时间更短，只要过一遍光固机就基本可以了，因此加工速度更快。

② UV 漆光泽度高。

③ UV 漆外观更为饱满。

④ UV 漆所采用的光固化工艺在淋刷油漆时无污染，比 PU 漆更环保。

只有在以下情况选择使用 PU 漆。

① 产品为纯白色时，因为 UV 漆有随时间泛黄的缺点，此时一般使用 PU 漆；

② 在地板制漆中，因为 PU 漆有很强的渗透性和柔韧性，能渗透到木材的表层里面，给地板的涨缩起到了控制作用，使其不易开裂和漆面脱落。PU 面漆的抗重击能力和耐磨性都比 UV 漆强。含油脂较高的地板如柚木 ，只能使用 PU 漆。

4.1.3 表面硬化

塑胶表面硬化有两种技术：在塑胶表面喷涂硬化层和使用化学药剂将塑件浸泡烘干硬化。

现在的一般手机厂都是使用在塑胶表面喷涂硬化层的方法。一般需要表面硬化的零件是液晶屏部位，因为其表面有透明、防刮及硬度的要求（表面耐磨为 RCA 50 CYCLES，硬度需要铅笔测试 3H 以上）。使用的材质是压克力（PMMA）、其硬度达 3H 以上，而 PC 则达不到 3H。

缺点：其表面易沾油污，表面经硬化后非为光滑而有毛细现象，且表面印刷油膜不易附着，成品之不良率亦随之升高。

工艺：在一块大的压克力板上经过硬化处理，然后按照产品设计的要求切割。

4.2　金属效果处理

4.2.1　金属光泽处理

表面需有金属光泽时，有以下几种方法：电镀、喷镀、金属喷涂、电化铝烫印。

1. 电镀

1）定义

电镀（electroplating）被定义为一种电沉积过程（Electrodepos-ition Process），就是利用电解的方式使金属附着于物体表面，以形成均匀、致密、结合力良好的金属层。简单的理解，是物理和化学的变化或结合。其目的是在改变物体表面之特性或尺寸。如赋予产品以金属光泽而美观大方。

2）目的

电镀的目的是在基材上镀上金属镀层，改变基材表面性质或尺寸。例如，赋予金属光泽美观、物品的防锈、防止磨耗、提高导电度、润滑性、强度、耐热性、耐候性、热处理之防止渗碳、氮化、尺寸错误或磨耗零件的修补。

3）电镀件的结构设计要点

① 基材最好采用电镀级 ABS 材料，ABS 电镀后覆膜的附着力较好，同时价格也比较低廉。

② 塑件表面质量一定要非常好，电镀无法掩盖注射的一些缺陷，而且通常会使得这些缺陷更明显。

③ 电镀件镀层厚度对配合尺寸的影响：电镀件的厚度按照理想的条件会控制在 0.02mm 左右，但是在实际的生产中，可能最多会有 0.08mm 的厚度，所以在有滑动配合的位置上，单边的间隙要控制在 0.3mm 以上，才能达到满意的效果，这是我们对电镀件配合时需要作的关注。

④ 表面凸起最好控制在0.1～0.15mm/cm，尽量没有尖锐的边缘。

⑤ 如果有盲孔的设计，盲孔的深度最好不超过孔径的1/2，保证不会影响到孔的底部的色泽。

⑥ 要采用适合的壁厚防止变形，最好在1.5～4mm，如果需要做的很薄的话，要在相应的位置作加强的结构来保证电镀的变形在可控的范围内。

⑦ 在设计中要考虑到电镀件变形，由于电镀的工作条件一般在60°～70°的温度范围下，在吊挂的条件下，结构不合理，变形的产生难以避免，所以在塑件的设计中对水口的位置要作关注，同时要有合适的吊挂的位置，防止在吊挂时对有要求的表面带来伤害。另外，最好不要在塑件中有金属嵌件存在，由于两者的膨胀系数不同，在温度升高时，电镀液体会渗到缝隙中，对塑件结构造成一定的影响。

⑧ 要避免采用大面的平面。塑料件在电镀之后反光率提高，平面上的凹坑、局部的轻微凹凸不平都变得很敏感，最终影响产品效果。这种零件可采用略带弧形的造型。

⑨ 要避免直角和尖角。初做造型和结构的设计人员往往设计出棱角的造型。但是，这样的棱角部位很容易产生应力集中而影响镀层的结合力。而且，这样的部位会造成结瘤现象。因此，方形的轮廓尽量改为曲线形轮廓，或用圆角过渡。造型上一定要要求方的地方，也要在一切角和棱的地方倒圆角R=0.2～0.3mm。

⑩ 不要有过深的凹部。不要有小孔和盲孔，这些部位不仅电镀困难，而且容易残存溶液污染下道工序的溶液。像旋钮和按钮不可避免的盲孔，应从中间留缝。

⑪ 要考虑留有时装挂的接点部位。接点部位要放在不显眼的位置，可以用挂钩、槽、缝和凸台等位置作接点。

⑫ 厚度不应太薄，也不要有突变。太薄的零件在电镀过程中受热或受镀层应力的影响容易变形，厚度的突变容易造成应力集中，一般来说厚度差不应超过2倍。

⑬ 标记和符号要采用流畅的字体，如圆体、琥珀、彩云等。多棱多角不适于电镀。流畅的字体容易成型、电镀后外观好。文字凸起的高度以0.3～0.5为宜，斜度为65°。

⑭ 如果能够采用皮纹、滚花等装饰效果要尽量采用，因为降低电镀件的反光率有助于掩盖可能产生的外观缺陷。

⑮ 尽量不要采用螺纹和金属嵌件，以免电镀时为保护螺纹、嵌件而增加工序。

4）局部电镀要求的实现

在设计中常常要求在塑件表面的不同部位实现不同的效果（见图4.18）。我们通常采用以下四个方法来实现这种效果。

图 4.18　散热器局部镀化学镍

（1）拆成小件

不同的效果部位分别做成一个小零件，最后装配在一起。在形状不太复杂并且组件有批量的条件下的情况下，开一套小的模具注射的费用会形成比较明显的价格优势。

（2）加绝缘油墨

如果是在不影响外观的情况下，局部要求不电镀，通常可以采用加绝缘油墨后进行电镀的方法进行加工，这样喷涂了绝缘油墨的部位就会没有金属覆膜，达到要求。其实这是在设计中常常涉及的一个部分，因为电镀后的制件会变硬变脆，所以尤其在按键这类的制件上它的拐臂是不希望被电镀上的部分。因为需要它有充分的弹性，局部电镀在这个时候就非常必要。在另外的情况下也常用到，类似于掌上电脑这类的轻巧的制品，一般电路板直接固定在塑胶壳体上，为了防止对电路的影响，通常在同电路有接触的部分均进行绝缘处理，这时多采用油墨的方式来进行电镀前对局部的处理。

（3）类似双色注塑的工艺

一般如果有双色注射机，可以将 ABS 和 PC 分不同的阶段注射，制成塑件后进行电镀处理，在这样的条件下，由于两种塑胶对电镀液的不同附着力导致 ABS 的部分有电镀的效果而 PC 的部分没有电镀的效果，达到要求。

（4）二次注射

就是将制件分成两个部分，首先将一个部分进行注射后进行电镀处理，将处理后的制品再装入另外一套模具中进行二次注射得到最终的样品。

5）混合电镀效果对设计的要求

在设计中常常采用高光电镀和蚀纹电镀的效果共同作用在一个制品上得到特殊的设计效果，通常在设计中建议采用较小的蚀纹，这样效果会比较好，但这样设计时，为了不会使蚀纹的效果被电镀所掩盖，有时会电镀两层后就不进行电镀，这样的后果是电镀第二层的镍会比较容易氧化变色，影响设计的效果。

2．喷镀

喷镀跟电镀或蒸镀一样，是在树脂等表面涂布金属薄膜的手法之一。喷镀是让加速离子与金属发生碰撞，在反作用力的作用下使释放出的金属原子附着在树脂的表面（见图 4.19）。

尽管喷镀与蒸镀在技术上非常相似，但蒸镀是在减压容器内，使加热、蒸发的金属蒸气附着在树脂表面；而喷镀是让加速离子与金属发生碰撞，在反作用力的作用下使释放出的金属原子附着在树脂的表面。

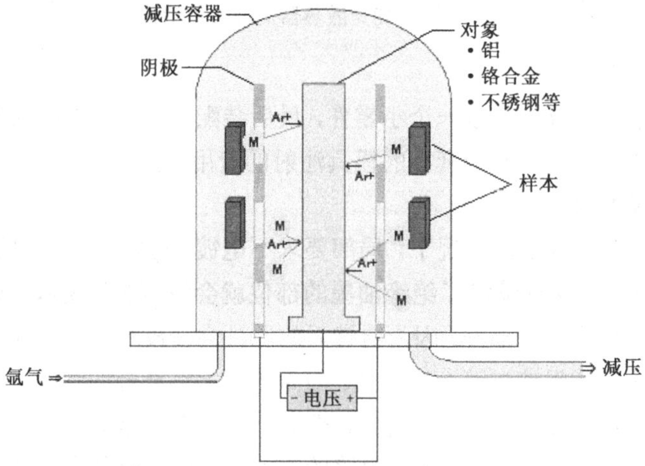

图 4.19　喷镀

由于金属原子的能量低于蒸镀能量，即使是耐热性较差的树脂材料，在其表面也可生成稳定性良好的金属薄膜。此外，还可生成合金、高熔点的金属膜。因需要大型中间电极，故极少看到喷镀金、银这样价格昂贵金属的范例。

（1）喷镀工艺

① 脱脂处理——用丙酮或酒精进行清洗。

② 表面处理（必要时）——电晕放电处理，紫外线照射处理等。

③ 底面涂布/硬化处理（必要时）——EXP1506、ET5406A 等。

（2）脱脂与表面处理的必要性

底面涂布及硬化处理只是为涂布做准备，特别是像惰钢这样与涂料的密接性较差的材料，通过表面处理可以使材料的润湿性得到改善。

（3）底面涂布的必要性

为了得到精美的喷镀膜，有时必须进行底面涂布处理。进行底面涂布处理可以得到以下的效果。

① 改善树脂与喷镀膜之间的密接性。

② 将成型品表面的微小凹凸部分填平，以获得如镜面一样的表面。

③ 不论是为了得到反射镜作用而实施喷镀，还是对密接性较低的惰钢进行喷镀时，都必须进行底面涂布处理。

底面涂布工艺基本与涂布工艺相似。如一般的涂料一样，可以使用喷枪进行喷涂。

（4）表面涂布的必要性

采用喷镀方法得到的金属薄膜相当的薄，此外，因金属氧化等化学反应会引起金属薄膜生锈或变色，最终导致金属薄膜的损坏。特别是像铝这样比较软的金属，因磨损等原因会导致金属薄膜受伤，严重时会出现剥离。

为了利用外界的化学、物理等性能，以达到保护蒸镀膜的目的，有时需要实施表面涂布处理（或过量涂布）。表面涂布就是使用人们所说透明的涂料，与底面涂布一样，采用与涂布相同的工艺进行涂布、固化。

表面涂布的应用案例：Destructor（巨蚁）游戏鼠垫所诉求的就是表面涂布 Fractal，可以更精准使用鼠标。Scarab（圣甲虫）也是同样诉求，表面涂布称为 Fractal 2.0，据说比巨蚁更为精准，适合各种 dpi 等级的鼠标，在控制与精准方面能够得到最为理想的均衡（见图 4.20）。

图 4.20　巨蚁蜕变圣甲虫 Razer2 代 Fractal 鼠标垫

3．真空蒸镀法

真空蒸镀法是在高真空下为金属加热，使其熔融、蒸发，冷却后在样品表面形成金属薄膜的方法（见图 4.21）。

加热金属时有利用电阻产生的热能，也有利用电子束的。

在对树脂实施蒸镀时，为了确保金属冷却时所散发出的热量不使树脂变形，必须对蒸镀时间进行调整。此外，熔点、沸点太高的金属或合金不适合于蒸镀。

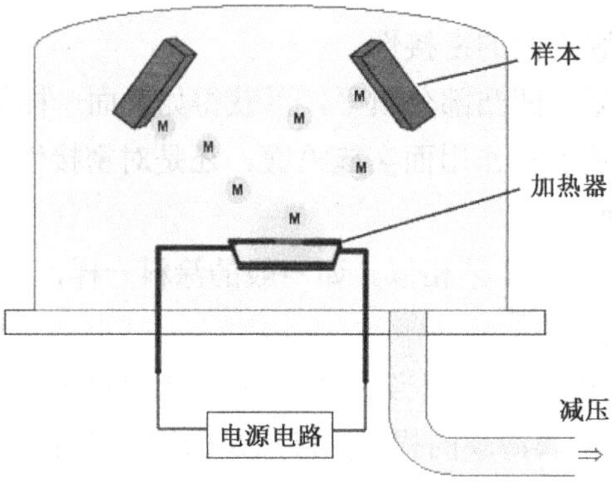

图 4.21 真空蒸镀法

真空蒸镀法主要包括以下内容。

① 真空蒸镀工程——脱脂处理用丙酮或酒精进行清洗。

② 表面处理（必要时）——电晕（Corona）放电处理，紫外线照射处理等。

③ 底面涂布/硬化处理（必要时）。

④ 真空蒸镀工艺——蒸镀用金属为 Al、金等。

⑤ 表面涂布/硬化处理（必要时）。

真空蒸镀法与水电镀的对比见表 4.7。

表 4.7 真空电镀与水电镀比较

项　　目	UV 真空电镀 Aluminum Vacuum Metalizing Plus UV Coating	水电镀 Electroplating
原理	← UV面漆10～12μm ← 铝膜 1～2μm ← UV底漆10～12μm ← 底材	← 铬膜10～20μm ← 镍膜4～6μm ← 铜膜6～10μm ← 前处理铜（或镍）薄膜1μm ← 底材
涂层整体厚度	20～25μm	20～30μm
镀膜	一般用铝，对镀膜材质限制较小	一般只有铜、镍、铬等少数金属
外观效果	较闪光，色较亮	较平坦，色较暗
适合底材	大多数塑料都可以进行真空电镀	推荐使用电镀级 ABS

续表

项　　目	UV 真空电镀 Aluminum Vacuum Metalizing Plus UV Coating	水电镀 Electroplating
适合塑件外形	较细件，弯位较小	较大件，弯位较多
前处理	超声波清洗	超声波清洗
	一般需喷底漆及面漆（一般为 UV）	需做一系列化学前处理
	需做 MARK 治具	对不需电镀的区域用绝缘漆涂盖
生产率	20～30min	1～2h
	全自动生产线	不能全自动化
表面加色	面漆加色精，无需额外工序	需要额外工序：1.电泳漆。2.双组份 PU 漆
价格	便宜	贵
对环境污染	较轻微	较严重

4．案例

（1）光铬

塑件采用光铬处理后得到如下的效果（见图 4.22）。

图 4.22　直线型高光电镀音箱

（2）亚光电镀

亚光电镀的效果的实现通常要求模具表面良好抛光，注射出的塑件采用亚光电铬处理后得到的效果如图 4.23 所示。

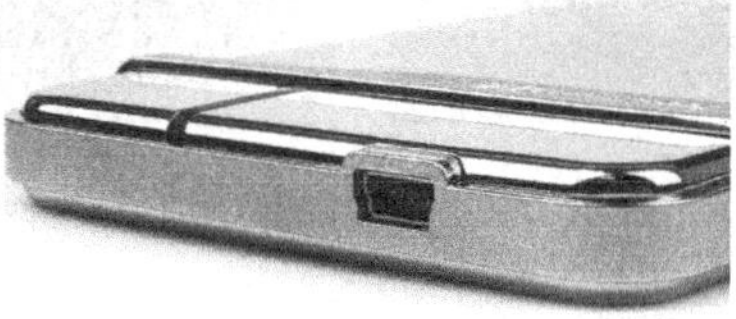

图 4.23　亚光电镀

（3）珍珠铬

珍珠铬电镀的效果的实现通常要求模具表面良好抛光，注射出的塑件采用珍珠铬处理后得到的效果如图 4.24 所示。

（4）蚀纹电镀

蚀纹电镀的效果的实现通常要求模具表面处理出不同效果的蚀纹方式，注射出的塑件采用蚀纹电镀处理后得到的效果如图 4.25 所示。

图 4.24　长虹 S91 金鹰珍珠铬珍珠铬色+雅黑色手机

图 4.25　Lenovo G465A 蚀纹电镀工艺

（5）局部电镀

通过采用不同的方式使得成品件的表面局部没有电镀的效果，与有电镀的部分形成反差，形成独特的设计风格（见图 4.26）。

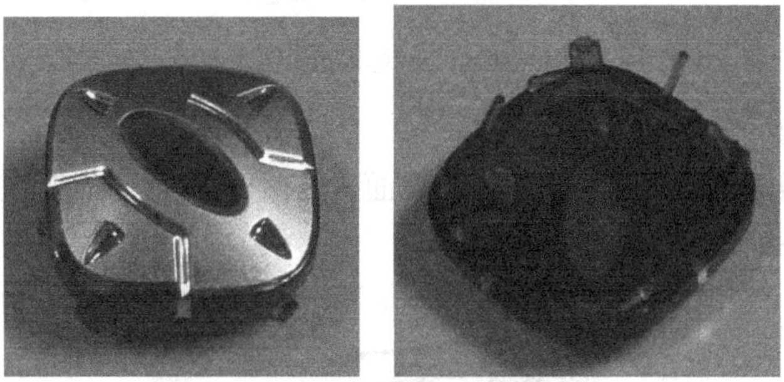

图 4.26　局部电镀

（6）彩色电镀

通过采用不同的电镀溶液，在电镀后塑件表面沉积的金属会反射出不同的光泽，形成独特的效果（见图 4.27）。

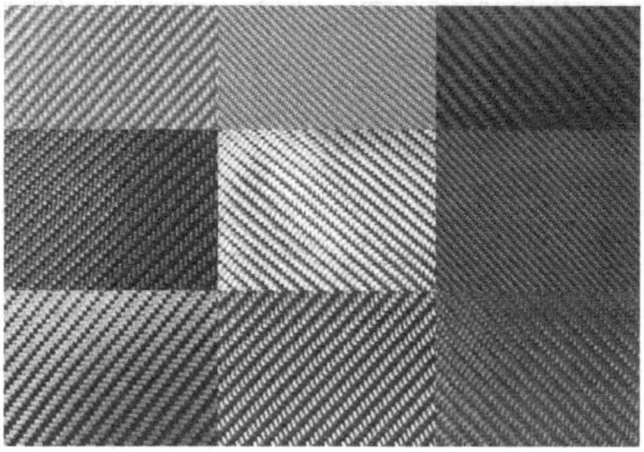

图 4.27　彩色电镀

4.2.2　金属表面处理

1. 铁和钢

1）概述

由于铁金属表面处理的方法非常多，特性也不甚相同。一般厂内设备的零件，依需求状况选择适当的表面处理。例如，一般机架施以喷漆处理，螺栓螺帽以染黑处理，固定机板或底座以镀镍处理，滑动轨道或滑动杆可依所需强度施以镀铬或镀硬铬处理，露光台之 Lamp house 则以氮化处理。各种表面处理的不同点见表 4.8。

表 4.8　不同表面处理方法比较

表面处理	防锈性	耐磨性	耐蚀性	硬　度	厚　度	颜　色	备　注
喷漆	佳	差	佳	不变	厚	各种颜色	美观
染黑	可	差	差	不变	1.5～2.5μm	黑	防反光，涂防锈油防锈效果佳
镀铬	佳	佳	佳	*Rc*60 以上	0.2～0.5μm	光泽度高	具有光泽、美观耐磨
镀硬铬	佳	极佳	佳	*Rc*50～55	5～50 条	光泽度低	后再研磨可成为高精度尺寸
镀锌	佳	差	可		4μm	黄	防锈，再行铬酸盐处理更佳
镀镍	佳	佳	佳	小于 *Rc*30	2～4 条	白、光泽	防锈，美观

续表

表面处理	防锈性	耐磨性	耐蚀性	硬 度	厚 度	颜 色	备 注
无电镀镍又称化学镍	佳	极佳	极佳	*Rc*49～70	5～50μm	银白光泽	膜厚均匀精度佳，价格昂贵，形状复杂，也适用于非铁金属
氮化	佳	佳	差	*Rc*50～60	1～2μm	黑	不易变形，耐高温
皮膜	佳	佳	佳	*Rc*40～48	3～10μm		通常为涂装前处理
阳极处理	佳	佳	佳			透明	只适用于铝材

2）铁金属热处理

（1）表面硬化热处理

由于铁金属热处理的方法非常多，特性也不甚相同（表 4.9～表 4.11）：

表 4.9 铁金属热处理方法比较

方 式	说 明
渗碳（HC）	渗碳就是在低碳钢的表面，渗入碳量使成高碳钢，然后将其表面硬化的方法。只渗入碳虽可使其硬化，但其状况不太明显，故再予淬火处理，也就是要将渗碳及淬火两种操作均匀利用，才算正确的方法，即称为渗碳淬火。经过渗碳淬火的工件外硬内柔，由于能提高耐磨耗性、耐疲劳性、耐冲击性，故广泛应用于机械零件的表面
氮化（HNT）	氮化就是在钢的表面渗入氮气，而使其硬化的方法。由于在钢中渗入氮，变成氮化铁时硬度增加，所以不必再施予淬火的操作，这点与渗碳不同。氮化后的零件，由于不必淬火，也富有耐磨耗性及耐腐蚀性，故不必担心会发生淬火龟裂或淬火变形。氮化处理硬度约 HRC45～52
高周波处理（HQI）	高周波为利用高周波电流来加热，只在钢件的表面作急速加热的淬火表面硬化方法。高周波采用比商用周波数（60Hz）高的周波数。高周波淬火所适用的钢材以 S35～S45C 为佳，硬度约为 HRC45～50

表 4.10 滑动面用耐磨耗材料硬度使用实例

热处理	防锈性	耐磨性	耐蚀性	硬 度	颜 色	备 注
渗碳	差	佳	差	硬	黑	适用于低碳钢，可增加韧性
调质	差	佳	差	硬	黑	即淬火+回火，适用于中碳钢
超声波	差	佳	差	硬	黑	适用韧性，只作局部处理的工件

表 4.11　钢材种类

钢　材	符号 JIS	淬火硬度 HS	使　用　例	备　注
机械构造用碳钢	S15CK	（渗碳 80～90） 22～35	托板支架	成本低，具有充分韧性，可得耐磨耗性
	S40C～S58C	65～87	离合器环、引擎汽缸、油压心轴、销、离合器板	
低锰钢	（SAE）1041	71～83	车架环	成本低
铬钼钢	SCM432～SCM440	55～77	活塞、连杆	韧性大
	SCM415	（渗碳 80～90） 36～47	活塞、连杆、心轴、转动面	耐磨耗性大
	SCM420	（渗碳 80～90） 37～50	引擎、扣件	耐磨耗性大
铬钢	SCr430	67～72	油压凸轮环	强度大
	SCr415	（渗碳 80～90） 33～43	工作机械用夹头支架	
碳工具钢	SK4～SK7	79～92	发动机用摩擦板	韧性大
合金工具钢	SKS44	81～95	工作机械转动键	耐磨耗性大
高速工具钢	SKH2	81～91	油压用轮叶式 pump 之轮叶	耐磨耗性大

（2）表面电镀处理

电镀是表面处理普遍被采用的方式，有耐蚀、耐磨或装饰等用途，在金属或非金属表面上，利用电气沉积金属的表面技术（见表 4.12）。

表 4.12　表面电镀处理方法比较

方　式	说　明
镀铜	铜暴露在空气中容易失去光泽，机械强度也不很好，故偶而用在反射镜及配电盘零件外，很少用镀铜为成品，但是铜的上面镀镍及铬很容易密着，且铜质地软，磨光容易，故常做为镀镍的底层
镀镍	镍具有耐磨、耐蚀及保持光泽的特色，镍不易直接附着在铁材上，故先镀铜后镀镍效果较佳。在工业上镀镍大致分为两种：一是光泽镍，二是无光泽镍。就耐蚀方面来说，光泽镍比较差，通常用来作镀铬的底层

续表

方　式	说　明
镀铬	金属铬具有银白色的光泽，非常硬，镀铬大别分为两类，即装饰用及工业用，分述如下。 装饰用镀铬：不直接镀在原材上，都镀在以镍底的上面，厚度仅 0.003mm 以下。 工业用镀铬：把铬的物理性能及化学性能高度发挥，铬层极硬为其特色（HRC38.8），这种镀金是镀在原材上成为各种工业用品，制成最终工程，其细分用途如下。 硬质铬（h.Cr）对于须耐磨耐热的器材，如工具、模具及机械滑动部分零件等。 疏孔铬（p.Cr）与裂铬：镀金面有很多细孔及裂缝，润滑油可存其中，飞机的活塞筒，活塞环等均广泛被采用，其厚度在 0.1mm 以上
镀锌	在诸多种类中较价廉，且耐蚀力甚强的镀金，但不能保持长久光泽为其缺点。以防蚀为目的的零件多用镀锌的方法，如天线、链子、螺丝钉、螺母、钢丝、弹簧等。不宜用于耐摩擦零件。

3）钢铁化学镍处理

钢铁化学镍处理也称为无电镀镍处理，适合广泛用于取代传统的电镀镍处理，其运用在各种铁金属表面的防锈、防蚀处理，并且能增加被处理物表面的美观，提高价值感。

钢铁化学镍处理的原理乃利用溶液化学还原反应而在金属表面生成一镀膜，其主要特点如下。

① 处理后的金属的表面平滑，耐蚀、耐磨且复杂形状的被处理物，也可得到均匀的镀层膜。

② 硬度达 HRC51 以上，热处理可达硬度 HRC70，予以取代镀硬铬。

③ 附着力佳，且可镀在铁、钢、铜、铝、ABS 胶或陶瓷上。

④ 磨擦系数仅为 0.03（为硬铬的 1/3，与铸铁相同）。

⑤ 成本高昂，溶液寿命短。

与电镀镍比较，优缺点如下。

优点：皮膜孔隙少且厚度均匀，厚度较薄但比较硬，可以用在非导材料。

缺点：沉积速度慢，含有磷硼化合物，融点较低且较脆。

2. 铝和铝合金

1）铝常用的表面处理方法

① 抛光：克服缺陷去毛刺和使表面光亮的作用。

② 喷砂：喷砂的目的是用来克服和掩盖铝合金在机械加工过程中产生的一些缺陷及满足客户对产品外观的一些特殊要求。有玻璃砂、钨砂等，呈现不同感觉。类似毛玻璃的粗燥质感，细的砂型同样可以表现出高档的产品。

③ 电镀：比较常见，同时有打磨后电镀的处理工艺。

④ 车纹：是模具成型后再次加工的处理方式，使用车床加工出纹路。成体表现为非常规则的纹理特征。

⑤ 擦纹：或称为拉丝。表现相似于车纹，都是表面形成流畅的连续纹路，不同的是，车纹表现为环状纹路，擦纹表现为直线。

⑥ 批花：我们经常看到有些金属铭牌，上面的产品或者公司标示有倾斜或者直体丝状条纹，此为批花工艺。

⑦ 批边：类似抛光、电镀效果，但是加工方式不同、效果不同。加工方式为机械加工，呈现极亮的光芒效果

⑧ 氧化（上色）：其用途为增强物理特性和达到上色的目的。

2）拉丝

拉丝可根据装饰需要，制成直纹、乱纹、螺纹、波纹和旋纹等几种。

① 直纹拉丝是指在铝板表面用机械摩擦的方法加工出直线纹路。它具有刷除铝板表面划痕和装饰铝板表面的双重作用。直纹拉丝有连续丝纹和断续丝纹两种。连续丝纹可用百洁布或不锈钢刷通过对铝板表面进行连续水平直线摩擦（如在有靠现装置的条件下手工技磨或用刨床夹住钢丝刷在铝板上磨刷）获取。改变不锈钢刷的钢丝直径，可获得不同粗细的纹路。断续丝纹一般在刷光机或擦纹机上加工制得。它的制取原理为采用两组同向旋转的差动轮，上组为快速旋转的磨辊，下组为慢速转动的胶辊，铝或铝合金板从两组辊轮中经过，被刷出细腻的断续直纹（见图 4.28）。

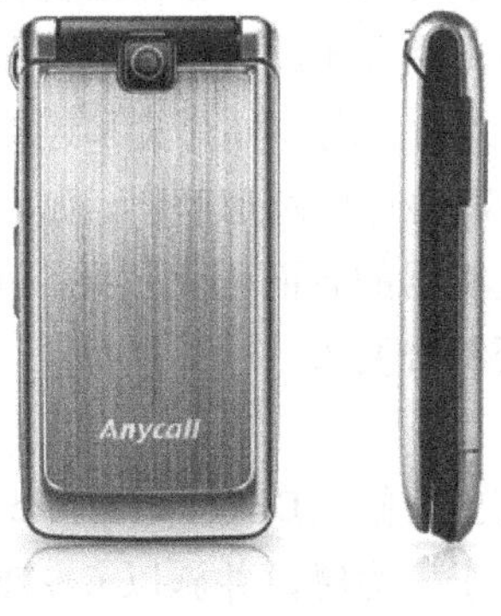

图 4.28　三星手机拉丝效果

② 乱纹拉丝是在高速运转的铜丝刷下，使铝板前后左右移动摩擦所获得的一种无规则、无明显纹路的亚光丝纹。这种加工对铝或铝合金板的表面要求较高。

③ 螺纹是用一台在轴上装有圆形毛毡的小电机，将其固定在桌面上，与桌子边沿成60℃左右的角度，另外做一个装有固定铝板压茶的拖板，在拖板上贴一条边沿齐直的聚酯薄膜用来限制螺纹宽度。利用毛毡的旋转与拖板的直线移动，在铝板表面旋擦出宽度一致的螺纹纹路。

④ 波纹一般在刷光机或擦纹机上制取。利用上组磨辊的轴向运动，在铝或铝合金板表面磨刷，得出波浪式纹路。

⑤ 旋纹也称旋光，是采用圆柱状毛毡或研石尼龙轮装在钻床上，用煤油调和抛光油膏，对铝或铝合金板表面进行旋转抛磨所获取的一种丝纹。它多用于圆形标牌和小型装饰性表盘的装饰性加工。

3）喷砂

喷砂（Sand Blasting）处理在金属表面的应用是非常普遍的，目的是用来克服和掩盖铝合金在机械加工过程中产生的一些缺陷，以及满足客户对产品外观的一些特殊要求。

原理是将加速的磨料颗粒向金属表面撞击，而达到除锈、去毛刺、去氧化层或作表面预处理等，它能改变金属表面的表面粗糙度和应力状态。常用的砂材有玻璃砂、金刚砂、钢珠、碳化硅等。

（1）喷砂工艺的好处

喷砂工艺可分为气压喷枪与叶轮抛丸两种，而喷砂工艺的优点在于它能够除披峰，去除在压铸、冲压、火焰切割和锻压后的毛刺，对较薄工件及有毛孔的毛刺效果更好，它可清理砂铸过程残余的砂粒，清理铸铁件或钢材的锈渍，清理热处理、烧悍、热锻、辗压等热工序后的除氧化皮。另外，在涂层应用上，它可把现有的涂料或保护层除去，再覆盖铸件上的缺陷如龟裂或冷纹，提供光泽表面。再加上于表面应力上，它能提供一致性的粗化表面，上油及喷涂效果，在高应力的金属件如弹簧和连接杆经局部被不断敲打，会产生变形并呈现强化现象。此强化效果需要使用圆形磨料，如不锈钢丸，在高能量的抛丸机或专用强力喷砂机中使用。如要测定机器的表面强化效果，可把 Almen 测试工件进行抛丸或喷砂处理，然后测出变形量是否符合要求。

（2）气压喷枪的原理

喷枪的气压输入主要分直接压力缸（Direct Pressure Vessel）与间接注射式（Pressure Injection）。直接压力缸将磨料放于压力罐，并施以 6～7bar 大气压力，直接喷出磨料。它的好处是压力大，缺点是当要添加压力罐内的磨料时需要暂停操作。如需要长时间连续喷砂而不受间断，可使用双压力缸设计，使添加磨料不停止操作。而间接注射式则利用高速气流吸入磨料，它的好处是添加磨料时不会干扰正常生产，设备简单及投资小，因而最为普遍（见图 4.29）。

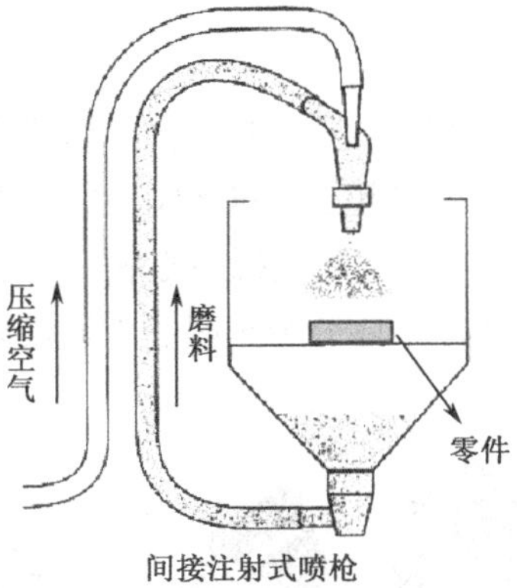

图 4.29　气压喷枪原理图

在各喷砂机类型中，最简单的是密封喷砂室式，操作人员可透过橡胶手套持着工件，脚踏喷枪开关，透过窗口观察喷砂过程，这类喷枪常与叶轮抛丸共同使用，喷枪一般与工件距离 150～200mm，处理直径范围约 30mm。

喷砂也可分为干式和湿式的，例如，真空吸回型（Pressure Vacuum）是属于直接压力型和干式的，它直接吸回磨料，主要用于现场维修工作。而湿式喷流型（Wet Pressure）是属于间接注射式的，它利用液体（水或油性液体）与幼细磨料混合作喷砂步骤，能提供较细致的表面质感。但湿式喷砂有不少缺点，如不适宜于黑色金属工件，因较易造成腐蚀，也不可使用钢丸作磨料，处理时间较长。所以，如工艺参数控制良好，干式喷砂也可达致大部分湿式喷砂的效果，除非是一些特别工艺或效果。

喷砂的不良原因及对策见表 4.13。

表 4.13　喷砂不良原因及对策

缺　陷	产生原因	应对措施
喷砂不均	枪角、转速、摆速配合不良； 治具运行不畅，打滑或阻塞等； 产品表面油污造成砂材打滑	调整各项参数； 检查活具与输送带间有无阻碍，产品运行是否匀速、稳定； 清洗素材
打点	砂材中有杂质； 工件中有瑕疵	筛选砂材； 全检区分素材
刮伤	操作不当造成	注意作业方法
局部无砂面	砂材量太少； 砂管气管破损	检查砂量，适时添加； 更换砂管、气管等

4）抛丸

抛丸是靠叶轮高速旋转，将在叶轮中心的磨料，经过调流块与叶轮推动器预加速，送入叶片区再将磨料高速抛出，速度可超过 100m/s，由于抛丸覆盖范围较大，所以不需利用气压，能源效益远高于喷枪。叶轮是抛丸机的心脏，由电动电动机直接或间接驱动，每个叶轮生产厂家均有独特的设计，主要分为单碟和双碟叶轮两种（见图 4.30）。

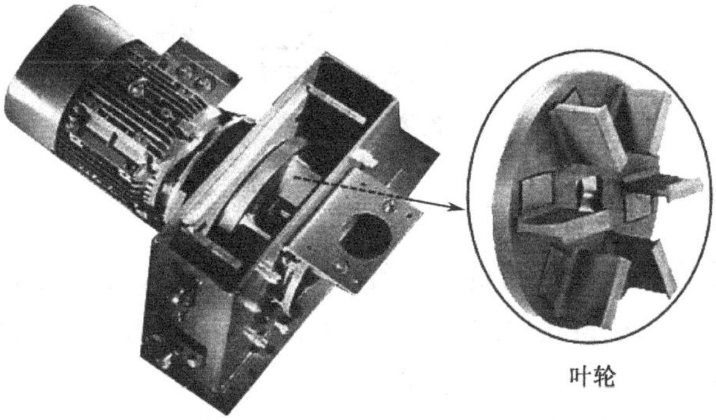

图 4.30　叶轮

每片叶轮可装上 4～8 块叶片。单碟叶轮较轻及设计成弧形叶片；双碟叶轮较重，但较易装卸叶片与准确控制抛出磨料。叶片的形状有直身或弧形设计，直身叶片设计简单，可独立装卸，虽然这种叶片设计可清理的范围较小和抛出速度较低，但由于成本低，因此较为普遍。弧形叶片较难装卸和成本较高，但可清理的范围较大且抛出速度较高。

另外，叶轮在抛丸室的摆放位置也很重要，如覆盖范围、与工件距离、工件移动范围、受磨料二次反弹或其他叶轮的相互覆盖范围、保养更换的方便性等。经验显示倾斜的叶轮对工件覆盖较好，而数个小功率叶轮较一个大功率叶轮在运作时会较灵活和效果更佳。抛丸工艺损耗性很高，其中包括叶轮和内衬钢板等会较易磨损，因此，它们的寿命对生产工序很重要。高铬铸钢叶轮如使用 HRC48 硬度的钢砂，寿命约为 800 小时，钢丸则为 1500 小时。加硬了的叶轮寿命可达 4000 小时。

5）铝氧化

铝与铝合金因加工成型容易，比其他金属材料轻，应用越来越广泛。而铝与铝合金化学性质非常活泼，必须进行一定防护处理，如电镀、喷涂有机保护和氧化处理，氧化处理是最容易实现且最常用的防护处理措施。

铝及铝合金的氧化分为化学氧化和电化学氧化。铝与其合金的电化学氧化法又称阳极氧化处理，是使铝制品获得抗腐蚀性能和装饰性表面的方法，在工业上广泛使用。该工艺像电镀的逆工程，工件为电解电路的阳极，不是将一层材料（金属）加到工件表面上去，而是进行内部的反应，以增加通常存在于铝表面很薄的强保护氧化铝层的厚度。

化学氧化膜比较薄，质软不耐磨，抗蚀能力低于阳极氧化膜。但吸附能力较好，主要作为喷漆和喷塑的底层。铝阳极氧化膜综合性能优于化学氧化膜，应用更广泛，主要特性如下。

① 耐蚀性。膜厚与封孔质量直接影响使用性能。

② 硬度和耐磨性。基体硬度为 HV100，普通阳极氧化膜可达 HV300，而硬质膜则可达 HV500，硬度和耐磨性是一致的。

③ 装饰性。既保持金属的光泽和质感，又可以染色成丰富多彩的彩色。

④ 有机涂层和电镀层附着性。可有效提高表面层的附着力和耐蚀性。

⑤ 电绝缘性。铝是良导电体，而氧化膜则是高电阻的绝缘膜。绝缘击穿电压可达 30～200V/μm，室温体积电阻率为 $109\Omega/cm^3$，250℃时可达 $1013\Omega/cm^3$。

⑥ 透明性。铝纯度越高，氧化膜透明度越高。

⑦ 功能性。利用氧化膜的多孔性，可在微孔中沉积功能性微粒，得到功能性材料。

铝氧化的工艺程序：碱洗→水洗→铬酐漂白→水洗→活化→水洗→铝氧化→水洗→染色→水洗→封闭→水洗→干燥→高速钻石刀切割。

第5章 数码产品的应用技术

5.1 信息化技术

信息化是指培养、发展以计算机为主的智能化工具为代表的新生产力，并使之造福于社会的历史过程。智能化工具又称信息化的生产工具，它一般必须具备信息获取、信息传递、信息处理、信息再生、信息利用的功能。与智能化工具相适应的生产力，称为信息化生产力。智能化生产工具与过去生产力中的生产工具不一样的是，它不是一件孤立分散的东西，而是一个具有庞大规模的、自上而下的、有组织的信息网络体系。这种网络性生产工具改变着人们的生产方式、工作方式、学习方式、交往方式、生活方式、思维方式等，使人类社会发生极其深刻的变化。

1963 年，日本学者 Tada Umesa 在题为《论信息产业》的文章中提出“信息化是指通信现代化、计算机化和行为合理化的总称。”其中行为合理化是指人类按公认的合理准则与规范进行；通信现代化是指社会活动中的信息交流基于现代通信技术基础上进行的过程；计算机化是社会组织和组织间信息的产生、存储、处理（或控制）、传递等广泛采用先进计算机技术和设备管理的过程，而现代通信技术是在计算机控制与管理下实现的。因此，社会计算机化的程度是衡量社会是否进入信息化的一个重要标志。

现在是不折不扣的移动时代，随处可见人们玩着手机带着平板电脑，或娱乐或工作，感觉非常便捷。然而有了手机和平板电脑就能代替传统 PC 吗？当然不可能。这已经不需要再去证明，想一想自己能不能完全不用计算机而改用手机和平板电脑就不言而喻了。无论是想要更高效的工作还是更畅快的娱乐，随身携带轻薄笔记本电脑才是硬道理，当今最流行的超极本，采用最新的硬件配置同时预装 Win7 系统、速度快、性能强，无所不能（即图 5.1）。

图 5.1　Win7 笔记本电脑

Win7 笔记本电脑更轻松稳定地进行联网，更好地支持 3G 等移动宽带技术。或者可以单击“查看可用网络”，该功能位于 Win7 任务栏上，让 WiFi、移动宽带、拨号或企业 VPN 等所有的联网选项一目了然，接着只要简单双击就能连接网络，让用户不论身处何地，轻轻松松便能进行联网办公娱乐。

5.2　数字化技术

数字化就是将许多复杂多变的信息转变为可以度量的数字、数据，再以这些数字、数据等建立起来的适当的数字化模型，把它们转变为一系列二进制代码，引入计算机内部，进行统一处理，这就是数字化的基本过程。

数字化将任何连续变化的输入图画的线条或声音信号转化为一串分离的单元，在计算机中用 0 和 1 表示。通常用模/数转换器执行这个转换。

当今时代是信息化时代，而信息的数字化也越来越为研究人员所重视。早在 20 世纪 40 年代，香农证明了采样定理，即在一定条件下，用离散的序列可以完全代表一个连续函数。就实质而言，采样定理为数字化技术奠定了重要基础。

数字化技术的重要性至少可以体现在以下几个方面。

（1）数字化是数字计算机的基础

若没有数字化技术，就没有当今的计算机，因为数字计算机的一切运算和功能都是用数字来完成的。

（2）数字化是多媒体技术的基础

数字、文字、图像、语音，包括虚拟现实，以及可视世界的各种信息等，实际上通过采样定理都可以用 0 和 1 来表示，这样数字化以后的 0 和 1 就是各种信息最基本、最简单的表示。因此，计算机不仅可以计算，还可以发出声音、打电话、发传真、放录像、看电影，这是因为 0 和 1 可以表示这种多媒体的形象。用 0 和 1 还可以产生虚拟的房子，因此，用数字媒体就可以代表各种媒体，就可以描述千差万别的现实世界。

（3）数字化是软件技术的基础，是智能技术的基础

软件中的系统软件、工具软件、应用软件等，信号处理技术中的数字滤波、编码、加密、解压缩等都是基于数字化实现的。例如，图像的数据量很大，数字化后可以将数据压缩至十到几百倍；图像受到干扰变得模糊，可以用滤波技术使得变得清晰。这些都是经过数字化处理后所得到的结果。

不过在声音处理方面就见仁见智了。有人认为对声音数字化就是把声音搞得支离破碎，破坏了声音的连续美。所以，CD 的音质即使使用电子管放大器也比不上黑胶唱片。

（4）数字化是信息社会的技术基础

数字化技术还正在引发一场范围广泛的产品革命，各种家用电器设备、信息处理设备都将向数字化方向变化。例如，以手机为首的数码产品等，现在通信网络也向数字化方向发展。

（5）数字化是信息社会的经济基础

有人把信息社会的经济说成是数字经济，这足以证明数字化对社会的影响有多么重大。

随着移动应用的爆炸式增长，越来越多的工作者希望可以通过智能手机、平板电脑和其他移动设备访问企业网络，处理相关业务。据 IDC 称，截止 2013 年，全球将有超过 11.9 亿的工作者会使用移动技术，这占总劳动力人数的 34.9%。他们希望能够获得即时帮助，并能够随时随地安全的访问业务数据。

批判的声音可能会质疑，到底 PLM（产品生命周期管理）入驻移动终端的必要性何在？有多少情况会用到企业产品开发的实时数据？在什么场合下，没有笔记本终端网络连接的情况下，用智能手机或智能平板终端来处理 PLM 相关的业务？移动 PLM 的功能主要表现在以下几个方面。

① 商务谈判中利用智能手机终端获取最新的数据、展示概念设计的最新进展，或许最关键的不是秀出实时的数据，而是能够秀出实时数据的能力。

② 在时间真正是生命的企业将最新的需求数据或其他的设计输入透过 PLM 终端传播到 PLM 系统。

③ 及时地审批和决策产品研发项目有关的流程。

④ 在与供应商讨价还价的时候，从移动终端获得详尽的历史信息。

⑤ 在设备进行维护维修的时候，及时地调用 BOM 信息获得配件情况，或者从系统

中得到维修检查步骤或派工单。

利用移动终端获得 PLM 系统中的相关信息，对企业来说确实是有用的，PLM 领域各大厂商也看准了这一方向。作为开放的、免费的 PLM（开源 PLM）系统，Aras 很早就推出了移动的解决方案。通过将技术扩充到 Android 和 iPhone 平台应用中，Aras PLM 可以在移动 终端上自如地应用，使用户能够在旅途中获得产品生命周期管理流程和信息。

Siemens PLM Software 于 2012 年 4 月高调推出 Teamcenter Mobility，Siemens PLM Software 具有查看文档、变更、3D 模型、签审流程的核心功能，以及目前最强大的 iPad 移动功能。借助西门子推出的 Teamcenter Mobility 移动设备应用程序，用户可以通过 WiFi 或移动宽带终端实时访问由 Teamcenter 软件管理的的丰富而全面的产品知识。企业可以在任何时间、地点和环境下更好地交流产品数据和工作流，进一步加快他们在产品生命周期过程中决策的速度，并提高决策的准确性。

Dassault Systems 的 iPhone 移动方案体现在 www.3ds.com/communities/iphone/中。PLM MarketPlace 展示了 Dassault Systems 145 个解决方案，包括航空航天、汽车、商务服务、建筑、消费品、包装、能源、高科技、工业设备、生命科技、造船等行业，覆盖 CATIA、SEMULIA、ENOVIA、3DVIA、DELMIA 等解决方案组合。

3DVIA Mobile 能够查看、浏览、检索、操作达索的 3D 格式模型。3DS - Dassault Systèmes 可供用户阅读 Dassault Systems 的新闻和博客与成功案例。总的来说，达索系统的移动方案发布的比较早，但功能很有限，目前只是具备了浏览功能。

Autodesk 推出面向 iPad 的新款移动仿真应用程序 Autodesk ForceEffect。该应用程序为设计师提供直观的操作环境，使用自由体受力图进行静态系统分析，能帮助工程师在概念设计阶段轻松快捷地对设计备选方案进行仿真分析及方案初选，并可生成详实的成效报告。

5.3　智能化技术

在数码产品中，智能化的概念在手机中表现突出。智能手机（Smartphone）是指像 PC 一样，具有独立的操作系统，可以由用户自行安装软件、游戏等第三方服务商提供的程序，通过此类程序来不断对手机的功能进行扩充，并可以通过移动通信网络来实现无线网络接入的这样一类手机的总称。

简单的说，智能手机，就是一部像计算机一样可以通过下载安装软件来拓展手机出厂的基本功能的手机。从广义上说，智能手机除了具备手机的通话功能外，还具备了掌上电脑的大部分功能，特别是个人信息管理，以及基于无线数据通信的浏览器和电子邮件功能。

智能手机为用户提供了足够的屏幕尺寸和带宽，既方便随身携带，又为软件运行和内容服务提供了广阔的舞台，很多增值业务可以就此展开，如股票、新闻、天气、交通、商品、应用程序下载、音乐图片下载等。结合3G通信网络的支持，智能手机的发展趋势，势必将成为一个功能强大，集通话、短信、网络接入、影视娱乐等于一体的综合性的个人手持的终端设备。

手机在外形和功能上不断求变，如在外形上由大变小，刚开始的时候是大哥大到现在是很轻巧的手机。从功能上看当初是单纯的通话，到后来传送文字，然后传送图片，有一些简单的多媒体应用。手机的变化有两大趋势：一个是手机加上掌上电脑，另一个是掌上电脑加上手机，但是手机很多的功能没有被充分地利用。

目前对多媒体只是做简单的处理，如彩信是对图像进行简单的传输，语音拨号都是对声音片断的简单匹配，手机游戏也只是本地的简单应用程序加上非常有限的通信，这就有更多的潜力可以去挖掘。一个是多媒体的处理层次和深度可以做很多的工作，如图像、指纹识别、人脸识别与文字识别。从语音来看的话可以有语音识别，从媒体种类来讲，拍照只是多媒体当中的一种，还可以放很多的图像、图形、声音、FLASH 等。所以手机的未来方向是更加智能化和人性化。

手机中的多媒体技术的未来应用是把手机视为多媒体的获取设备、处理设备和再现设备，单纯的拍摄、传送、MP3 等简单功能已不再满足人们的需要。而人们需要更加智能化、人性化的技术，多媒体的算法可以嵌入到芯片中，所以手机今后会更加智能化，而且手机会把多媒体和嵌入式的技术结合在一起，因此，未来的手机就是手机+智能+多媒体+嵌入式。

下面是2011流行的智能机品牌产品，在对这些产品的认知中可更好地了解智能技术和智能化产品的特点（见表5.1）。

表5.1　智能手机基本配置

手机型号	摩托罗拉 Atrix 4G	LG Optimus 3D	索爱 Xperia Play
操作系统	Android 2.2 系统	Android 2.2 系统	Android 2.3 系统
CPU	1G Hz	1G Hz 双核	1GHz
内存	1GB RAM	RAM 双通道技术	512MB RAM
屏幕	4.3 英寸 QHD960×540 像素触摸屏	4.3 英寸 800×480 像素触摸屏，裸眼 3D 技术	3.7 英寸 480×854 像素触摸屏
摄像头	500 万像素	800 万像素	800 万像素
特色	4G 网络及独特拓展坞	裸眼 3D 功能	独特 PSP 游戏机设计

续表

手 机 型 号	三星 Galaxy S II	HTC DESIRE S	华为 IDEOS X3
操作系统	Android 2.3 系统	Android 2.4 系统	Android 2.3 系统
CPU	1G Hz 双核	1GHz	未知
内存	1GB RAM	768MB RAM	未知
屏幕	4.27 英寸 800×480 像素触摸屏	3.7 英寸 480×800 像素触摸屏	3.2 英寸 480×800 像素触摸屏
摄像头	800 万像素	500 万像素	未知
特色	1080P 高清视频拍摄	金属一体成型机身更富质感，HTC DESIRE UI	通讯簿与 SNS 网站深度整合

（1）摩托罗拉 Atrix 4G

摩托罗拉 Atrix 4G 手机被冠以“未来手机”的称号，采用了 Android 2.2 系统，拥有 4G 网络，可通过扩展坞充当计算机主机使用，未来升级到 3.0 将会展现更强大的性能（见图 5.2）。

图 5.2　摩托罗拉 Atrix 4G

（2）华为 IDEOS X3

新款智能手机 IDEOS X3 采用 Android 2.3 Gingerbread 操作系统，厚度仅 11.2mm，是目前 3.2 寸屏幕的 Android 智能手机中最纤薄的一款产品。此外，IDEOS X3 将热门的 SNS 网站与电话簿深度融合，并安装有前置摄像头，该款机型于 2011 年第一季度在日本软银全球首发（见图 5.3）。

图 5.3　华为 IDEOS X3

（3）三星 Galaxy S II

Galaxy S II 号称世界最薄的智能手机，整机厚度只有 8.49mm。内置三星自家的双核 1GHz 处理器，搭载 Android 2.3 系统，并安装有三星最新的 TouchWiz 4.0 用户界面系统。还配有一块 800×480 像素 Super AMOLED Plus 触摸屏，大小为 4.3 英寸，内置有 800 万像素摄像头和 200 万像素前置摄像头，支持 1080P 高清视频播放和录制（见图 5.4）。

图 5.4　三星 Galaxy S II

（4）索爱 Xperia Play

索爱 Xperia Play 手机搭载了 Android 2.3 Gingerbread 操作系统、1GHz Snapdragon 处理器、4.3 英寸 854×480 LCD 屏幕和 Qualcomm Adreno 205 晶片。后者可以在屏幕上推出 60fps 的画面，手机的电力可以支撑 5.5 小时之久的游戏（见图 5.5）。

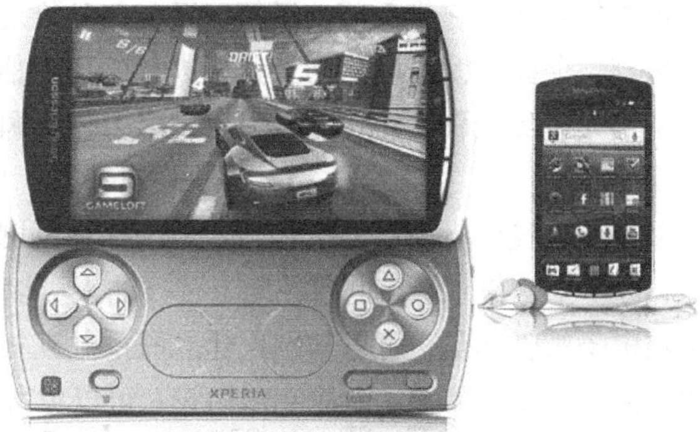

图 5.5　索爱 Xperia Play（PSP 手机）

（5）LG Optimus 3D

LG Optimus 3D 采用了 Android 2.2 操作系统，配备一款 4.3 寸 3D 显示屏幕，其 4.3 英寸 WVGA 屏幕能实现 3D 效果，且无须用户佩戴特制眼镜。同时这款手机最大的特点就是采用了 3D 摄像头，背部两个摄像头可以通过偏振技术合成 3D 影像，为用户带来全新的视觉体验（见图 5.6）。

图 5.6　LG Optimus 3D

5.4　网络化技术

网络是世界各地的计算机相互间通信的方法和手段，是信息的载体和传输系统，是连接全世界计算机的纽带，同时也是一个功能强大的“工具”。是当今世界上最大的计算机网络，几乎覆盖了整个世界的范围，它集新闻、通信、娱乐、资源共享于一体，是现代社会进行信息交流的高速公路。企业不仅可以从网上索取大量的商业信息，更可以通过网络向国际社会展现自己；是当今世界上覆盖范围最大，用户最多，资源最丰富、最实用的计算机网络。

网络的信息内容非常庞大，我们不仅可以把它当做一个计算机网络，而且可以把它视为一个庞大的、实用的、可享受的信息源，世界各地上百万的人可以用互联网通信和共享信息源：可以送出或接收电子邮件通信；可以与别人建立联系并互相索取信息；可以在网上发布公告，宣传你的信息；可以参加各种专题小组讨论；可以免费享用大量的信息源和软件资源。数码产品就是网络化社会传播信息的载体，网络与数码产品的关系是互相影响的，缺一不可，数码产品产生各种数据，网络将数据传播。

以现在炙手可热的物联网为例来讲，它的定义是通过各种信息传感设备，如传感器、射频识别（RFID）技术、全球定位系统、红外感应器、激光扫描器、气体感应器等各种装置与技术，实时采集任何需要监控、连接、互动的物体或过程，采集其声、光、热、电、力学、化学、生物、位置等各种需要的信息，与互联网结合形成的一个巨大网络。其目的是实现物与物、物与人，所有的物品与网络的连接，方便识别、管理和控制。

物联网的英文名是 Internet of Things（IOT），也称 Web of Things，被视为互联网的应用扩展，应用创新是物联网的发展的核心，以用户体验为核心的创新是物联网发展的灵魂。和传统的互联网相比，物联网有其鲜明的特征。

首先，它是各种感知技术的广泛应用。物联网上部署了海量的多种类型传感器，每个传感器都是一个信息源，不同类别的传感器所捕获的信息内容和信息格式不同。传感器获得的数据具有实时性，按一定的频率周期性的采集环境信息，不断更新数据。

其次，它是一种建立在互联网上的泛在网络。物联网技术的重要基础和核心仍旧是互联网，通过各种有线和无线网络与互联网融合，将物体的信息实时准确地传递出去。在物联网上的传感器定时采集的信息需要通过网络传输，由于其数量极其庞大，形成了海量信息，在传输过程中，为了保障数据的正确性和及时性，必须适应各种异构网络和协议。

还有，物联网不仅提供了传感器的连接，其本身也具有智能处理的能力，能够对物体实施智能控制。物联网将传感器和智能处理相结合，利用云计算、模式识别等各种智能技术，扩充其应用领域。从传感器获得的海量信息中分析、加工和处理出有意义的数据，以适应不同用户的不同需求，发现新的应用领域和应用模式。

物联网用途广泛，遍及智能交通、环境保护、政府工作、公共安全、平安家居、智能消防、工业监测、环境监测、老人护理、个人健康、花卉栽培、水系监测、食品溯源、敌情侦查和情报搜集等多个领域（见图 5.7）。

图 5.7　物联网的居家应用

国际电信联盟于 2005 年的报告曾描绘“物联网”时代的图景：当司机出现操作失误时汽车会自动报警；公文包会“提醒”主人忘带了什么东西；衣服会“告诉”洗衣机对颜色和水温的要求等。物联网在物流领域内的应用，例如，一家物流公司应用了物联网系统的货车，当装载超重时，汽车会自动告诉你超载了，并且超载多少，但空间还有剩余，告诉你轻重货怎样搭配；当搬运人员卸货时，一只货物包装可能会大叫“你扔疼我了”，或者说“亲爱的，请你不要太野蛮，可以吗？”；当司机在和别人扯闲话，货车会装作老板的声音怒吼“笨蛋，该发车了！”

物联网把新一代 IT 技术充分运用在各行各业之中，具体地说，就是把感应器嵌入和装备到电网、铁路、桥梁、隧道、公路、建筑、供水系统、大坝、油气管道等各种物体中，然后将“物联网”与现有的互联网整合起来，实现人类社会与物理系统的整合，在这个整合的网络当中，存在能力超级强大的中心计算机群，能够对整合网络内的人员、机器、设备和基础设施实施实时的管理和控制，在此基础上，人类可以以更加精细和动态的方式管理生产和生活，达到“智慧”状态，提高资源利用率和生产力水平，改善人与自然间的关系。

业内专家认为，物联网一方面可以提高经济效益，大大节约成本；另一方面可以为全球经济的复苏提供技术动力。目前，美国、欧盟等都在投入巨资深入研究探索物联网。我国也正在高度关注、重视物联网的研究，工业和信息化部会同有关部门，在新一代信息技术方面正在开展研究，以形成支持新一代信息技术发展的政策措施。

中国移动总裁王建宙提及，物联网将会成为中国移动未来的发展重点。他表示将会邀请台湾生产 RFID、传感器和条形码的厂商和中国移动合作。运用物联网技术，上海移动已为多个行业客户度身打造了集数据采集、传输、处理和业务管理于一体的整套无线综合应用解决方案。最新数据显示，目前已将超过 10 万个芯片装载在出租车、公交车上，形式多样的物联网应用在各行各业大显神通，确保城市的有序运作。在世博会期间，“车务通”全面运用于上海公共交通系统，以最先进的技术保障世博园区周边大流量交通的顺畅；面向物流企业运输管理的“e 物流”，将为用户提供实时准确的货况信息、车辆跟踪定位、运输路径选择、物流网络设计与优化等服务，大大提升物流企业综合竞争能力。

物联网在中国的应用情况主要体现在以下几个方面。

（1）物联网传感器产品在上海浦东国际机场防入侵系统中得到应用

系统铺设了 3 万多个传感节点，覆盖了地面、栅栏和低空探测，可以防止人员的翻越、偷渡、恐怖袭击等攻击性入侵。而就在不久之前，上海世博会也与中科院无锡高新微纳传感网工程技术研发中心签下订单，购买防入侵微纳传感网 1500 万元产品。

（2）ZigBee 路灯控制系统点亮济南园博园

ZigBee 无线路灯照明节能环保技术的应用是此次园博园中的一大亮点。园区所有的功能性照明都采用了 ZigBee 无线技术达成的无线路灯控制。

（3）智能交通系统（ITS）

ITS 是利用现代信息技术为核心，利用先进的通信、计算机、自动控制、传感器技术，实现对交通的实时控制与指挥管理。交通信息采集被认为是 ITS 的关键子系统，是发展 ITS 的基础，成为交通智能化的前提。无论是交通控制还是交通违章管理系统，都涉及交通动态信息的采集，交通动态信息采集也就成为交通智能化的首要任务。

（4）中国首家高铁物联网技术应用中心在苏州投用

我国首家高铁物联网技术应用中心于 2010 年 6 月 18 日在苏州科技城投用，该中心将为高铁物联网产业发展提供科技支撑。

高铁物联网作为物联网产业中投资规模最大、市场前景最好的产业之一，正在改变人类的生产和生活方式。据中心工作人员介绍，以往购票、检票的单调方式，将在这里升级为人性化、多样化的新体验。刷卡购票、手机购票、电话购票等新技术的集成使用，让旅客可以摆脱拥挤的车站购票；与地铁类似的检票方式，则可实现持有不同票据旅客的快速通行。

清华易程公司工作人员表示，为应对中国巨大的铁路客运量，该中心研发了目前世界上最大的票务系统，每年可处理 30 亿人次，而目前全球在用系统的最大极限是 5 亿人次。

（5）国家电网首座 220kV 智能变电站

2011 年 1 月 3 日，国家电网首座 220kV 智能变电站——无锡市惠山区西泾变电站日前投入运行，并通过物联网技术建立传感测控网络，实现了真正意义上的“无人值守和巡检”。西泾变电站利用物联网技术，建立传感测控网络，将传统意义上的变电设备“活化”，实现自我感知、判别和决策，从而完成自动控制。完全达到了智能变电站建设的前期预想，设计和建设水平全国领先。

（6）首家手机物联网落户广州

手机物联网是将移动终端与电子商务相结合的模式，让消费者可以与商家进行便捷的互动交流，随时随地体验品牌品质，传播分享信息，实现互联网向物联网的从容过度，缔造出一种全新的零接触、高透明、无风险的市场模式。手机物联网购物其实就是闪购。广州闪购通过手机扫描条形码、二维码等方式，可以进行购物、比价、鉴别产品等功能。

专家称，这种智能手机和电子商务的结合是“手机物联网”的其中一项重要功能。有分析表示，预计 2013 年手机物联网占物联网的比例将过半，至 2015 年手机物联网市场规模达 6847 亿元，手机物联网应用正伴随着电子商务大规模兴起。

此外，普及以后，用于动物、植物和机器、物品的传感器与电子标签及配套的接口装置的数量将大大超过手机的数量。物联网的推广将会成为推进经济发展的又一个驱动器，为产业开拓了又一个潜力无穷的发展机会。按照目前对物联网的需求，在近年内就需要按亿计的传感器和电子标签，这将大大推进信息技术元件的生产，同时增加大量的就业机会。

要真正建立一个有效的物联网，有两个重要因素。

① 规模性，只有具备了规模，才能使物品的智能发挥作用。

② 流动性，物品通常都不是静止的，而是处于运动的状态，必须保持物品在运动状态，甚至高速运动状态下都能随时实现对话。

美国权威咨询机构 FORRESTER 预测，到 2020 年，世界上物物互联的业务，跟人与人通信的业务相比，将达到 30∶1，因此，“物联网”被称为是下一个万亿级的通信业务。

第四篇　产品开发基础素质提升——数码产品形象塑造，为产品规划管理提供指导

第四篇包括了本书的第 6 章内容，为产品形象设计部分，阐述了数码产品形象设计、数码产品人机界面设计、数码与时尚与数码产品的可持续设计。对如何塑造产品形象、提高产品规划管理水平提供了指导。

第6章 数码产品形象设计

6.1 产品形象设计

6.1.1 优秀数码产品形象设计欣赏

如今，数码产品形象多样化，已不能用一套笼统的形容词来阐述数码产品的形象设计了。这里以目前产品形象设计比较具有代表性的几款数码产品来传达数码产品的形象。

图 6.1 所示为手工制作的苹果系列产品原木充电器，除了 shuffle 兼容 iPhone 3G 手机和其他 iPod 设备外，原木材质是杉树，让你有一种重新回到大自然的感觉。原木充电器可以自行定制。

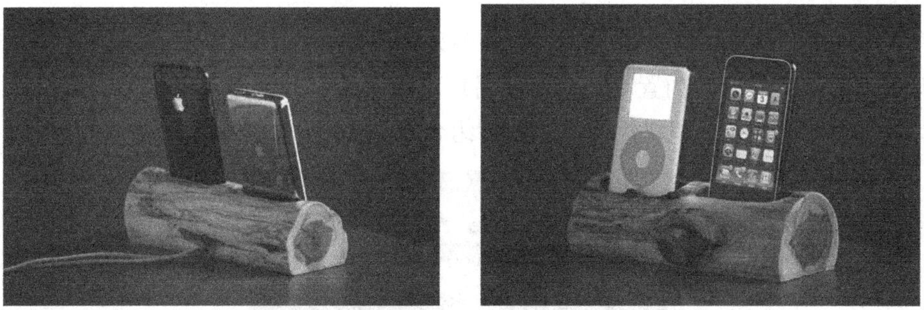

图 6.1 手工制作的苹果系列产品原木充电器

可折叠式开关插头的设计将开关的功能融入其中，插头插入插座后向下折叠与墙面平行即接通电源，向上扳起插头与墙面垂直时电源则切断（见图 6.2）。

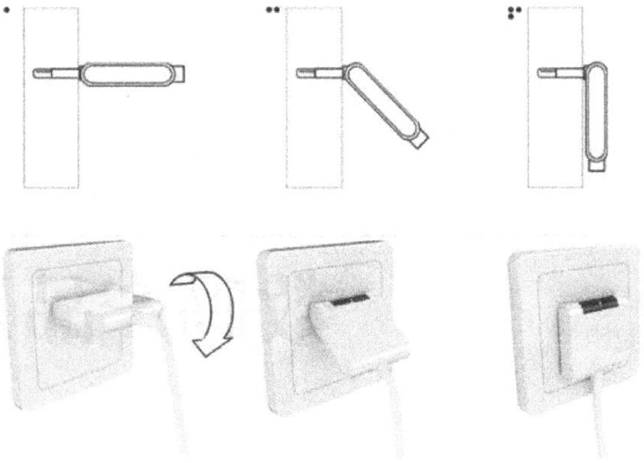

图 6.2　可折叠式开关插头

图 6.3 所示充电器带 5 个 USB 接口，同时可以接 5 个数码设备，可同时给手机、iPod 等充电。

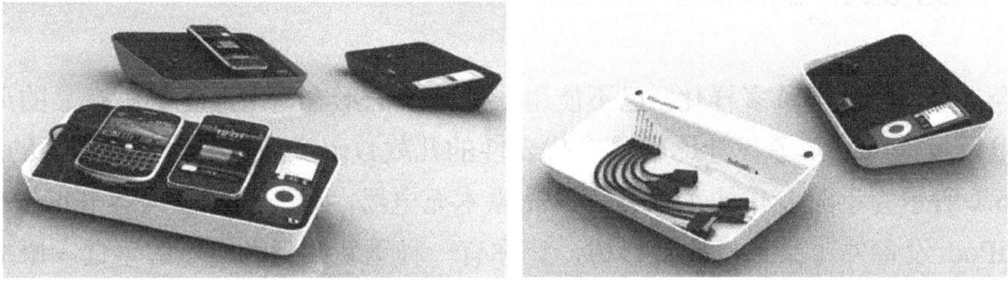

图 6.3　多接口 USB 数码设备充电器

“TAP3”是一款看起来很酷的 MP3，外观采用的是传统磁带的样子。聚丙烯材料制成的主体上沾着黄色胶带，内置 2G 内存，用户可以通过一个迷你 USB 接口传输歌曲在里面。“TAP3”是传统设计和现代技术的独特组合（见图 6.4）。

图 6.4　传统与现代相结合的磁带式 MP3：“TAP3”

现在时代越来越进步了，图 6.5 所示的概念式产品相当适合盲人族群使用，圆盘上的浮粒如同点字告知你目前的位置和街道图，搭配同组的蓝牙耳机，盲人可利用语音来告知机器前往的目的地，同时语音也会提供导航资讯，机器前方设置摄影机，将拍摄到物体显示于浮粒装置中轻轻一触摸便可知道物体的形状，若是觉得带在手腕上太重的话，其余配降可供你挂在手臂或是口袋。此产品设计的目的是为盲人族群们在外有更多的独立自主性，十分贴心。

图 6.6 所示的看上去如此美味的“巧克力”是夏普在 2012 年春天发售的限量版手机，名为 Q-pot Phone。在手机面板上，设计师巧妙地让手机增添了柔和的巧克力流程的弧线，而底层的巧克力采用的是金色，这让这款手机具有高调的奢华感。。

图 6.5　盲人专用导航器 Touch & Go

图 6.6　美味的夏普巧克力手机：Q-pot Phone

6.1.2　数码产品形象特点总结

从市场上的数码产品形象分析，可知数码产品的形象设计有如下特点。

1. 便携性

随着消费者的个性化与外出携带的需求凸显，市场需要更多、功能更强大的便携设备。功能要尽可能多样，体积要尽可能小，外形要尽可能时尚，这就是作为消费者的我们，向数码厂商提出的要求。惠普推出的 HP Mini 110 超便携笔记本电脑，仅重 1.06 kg、厚度为 1 英寸，是 HP Mini 系列最轻的一款产品。对于那些需要在旅途中上网、收发邮件、听音乐、联系亲朋好友或同事的消费者和商务人士来说，新款惠普 Mini 110 超便携笔记本电脑是他们的理想之选。这款新品的问世也体现了数码厂商对于数码产品未来发展趋势走向便携化的准确估计和远见卓识。毫无疑问，轻巧、便携将会是未来数码产品发展的最大趋势所在（见图 6.7）。

图 6.7　HP Mini 110

2．移动性

为了随时随地保持沟通，上网流畅不受地域限制已成为我们的最基本需求之一。近来，数码技术在中国迅猛发展，相关的数码产品纷纷面世，三大运营商之间也展开了资费大战。数码产品对于上网的空间范围是前所未有的巨大突破，为我们带来无限的便捷。谁的产品更具移动性，谁的网络覆盖更广，谁就将在 3G 乃至 4G 时代，取得成功。以惠普为例，惠普从入选“全球 50 大创新产品”的 HP Mini 系列中选取 Mini 1000，为中国 3G 市场量身打造无线宽带上网笔记本，也是惠普中国首款内置 3G 功能的笔记本电脑产品，为消费者提供超便携的下一代移动体验，并进一步推动数字、通信领域的融合，令“随时随地互通互联”的未来愿景触手可及（见图 6.8）。

图 6.8　HP Mini 1000

3．智能化

数码产品的逐步智能化发展是一个必然趋势。智能手机和智能掌上电脑自然就不用说了，除此之外，智能网络视频会议、智能交通监测系统、智能化家居住宅、智能电子阅卷、智能汽车等一系列的智能数码新产品，已经接连问世或正在研发过程之中，给我们带来越来越人性化的体验。在今后，将会有更多的消费者感受到数码产品的“智慧”带来的前所未有的高效率、高附加值和沟通乐趣（见图 6.9）。

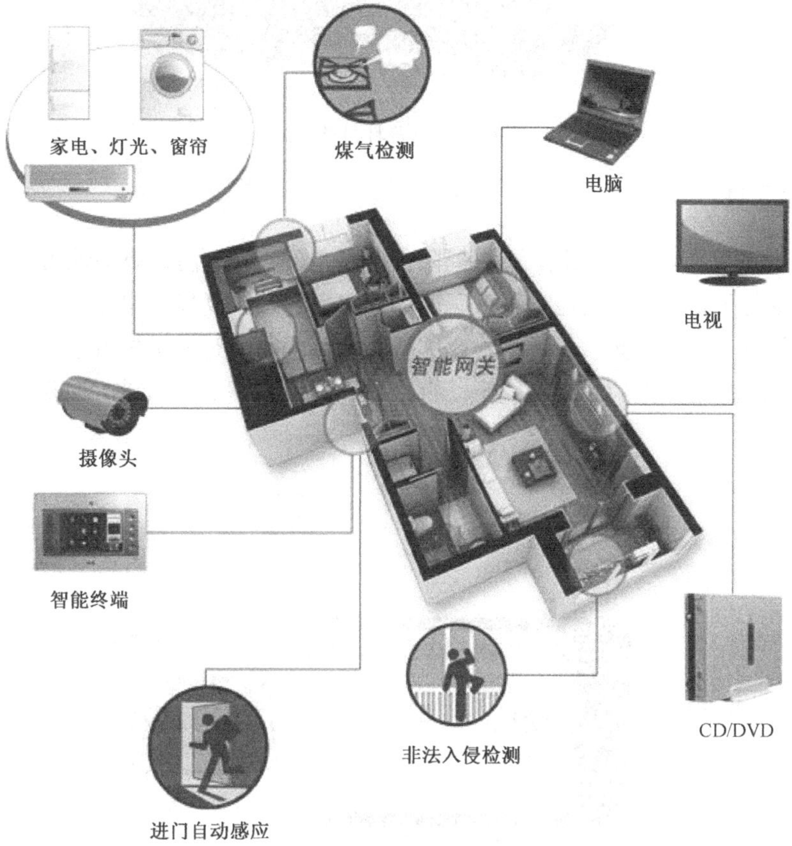

图 6.9　家庭智能终端网关

4. 时尚性

如今的数码产品从设计理念上已经不光是仅仅注重实用价值，其更加追求时尚和美观，从外形上就首先赢得加分。它们的色彩、材质、形状都越来越炫目精巧，符合年轻一代的审美需求和时尚特性。如惠普推出的牡丹笔记本，就是一款令人惊艳的时尚手袋式电脑，它不仅是电脑，还是一个漂亮的装饰品。尤其对于爱美女孩来说，对电脑等数码产品的需求已不再仅仅局限于内部功能，外观上的好看有时候甚至更加重要（见图 6.10）。

图 6.10　惠普牡丹笔记本电脑

5. 娱乐性

数码产品正在走向多元化，不再局限于某种单一功能，而是更多地为使用者带来全新体验。无论是手机、还是其他各种数码产品，它们的娱乐功能越来越受到人们的关注。收听音乐、上网、播放视频、玩网络游戏这些功能，现在的智能手机就已经全部拥有。如苹果 iPod touch 就集强大的娱乐功能于一身，迅速得到消费者的青睐（见图 6.11）。

图 6.11　苹果 iPod touch

6. 家居化

如今，家用台式机也在不断创新，下一代数字家庭体验潮流正席卷而来。让计算机也成为一种家居用品，带来绝妙的娱乐享受，整合了多媒体计算、娱乐等应用功能的多维家用计算机。HP 非触控一体机台式计算机 HP Pavilion MS200，就是融合了时尚设计与创新技术的绝佳代言。这表明，计算机已真正成为一种智能家居，适合全家人的娱乐体验（见图 6.12）。

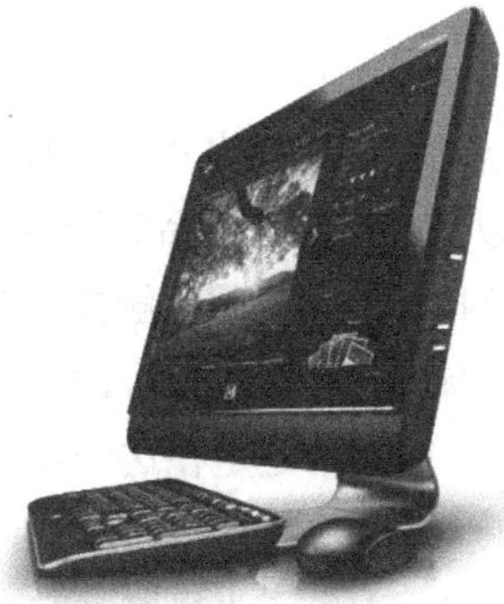

图 6.12　HP Pavilion MS200

7．概念化

概念笔记本电脑，顾名思义，这类笔记本电脑属于概念化的产品，并未能真正使用更别说投入量产上市了。如图 6.13 所示，新概念笔记本电脑能够给人以美的享受，能够给人以一种时尚的心理暗示，给用户及这个行业都能带来无穷无尽的益处，主要表现在美学跟追求（见图 6.13）。

电池续航时间够不够长？一直是用户购买笔记本电脑所关心的问题。设计师 Andrea Ponti 设计出一款完全由太阳能提供电力的笔记本电脑，可能会使我们不再有笔记本电脑没电的困扰。

这款名为“Luce”的概念笔记本电脑获得了富士通 2011 年设计大赛的提名奖。这款笔记本电脑使用了透明的聚碳酸酯材质，四周通透，中间纯黑，显得时尚高贵，整机的质量还不到 4 磅（1.8kg），纤薄便携。该产品通过两块太阳能电池板，在白天为笔记本电脑提供持续不断的电力。第一块太阳能电池板放置在屏幕后，第二块放置在触摸式键盘下。据了解，这款笔记本电脑还会搭载一块夜间续航电池，但目前还没有确定这块电池是怎样嵌入如此轻薄小巧的机身中的。

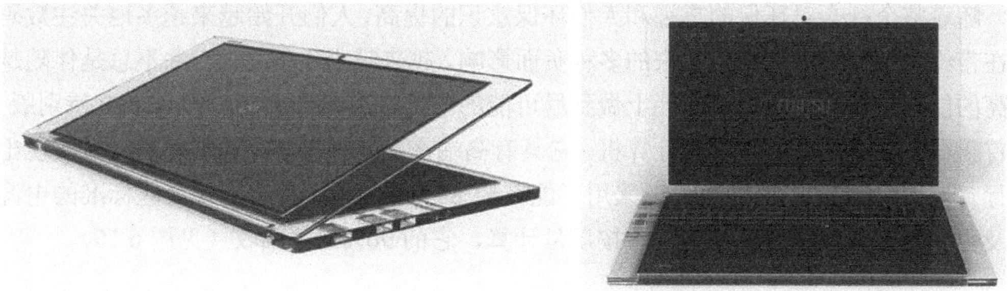

图 6.13　概念笔记本电脑

8. 触摸式

随着触摸操作成为一种时尚流行，各种触摸式概念数码产品也是层出不穷。现在越来越多的数码厂商都极其重视触控功能，大多数产品都采用了双指滚动技术，可以双指同时触摸，随意滚动缩放，哪怕仅是手指轻轻扫过超薄触摸屏的动作就可以被识别，使得体验极为顺畅。用户可以不用键盘和鼠标，轻松播放音乐、缩放照片、查看天气预报或看电视、看 DVD，易用性前所未有。惠普、联想都是走在这一发展趋势的前列者。触摸式的操作模式，给人们带来了巨大的便捷度和灵敏度，也是时尚的一种风潮。

由 JulienBergignat 设计的 TimaWatch 电子表风靡一时，它的表盘可以以两种方式显示，即指针型显示和数字型显示，可以自由切换。它还采用了 ePaper 电子纸显示技术，显示屏可以自由弯曲从而能很好地贴合手腕。现在设计师将它进行了升级，加入了很多多媒体的应用，让它跟上时代步伐，经典再续。电子地图、上网、电影等多种应用满足你的娱乐的视觉和听觉需求。它极简的黑白外观造型设计得到很多喜欢简洁时尚人士的垂涎（见图 6.14）。

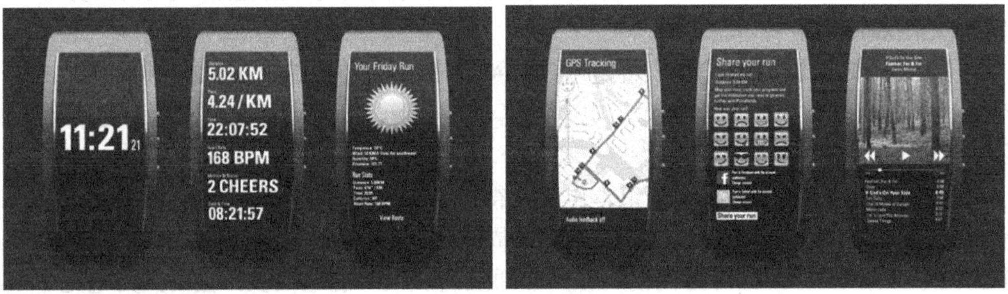

图 6.14　TimaWatch 时尚多媒体双显电子表

9. 节能性

随着整个社会对环保的重视和人们环保意识的提高，人们开始越来越多地关注数码技术在带给我们便利的同时所带来的多种负面影响。越来越强大的功能，并不总是伴随越来越高的能耗，数码产品能在能耗上做到尽可能的节约。惠普推出的 HP dx2810 特别版 PC 是首款面向中小企业的节能型计算机，它具有高端产品的性能，有效节能的同时实现出色运行。例如，dx2810 特别版 PC 采用了能节约 85%的能源、符合能源之星标准的电源，以及更高效的英特尔多核处理器。按质量计算，它的 90%都可回收（见图 6.15）。

图 6.15　HP dx2810 特别版 PC

6.2 数码产品的人机界面设计

6.2.1 人机界面概述

界面就是进行信息交流的接口，根据这一定义，我们可以理解为人机界面就是计算机相互作用、相互进行信息交流的接口。在这个界面中，人和机器是两个重要的组成系统，而界面是人与计算机之间传递、交换信息的媒介，是用户使用计算机系统的综合操作环境。

人机界面（Human—ComputerInterface，HCI）又称为人机接口、用户界面（USer Interface），是计算机科学中最年轻的分支之一，是计算机科学与心理学、图形学、认知科学和人机工程学的交叉研究领域。

人机界面主要包括两类：硬件界面和软件界面。硬件界面包含计算机输入装置和输出装置，如键盘、鼠标、图形输入板、光笔、触摸屏等（见图 6.16）；软件界面则包含显示器、LCD 显示屏等。人只有利用硬件界面输入和输出，才能实现与计算机的信息交流。软件界面则要通过编程来实现其功能（见图 6.17）。

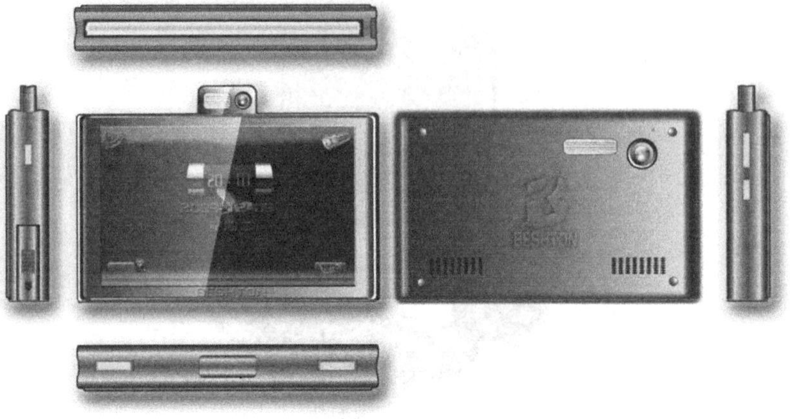

图 6.16　硬件界面

图 6.17　MotoPad Xoom 软件界面

6.2.2 数码产品的人机操作界面设计

对数码产品来说，它的界面设计也是包含了两个方面：功能操作按键——硬件界面；功能显示界面——软件界面。对于数码产品界面设计师而言，其主要任务是协调好硬件界面和软件界面的相互关系。界面设计时处理的是人与硬件界面、人与软件界面的关系，而硬件界面和软件界面的关系则依赖于计算机技术加以解决。

数码产品的硬件界面设计主要研究两个方面：键盘的布局、键盘的外形和尺寸。一般而言，键盘的整体布局影响人的认知过程、操作速度和操作出错（见图 6.18）。

（a）标准键盘

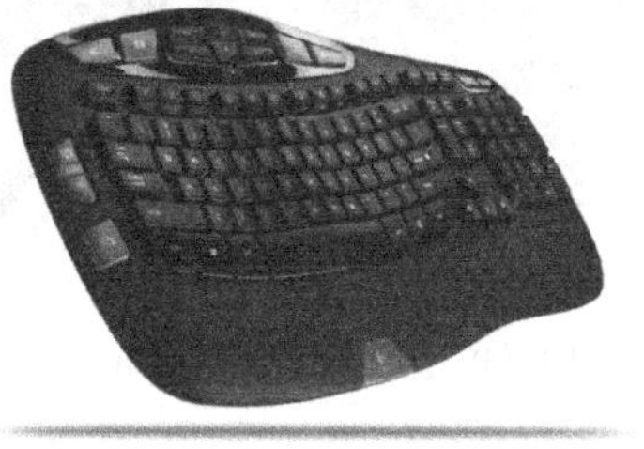
（b）可调节键盘

图 6.18　键盘

键盘的外形和尺寸影响人手的操作和人体生理健康。泽切维奇（ZeCeVIC）等人对标准键盘、弧形键盘和可调键盘进行了用户实验。研究发现，弧形键盘比标准键盘的打字速度慢 20%左右，编辑动作困难、地板振弹、手腕不稳定、难发现键、功能键的位置难以操作、手的放置不舒服、手指和手腕均难找到一个恰当的位置。可调键盘的外形也是弧形，但是用户可以调整尺寸，以适应人体和手的尺寸，从而使用户能保持自然姿态进行工作，减轻了疲劳和身体部位的损伤（见图 6.18（b））。在键盘设计中，除了需要采取合理的键盘布局外，还应考虑按键直径、按键阻力、按键间距等各种因素，表 6.1 是键盘设计中需要考虑的各种参数和推荐的最佳值。

表 6.1　键盘设计各参数的最佳值

参　　数	按键直径	键的中心间距	键的阻力	键的深度位移	键面倾斜度
最佳值	11.7mm	18.1 mm	0.25～1.49N	1.3～1.6mm	10°～35°或可调

在数码产品的软件界面设计中，用户分析是人机软件界面开发设计的第一步，软件界面设计的最终目的是界面能够适应用户的操作特点，提高使用效率，因此对用户进行分析是极为重要的。通过用户分析可以有效地了解用户特点，构建用户模型，预测用户相应的反应，从而建立适合于用户特点的软件界面。

Rimino 是一款由瑞典的 Amid Moradganjeh 设计师所设计的电子纸移动设备，设备的整个界面没有任何的按键，而是采用电子纸，界面感觉有点类似于印刷品和海报，它除了手机功能外，可以使用户和它有更多的互动，包括使用温度、触觉反馈、光、气流、湿度和嗅觉（见图 6.19）。

图 6.19　电子纸移动设备 Rimino 界面

6.2.3　数码产品的操作界面设计原则总结

综合对影响数码产品操作因素的分析，总结出以下 10 个能运用于设计实践的原则（见图 6.20）。

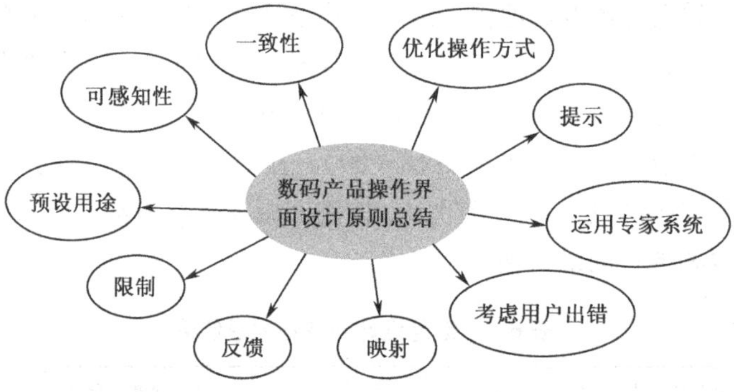

图 6.20　数码产品操作界面设计原则

（1）可感知性

注重可感知性，可以消除执行阶段和评估阶段的鸿沟。在产品的操作界面设计中，我们要注意用户操作行为与操作意图之间的匹配，使用户容易感知并理解产品在操作过程中的状态，得到对产品操作的反馈。人们擅长对某一事物进行解释，建立概念模型。操作键和功能部件的可感知是一个好的概念模型的前提。

（2）一致性

一致性指的是在设计界面时使用相似操作，并且为相似的任务使用相似的元素。

（3）优化操作方式

在进行产品设计时，我们必须注意人的心理特征，考虑到人的记忆、注意、思维的局限性，尽量地优化产品的操作方法，使之最简。对于多功能产品或产品有多个操作键，要注意功能及操作键之间要根据重要程度作合理的区分，避免认知超负荷的发生。

（4）提示

在适当的时间向用户提供辅助信息，应用储存与外部世界和头脑中的知识。对产品的操作是运用产品所提供的信息和运用之前经验共同作用的过程，所以如果可以在外界和头脑中的经验之间建立起互补关系，使得完成任务所需要的知识可以在外部世界中找到线索，正确引导用户，让用户能建立正确的概念模型，用户就会学的更快，操作起来也更加轻松自如。因此，在产品的操作界面中我们需要做到，操作提示信息的有序、正确性。

（5）预设用途

预设用途指的是物品的某个属性，而这个属性使人们知道应如何使用这个物品。

（6）限制

对于一切不推荐出现的事进行一些限制，利用自然和人为的限制性因素，把用户限制在一个安全操作的范围内。使用户尽可能只能理解一种可能的操作方法，即正确的操作方法。

（7）反馈

尽量将原本不可见的产品运行状态通过新技术反映出来，给用户提供良好的反馈机制。

（8）映射

映射是指控制及其效果之间的关系。在操作意图与可能的操作行为之间，操作行为与操作效果之间，系统实际状态与用户通过视觉、听觉和触觉感知到的系统状态之间，以及所感知到的系统状态与用户的需求、意图和期望之间，我们要注意建立正确的匹配关系。自然匹配是功效学领域 “反应一致性”的基础。而要想达到反应一致，就必须尽可能地保证控制器和受控对象之间存在直接的某种关系。而且控制器与受控对象之间在操作直觉方向上要保持一致，形成自然匹配。

（9）考虑用户出错

我们应该从目标用户的角度考虑用户可能出现的所有操作出错，并针对各种差错，采取相应的预防或处理措施。设想用户试图要做对每一项操作，只是由于对操作的理解不全面或者不恰当，才会出现差错；要把用户的操作过程是为产品与用户之间的、有建设性的对话的一部分，设法去支持，而不是去打击用户在对话中做出的回应；要让用户发现差错可能造成的负面影响，并使用户能够比较容易地取消错误操作，让系统恢复到以前的状态；

还要有意增加那些无法逆转的操作的难度。

（10）运用专家系统

当产品的目标用户定位在一般用户的时候，运用专家在操作中的方式所设立的专家系统，可以让用户尽可能快速、方便地学会运用产品。减少用户的选择，能够有效地减少操作出错。

6.3 数码与时尚

如今数码产品与时尚息息相关，时尚化是数码产品的一个必要发展趋势，因此在这里有必要谈论一下数码与时尚。

6.3.1 认知时尚社会心理现象

时尚是社会层面中人们在思想、行为、语言文化上的大众追求，又称为流行，是一种社会心理现象，也是一种强迫，是指在一定时期内社会上或一个群体中普遍流传的某种生活规格或样式，它代表了某种生活方式或行为，展现为商品或服务上的风格、式样、色彩、功能、历年等流行模式。由于众多人的相互影响，时尚可迅速普及到日常生活的各个领域，如装饰、礼仪、生活方式、消费行为等方面。

时代精神是流行时尚的核心和源泉，随着信息传输速度、社会变迁和生活节奏的加快，人的情绪心理的变化在实际生活中很复杂，没有一种心理是固定不变的，总是在不断变化之中，这也就决定了时代精神的变动性。不过在某一时期，这种心理相对是稳定的。也就是说，某一种流行元素在一定时期内会保持稳定，在这段时期内，它对人们的影响力是巨大的。时尚是一种社会现象，表现在以下三个方面。

第一，时尚或流行涉及范围广，几乎社会生活的方方面面均有反映。例如，流行歌、流行语、流行色、流行服装、流行发式、流行家具、流行动作、流行思考方式等。

第二，流行是大量人参与的现象。为数众多的人随从和追求的流行，在同类现象中有数量上的优势，否则，不称为流行现象。

第三，时尚是一种心理现象。从流行时尚的个人机能上看，它是一种个性追求，自我实现，试图用标新立异来提高身价的心理现象。流行又是一种自我保护、自我防卫、试图用从众而避开和弥补自己的不足。流行的心理强迫包括以下几个方面。

① 从众心理——从众心理是人的社会从属的表现形式之一，流行强迫个体从众。从众性来源于个体对社会文化的依附感，个体希望通过对他人行为的模仿得到一种归宿和精神回归。

② 自我表现——自我表现是试图控制别人对自己的印象。

③ 逃避现实——逃避是一个自我防御机制，如借用偶像幻觉来满足心理需要。

6.3.2 时尚现象在数码产品设计中的渗透

任何产品都会带上时代的烙印，数码产品本身也是应时而生。从现时代的需求来说，单纯对生存物资的追求的阶段已经基本被跨越，对生活质量的思考、对精神满足的需求、对智力提升的渴望，是促使产品生产向满足精神需求方向靠拢的要素。

数码产品特有的娱乐性、便捷性和时尚性符合了人们文化消费比例上涨的需求。像手机、计算机、数码相机、掌上电脑等电子产品，在消费的同时，能带来必需的信息沟通、资料传达、情感交流等一系列活动，这种功能的从众性是消费者时尚情感的需要。

从某种意义上来说，数码产品已经变成一个不可或缺的人与社会、人与人之间的交流桥梁和平台承载物，深刻地影响了人类在现时代甚至未来的生存和生活方式。

时尚的设计可以大大提高产品的附加价值。加入时尚元素的设计无论从整体的视觉感受、心理感受，还是在使用过程中都给予使用者极佳的心理感受。近几年，数码产品在设计上与流行时尚结下了不解之缘。数码产品设计与时尚联姻，将科技、工业设计与各种流行元素结合起来，掀起了流行时尚的设计狂潮。其个性化、多元化的外观设计也反映了现代人的生活方式和个性心理的需要。尤其是像手机、MP3 这些随身携带的数码产品，已经发展成为个人时尚配饰。

时尚设计作为时尚现象和数码产品设计之间的媒介，不仅仅指形式上的创新和时髦，设计的背后，蕴藏着更为丰富的内涵：数码产品设计中运用了怎样的时尚元素；这些元素是正在流行还是已经过时了；这些时尚元素是以怎样的手法表现在产品设计中的；设计的理念是否体现了时代的精神和人们的思想；这些时尚设计的出发点是否符合了人们的情感需求等。只有认真研究时尚中的流行元素，才能真正把时尚这种社会心理现象渗透到数码产品的设计中。

每个时期的设计文化和流行文化都有自己独特的观念体系。数码产品设计作为时尚文化的一种重要载体，成为目标消费群体情感交流的重要手段，对时尚作为一种社会心理现象，在数码产品设计中的渗透方式主要有以下几种。

1．物质用品的流行

如时装、装饰、耐用品消费、造型等。现代的工业设计师们拥有更开阔的思路和眼光，在不同门类的艺术中把感受传达给大众。在这些领域中，产品设计不仅受到流行文化的影响，在他们之间也会受到相互的影响。以时装流行文化为例，当时装设计界流行军事风格的时装时，很多产品在设计上也开始运用硬朗中性的元素，如手机的硬朗线条和几何图案，户外运动型的手机的大规模流行等（见图 6.21）。

图 6.21　硬朗风格

不仅仅从设计理念上，在设计的手法上也是共通的。当然，这需要对视觉元素有很强的鉴别能力和经验，对涉及的文化元素有所了解。在艺术领域，时装简直就是时尚的代名词，表现了艺术的特性，激发了超前的东西，吸引了更多人的关注。数码产品设计与时装设计虽然属于不同的领域，随着时代的发展，它们之间的交叉越来越大。近年，世界各大时装品牌对亮片都是偏爱有加，设计师们纷纷将亮片运用在了毛衣、鞋子、包包、丝巾等任何可以用到的地方，打造出奢华的效果。诺基亚 7260 的金属亮片键盘极像服装品牌 Celine 裙子上的大块亮片，它用科技时尚的方式有力地回应了这场亮片风潮。黑色机身搭配像亮片一样耀眼的金属质感回纹键盘，产品一上市便以它时尚的设计引起了轰动，掀起了产品设计时尚化的热潮（见图 6.22）。

诺基亚一贯精心考虑其手机设计的时尚元素。对那些醉心时尚的用户而言，数码产品成了他们个人风采及其生活方式的一种延伸；他们希望其既具备最新的科技功能，又拥有最前沿的时尚设计。图 6.23 中诺基亚 7500 这款从建筑、珠宝、时装等领域汲取设计元素的时尚作品，融合了包括“钻石切割工艺设计”等多个时尚设计元素，7500 中最为常见的设计为菱形，除了键盘采用大胆的菱形设计之外，该机背部也拥有多重菱形图案，并拥有明显的对比度。另外，该机下端两个边角采用菱形倒角设计，看上去格外前卫时尚。

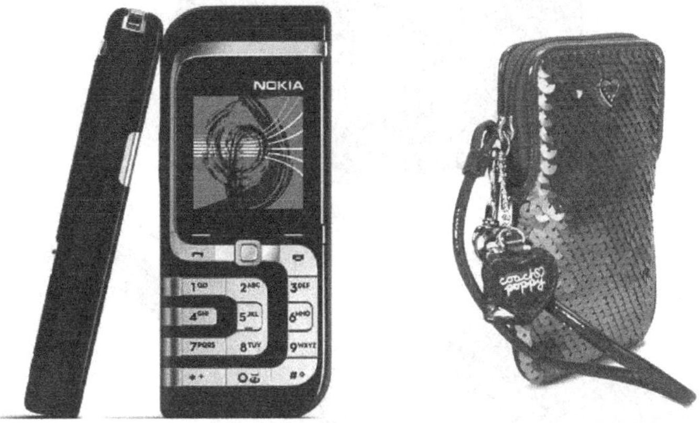

图 6.22　亮片的应用

图 6.23　诺基亚 7500

在笔记本电脑的世界里，融合车的元素似乎也不是什么新鲜事情。意大利豪华跑车兰博基尼（Aut omobile Lamborghini）可以说对绝大多数人来说只是一个可望而不可及的现代杰作。华硕计算机与其合作推出兰博基尼 VX 系列笔记本电脑（见图 6.24），一种将车的灵魂融入笔记本电脑设计的理念造就了一款经典佳作。这款笔记本电脑第一眼让人所感受到的是一种华贵，外观上显得平稳、成熟。线条过渡皆采用弧度设计，边缘走向平缓流畅。这种感觉，时时刻刻让人感受着一种来自名贵车型的整体流线设计。在面盖的后端采用了渐变式凸起设计，灵感全然来自蓝博基尼 Murcielago R - GT M 的双胴型乘坐区，以及 Gallardo 两侧车身的风切扰流设计。该设计还引入了 Mur2cielago Barchetta Concep t 后置引擎的引擎盖散热网片，以及 Gallardo 车身后方的刹车灯与排气孔网状饰版。

图 6.24　蓝博基尼跑车与华硕 VX 系列笔记本电脑

2. 行为活动的流行

如街舞、游戏、运动、旅游、探险等，“时尚”受文化环境的影响，不同文化环境中行为方式（生活方式、工作方式）不同，对于时尚的理解也不完全相同。我国传统观念下的运动，不过是出于对健康的需要而进行的活动。而现代文化中运动成了现代人的一种习惯和生活方式，更有一部分挑战者加入了户外探险运动的行列。

2009 年上半年，索尼曾推出了一款全新头戴式 MP3——W202。凭借着无绳便携的心形外观和佩戴方式吸引到不少乐迷的关注。它将 MP3 播放器和 Sony ex 系列入耳式耳塞相融合，搭配时尚绚丽的色彩备受年轻人的喜爱。时隔一年为了满足更多人群的需要，索尼在 2010 年又推出了防滴溅耳挂式 MP3——NWZ-W252。在保证原有外观的同时，全新防滴溅式设计可以说增色不少，穿梭在雨中、运动到大汗淋漓也不用担心随身携带的 MP3 了。W252 采用了便捷的文件拖放传输模式，当 MP3 播放器与计算机连接后，可直观便捷地将音乐拖放至对应文件夹中；仍旧采用的心形无线耳挂式设计，保证了使用的方便性；在耳塞的末端镶嵌有磁性连接器，只需将其分离再按一下播放键即可开机；操控键被设计在右耳部分的机身，凹凸有致的设计用手触摸即可辨别，反之，将两部分通过磁力吸在一起就关机了；仅 43g 的体重可以保证用户没有任何的负担，即使是运动的时候携带也是很方便的，不会轻易滑落；具有青柠绿、炫魅黑、精灵白、童话粉四款颜色可选，色彩更加鲜亮动感（见图 6.25）。

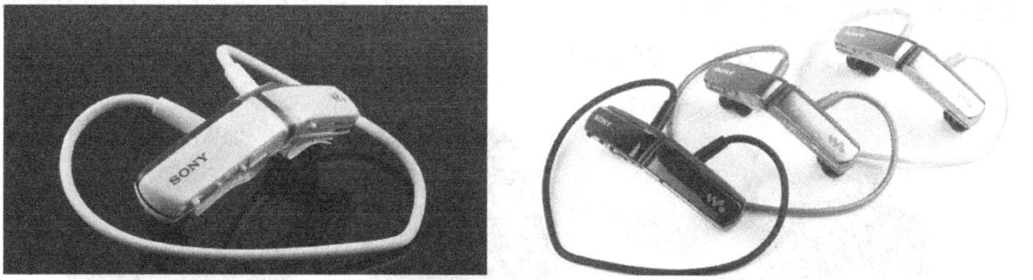

图 6.25　索尼防滴溅耳挂式 MP3——NWZ-W252

MOTO 曾经推出一款以都市白领的时尚生活为题材的“朝九晚五”的手机（见图 6.26），反映出了这个时代都市白领人群的生活特征和状态。手机面板被分割成两部分，并采用了两种具有象征意义的色彩（从广告宣传中便可以清晰地体会到两种色彩的含义）。这款设计隐喻现代女性工作时干练的职业女性形象和工作之外美丽妩媚的形象及丰富多彩的生活。这款设计比单纯外观的个性化能够更好地从精神层面使其目标消费者产生共鸣。在设计中充分体现出时代风貌，可以说这款设计的思想达到了更高的层次。这种含有更深刻意义的设计，就要求设计师在生活中要多加思考和关注设计之外的事情、一些更深层次的问题，而不仅仅是设计出一件美观实用的产品。在设计人员长期不断地对消费行为和心理的思考中，应该时刻想到有些设计是为高端人群，而另一些是为大众设计的，对人群的划分，市场的细分不仅对设计有指导意义，对于产品的营销更加重要。现代人的生活方式是产品设计中不可忽略的流行元素，具有鲜明的时代特征。

图 6.26　摩托罗拉 V872 手机

3．口头语和精神方式的流行

精神方式包括流行歌曲、电影、畅销书籍等。对工业设计师来说，设计什么，怎么设计，首先要考虑和了解用户的价值观念，这种价值观念决定了他们追求什么东西，怎么定位东西。许多人对那些与时代和生活紧密相关的产品赋予了价值概念，与他们的人生观和生活方式联系在一起，他们对各种产品赋予的价值概念各不相同，这些价值观念与他们对产品的具体要求是紧密相关的。国产品牌爱国者曾经推出过非常有名的系列 MP3，包括“月光宝盒”，“半岛铁盒”，以及以“亮剑”为设计思想的 MP3。分析这些产品的名称，可以发现都是来自于当时非常流行的电影、电视剧和流行歌曲。这不仅从广告的角度吸引了消费者，在设计理念和产品定位上都融入了流行文化，自然也能够引起目标消费者的共鸣，从而取得成功的商业效果（见图 6.27）。

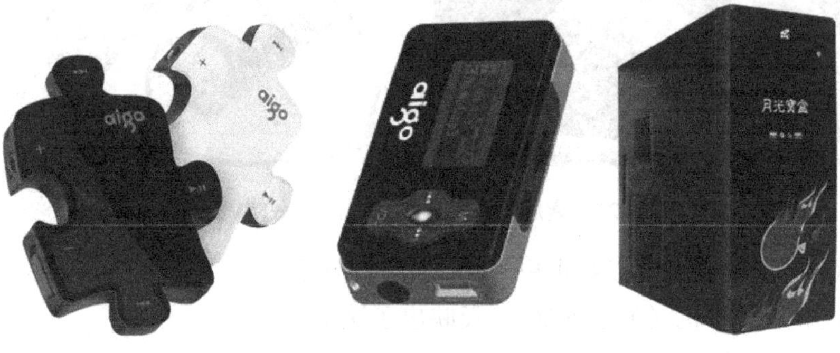

图 6.27 爱国者“月光宝盒”系列产品

LG 那句“爱巧克力哟”（ I Chocolate You）风靡大街小巷，而随着 LG Shine 系列手机的上市，“来次闪耀吧”又迅速成为时尚流行语。一款手机的上市，掀起的却是时尚的风潮。如今，数码产品已和时尚有了密不可分的关系，成为都市流行时尚的又一脚注。

随着《变形金刚》电影的上映，一股变形风席卷而来。这款概念手机 Connext（见图 6.28）的设计概念是一只多功能的手表，其不仅要集成手机、随身听外，还要把前卫的便携式掌上电脑嵌入其中，让你一机在手，妙用无穷，可谓是一款手机的多种表情。

图 6.28 概念手机 Connext

爱尔兰摇滚乐队 U2 是世界著名的乐队，深受歌迷的喜爱，并屡获世界各大音乐奖项。苹果推出的 U2 纪念版 iPod 采用黑色面板、红色按钮、背面金属镜面，在设计上延续了 iPod

的风格的同时，又注入了更多的人文因素（见图 6.29）。

图 6.29　iPod U2

Apple 苹果电脑推出以 U2 乐队命名的 iPod U2 黑色特别版将产品设计与流行音乐结合起来，当然，这其中更多地结合了营销的策略，但是它的出现启发了所有人：设计中的流行元素是可以来自于这个时代任何一个地方的。

时尚作为一种社会心理现象，通过提取时尚元素这一媒介，正悄悄地渗透到数码产品的设计中，显现出不可替代的作用。时尚趋势是从艺术、文化、生活甚至科技发展中诞生的，由诺基亚发起的“时尚创意展”对其做了最好的诠释。但是，时尚的数码产品设计，一定要掌握消费心理趋势，分析和预测流行产品的时尚语言并运用到设计中，才可以提高产品的附加值。那些肤浅地认为“时尚”就是“美化”，只能使功能不合理，结构、工艺繁杂的产品涂脂抹粉，是不可能在根本上将先进的技术转化成符合新时代生活方式的功能和造型的。

当然，产品的时尚设计，还受到诸多因素的影响，如科技进步和各民族消费者的个性等。在数字产品的设计中，只有平衡好各个影响设计的因素，时尚语言才可以发挥更大价值。

6.4　数码产品可持续设计

数码产品的可持续设计是产品设计的又一次演进和发展，它贯穿于数码产品从概念到生产到消费，以及报废的各个环节，是一个系统的问题，考虑的是综合因素，并且按照不同因素的重要性和难易程度进行优化。这时，环境不仅仅是约束数码产品设计的简单因素，更成为了数码产品设计的主要目标，在强调数码产品质量和经济性的同时，更加强调了环境的目标，以下给出了几个方面的考虑。

1. 减少能耗

降低数码产品生产制造、使用、回收过程中能源和资源的消耗，既要考虑经济性，又要有益于环境的良性循环。由于产品设计本身是一个极富创造力的工作，通过设计师的创造性思维结合对材料工艺的了解，以减少材料的预算；使材料的浪费精确化；对材料进行充分有效的利用；避免使用多余的处理设备和劳动力。同时在满足数码产品预期功能的前提下，不用或者少用加工工艺复杂、生产过程高能耗的材料，做到既节约资源又经济可靠。

音乐播放器是现代年轻人的最爱，在追求其功能和音效品质的同时，外观和制作工艺成了一大亮点：一款可爱小狗造型的音乐播放器将让你眼前一亮；该播放器制作材料都为木头，原材料来源广泛，价格低廉，为该产品降低了生产成本。另外，外置扬声器也是手工添加制作，摒弃了塑料材质，带来一种自然清新的气息；在能源上，用一个 3.7V 的 Li-Polymer 充电电池，可持续使用 5 小时；采用嵌入式设计，让外观看起来更加简洁，可连接你的 iPod 或 MP3 播放器（见图 6.30）。

图 6.30　用音乐去遛狗的音乐播放器

2. 降低污染

我们知道自然界是一个动态平衡的状态，对于轻微的环境变化，其自身具有调节功能，但是如果污染的程度超出了调解的能力范围，就会带来重大的灾难。20 世纪五、六十年代，西方发达国家的"八大公害事件"就是血的教训。虽然现代环境监测技术，保护的手段已今非昔比，但是并未从根本上解决。对于电子制造型企业来说，减少对环境的污染应该从以下两方面做起。

（1）防止污染

因为完全消除污染是不现实的，以现在的技术水平，数码产品在其生命周期中一定会对环境产生影响，带来或多或少的污染。这项工作应是企业内部各部门配合完成的，设计师最初对数码产品规划时将生态保护作为重要因素加以考虑，尽量不使用有毒或者产生有毒副产品的材料；企业的生产部门在配合产品开发部门完成数码产品开发的同时，对产品加工工艺、产品生产流程进行综合性的生态评估，利用评估的结果改良加工工艺，重新设计产品生产流程，以降低对环境的负面影响。

（2）控制污染

相对于防止污染的形成，控制污染其实是一种补救的措施，是指对产生的有害副产品进行处理。相对防止污染，将污染的产生杜绝在设计之初，控制污染是当污染产生时，再提供极大的人力、物力和财力尽力挽回的方式。由此，我们得出，与其企业将大量的投资用于环境保护的补救措施，还不如投入少部分的资金用于产品可持续设计的研发，这样做既减少了易于对环境造成的损害，又降低了工人的健康和安全风险。

（3）提高数码产品质量

产品的质量，就是企业的生命，它由设计师的智慧和生产加工工艺技术水平所决定。一方面产品的质量能保证使用的安全性，提供健康舒适的功能体验，同时高质量的产品经久耐用，延长了产品的生命周期，降低了重复开发产生的资源浪费。

现在的 MP3 真可为是泛滥了，但每次在享受完后，都为充电而苦恼，因为有时候找不到充电器。现在找充电器的历史即将宣告结束，图 6.31 所示这款新型 MP3 不再需要传统的充电器了。它由韩国设计师 Giha Woo 设计，该 MP3 本身带有一个充电器，你可以在任何有插孔的地方充电，电插头的外观设计大胆而富于想象，使它的每一个部件都进行运作，做到了物尽其用的效果，它的 USB 接口也是一次大胆的创新，嵌入式的 USB 接头通过耳机插孔加载音乐，让你选择自己喜欢的任何 PC 形式。这样的设计也是历史性的创新，它的音效也是领先的，做到了环绕立体声，定会让音乐爱好者陶醉其中。该机的操作也是十分简单，让你轻松玩转音乐。

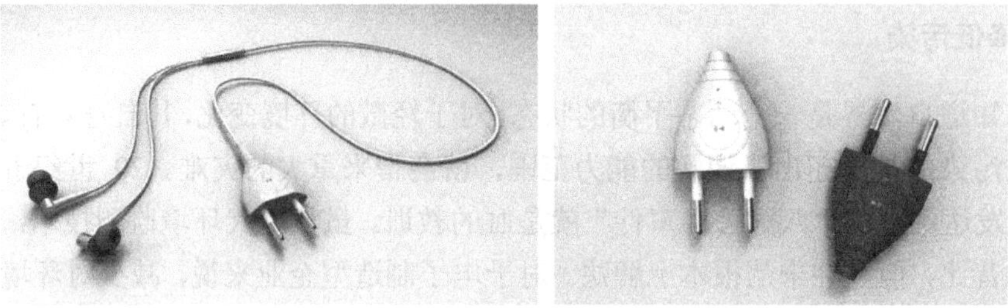

图 6.31　不再需要充电器的 MP3

（4）回收再利用

我们发现在数码产品生命周期中回收再利用是可持续设计的关键环节，要真正实现这一环节，令重复使用达到最佳的状态，最初在设计数码产品概念的时候就应综合考虑，使报废后的数码产品，便于回收、便于拆卸，以及对有毒材料的考虑等。国外的很多公司，在对材料回收利用的研究方面取得了很多的成果，他们在产品设计中充分考虑到零件材料回收的经济性、可行性、工艺和方法，遵循便于拆卸的设计理念，尽可能地利用可回收材料。德国的奔驰公司提出了对汽车生命周期回收的概念，即从汽车的设计开始，就注重汽车的可回收性，将生产和使用过程中产生的废弃物、废能和废液等全部回收，到汽车报废时还能拆解回收，他们的近期目标是包括塑料和废油液在内的整车回收率达到 90%以上。

打印机最重要的也是消耗最大的是哪部分呢？是墨盒！设计师 Hoyoung Lee 一直在想：用什么办法来减小这样的消耗，达到环保的要求。他发现，在办公室的垃圾筐里，最浪费的东西应该首选铅笔，没有一支是完全使用完了的。正是这一发现让他灵感闪现，一款环保的铅笔打印机的概念孕育而生。将废弃的铅笔头塞入特定的孔中，就能将铅芯剥离出来用于打印的墨盒，办公文档的打印自然不在话下。更绝的是，Hoyoung Lee 把环保做到了极致，打印机还自带橡皮功能，一张白纸能反复地利用，当然铅笔字迹容易模糊应该算是这款作品的一个小小的遗憾，不过在环保面前，这点缺陷算不了什么（见图 6.32）。

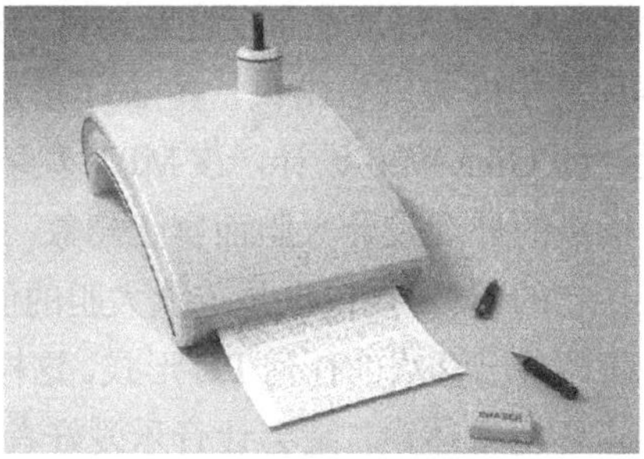

图 6.32　最节约最环保的铅笔打印机

第五篇　产品开发能力深层修炼——策略运用得心应手，为产品营销管理提供借鉴

第五篇包括了第 7 ~ 9 章的内容，为策略部分，是本书重点。介绍了数码产品的产品策略、广告策略与营销策略制定与实施相关方法，并辅以国内外成功的数码产品策略策划实例，使阅读者能清晰理解并轻松掌握各项策略，为产品营销管理提供了借鉴。

第7章 产品策略

产品策略是企业为了在激烈的市场竞争中获得优势，在生产、销售产品时所运用的一系列措施和手段，包括产品定位、产品组合策略、产品差异化策略、新产品开发策略、品牌策略及产品的生命周期运用策略。

7.1 新产品开发策略

7.1.1 新产品开发的基本策略

产品策略是市场营销 4P（Proudct，Price，Place，Promotion）组合的核心，是价格策略、分销策略和促销策略的基础。从社会经济发展看，产品的交换是社会分工的必要前提，企业生产与社会需要的统一是通过产品来实现的；企业与市场的关系也主要是通过产品或服务来联系的；从企业内部而言，产品是企业生产活动的中心。因此，产品策略是企业市场营销活动的支柱和基石。

人类社会发展的车轮已把我们推向了一个高速创新的时代，科学技术的飞速发展，经济全球化步伐的加快，市场竞争日益激烈，世界市场机会在不断转移，导致产品生命周期越来越短。在 20 世纪中期，一代产品通常意味二十年左右的时间，而到 90 年代，一代产品的概念不超过 7 年。80～90 年代美国的产品生命周期平均为 3 年，1995 年已经缩短为不到 2 年。生命周期最短的是计算机行业产品，根据莫尔定理，计算机芯片的处理速度每 18 个月就要提高 1 倍，而芯片的价格却以每年 25%的速度下降。这一切迫使企业不是为了利润，至少是为了生存，就必须不断开发新产品以迎合市场需求的快速变化。产品创新已成为企业经营的常态。

1965 年，也就是集成电路发明之后不久，美国人戈登莫尔（Gordon Moore）曾预言计算机芯片的晶体管的集成密度将每年增长 1 倍。后来他又预言芯片的集成度每隔两年翻

1 倍。事实上微电子界所接受的莫尔定律是一个平均值，即计算机芯片的集成度每 18 个月翻一番，这就是著名的莫尔定律。莫尔定律，即意味着同等价位的微处理器速度会变得越来越快，同等速度的微处理器的价格会变得越来越便宜。作为迄今为止半导体发展史上意义最深远的莫尔定律，集成电路数十年的发展历程，令人信服地证实了它的正确性。它并不是严格的物理定律，而是基于一种几乎不可思议的技术进步现象所做出的预言。

新产品开发战略的类型是根据新产品战略的维度组合而成的，产品的竞争领域、新产品开发的目标及实现目标的措施这三维构成了新产品战略。对各维度及维度的诸要素组合便形成各种新产品开发战略。几种典型的新产品开发战略如下。

1. 冒险或创业战略

冒险战略是具有高风险性的新产品战略，通常是在企业面临巨大的市场压力时为之，企业常常会孤注一掷地调动其所有资源投入新产品开发，期望风险越大，回报越大。该战略的产品竞争领域是产品最终用途和技术的结合，企业希望在技术上有较大的发展甚至是一种技术突破；新产品开发的目标是迅速提高市场占有率，成为该新产品市场的领先者；创新度希望是首创，甚至是首创中的艺术性突破；以率先进入市场为投放契机；创新的技术来源采用自主开发、联合开发或技术引进的方式。实施该新产品战略的企业须具备领先的技术、巨大的资金实力、强有力的营销运作能力。中小企业显然不适合运用此新产品开发战略。

2. 进取战略

进取战略是由以下要素组合而成的：竞争领域在于产品的最终用途和技术方面，新产品开发的目标是通过新产品市场占有率的提高使企业获得较快的发展；创新程度较高，频率较快；大多数新产品选择率先进入市场；开发方式通常是自主开发；以一定的企业资源进行新产品开发，不会因此而影响企业现有的生产状况。新产品创意可来源于对现有产品用途、功能、工艺、营销策略等的改进，改进型新产品、降低成本型新产品、形成系列型新产品、重新定位型新产品都可成为其选择，也不排除具有较大技术创新的新产品开发。该新产品战略的风险相对要小。

3. 紧跟战略

紧跟战略是指企业紧跟本行业实力强大的竞争者，迅速仿制竞争者已成功上市的新产品，来维持企业的生存和发展。许多中小企业在发展之初常采用该新产品开发战略。该战略的特点：产品的战略竞争领域是由竞争对手所选定的产品或产品的最终用途，本企业无法也无须选定；企业新产品开发的目标是维持或提高市场占有率；仿制新产品的创新程度不高；产品进入市场的时机选择具有灵活性；开发方式多为自主开发或委托开发；紧跟战略的研究开发费用小，但市场营销风险相对要大。实施该新产品战略的关键是紧跟要及时，全面、快速和准确地获得竞争者有关新产品开发的信息是仿制新产品开发战略成功的前提；其次，对竞争者的新产品进行模仿式改进会使其新产品更具竞争力。强有力的市场营销运作是该战略的保障。

4. 保持地位或防御战略

保持或维持企业现有的市场地位，有这种战略目标的企业会选择新产品开发的防御战略。该战略的产品竞争领域是市场上的新产品；新产品开发的目标是维持或适当扩大市场占有率以维持企业的生存；多采用模仿型新产品开发模式；以自主开发为主，也可采用技术引进方式；产品进入市场的时机通常要滞后；新产品开发的频率不高。成熟产业或夕阳产业中的中小企业常采用此战略。

7.1.2 数码新产品开发的方向

从企业的角度来看，数字产品开发要赢得市场，以及消费者的接受必须使得个人数字产品更好地促进未来数字生活的质量，因此在未来数字产品开发时必须要注意一些问题（见图 7.1）。

图 7.1　未来数字产品开发必须要注意的一些问题

（1）即时网络接入

未来数码产品将可以实现随时随地的网络接入。在数码方式中，大量的服务基于网络，只有即时的网络接入才能随时获得服务。随着网络技术的成熟与运用，每个产品将拥有一个 ID，这将大大地帮助产品的网络接入的实现。

（2）可靠性

产品在不同环境下使用操作的稳定性。随着数码产品的普及，其应用范围将大大扩展，在不同环境下保持稳定的使用性能是非常重要的。如车载 GPS 全球定位系统，在汽车的振动、高温环境下，也须保持其稳定的性能，否则将失去其意义。

（3）价格因素

产品要符合大众的购买能力，因为数码产品具备网络的特性，因而只有网络中的产品不断的完备，才能更好地发挥各个产品的最大效用。如大部分家庭能够消费可视电话的时候，可视电话的网络效用才能起作用。因此，数码产品的价格应该不断地向大众的购买能力靠近，而不仅仅是追求高档化。

（4）运行速度

运行速度自从计算机产品一出现，对运行速度的追求从来就没有停止过。对于数码产品而言，计算机内核是其重要核心，对其运行速度的要求也是不断提高的。

（5）移动性

产品要能够无线传输、合适的尺寸和便于移动。无线传输技术将大大提高数码产品的移动性能，这种移动性对于越来越快速的社会节奏是非常有必要的。

（6）可实现功能扩展

产品要具备支持可扩展功能。数字服务和数字产品发展速度非常快速，可扩展功能是该产品保持其良好运行状态的一种必要方式。

（7）安全性

产品要有用户识别、加密、远程登录保护等功能。通过远程的用户管理和密码管理更加有效地运用数字产品，同时又能保证安全性。

（8）远程控制与管理

产品要具备条件，能够执行外部网络管理及升级的操作，远程的管理可以提高数字产品运用的力度。

（9）易学易用性

产品要易于学习和使用。要与现存产品技术类似如 TV、电话，通过熟悉的界面和操作方式，来降低使用难度和学习量。

7.1.3 数码相机的新产品开发策略

加强新产品开发的措施很多，采用何种措施要根据企业实际情况和市场环境，以及每种措施的实用性、可操作性等进行认真、慎重的选择。新产品开发要以满足市场需求为前提，企业获利为目标，遵循“根据市场需要，开发适销对路的产品；根据企业的资源、技术等能力确定开发方向；量力而行，选择切实可行的开发方式”的原则进行。

正确的新产品开发策略，首先，要服从企业总体经营战略的要求。因为包括新产品开发策略的产品决策是企业经营决策的一个部分。而战略性的经营决策应当并已经在企业资源与外部环境之间做出了最佳选择。其次，开发策略应当对开发新产品的目标予以准确的定义，这样才能约束和限定开发工作的方向，并有助于在开发过程中对执行情况作自身评价，以制订正确的新产品营销计划。第三，开发策略要尽可能地对开发过程中所需的协调、控制和决策给以原则的指导，避免在具体开发中出现过多的争执和冲突。

1. 模仿式新产品开发策略

在数码相机企业等别的企业推出新产品后，应立即加以仿制和改进，然后推出自己的产品。这种策略是不把投资用在抢先研究新产品上，而是绕过新产品开发这个环节，专门模仿市场上刚刚推出并畅销的新产品，进行追随性竞争，以此分享市场收益。所以，它又称为竞争性模仿，即有竞争，又有模仿。竞争性模仿不是刻意追求市场上的领先，但它绝不是纯粹的模仿，而是在模仿中创新。企业采取竞争性模仿策略，既可以避免市场风险，又可以节约研究开发费用，还可以借助竞争者领先开发新产品的声誉，顺利进入市场。更重要的是，它通过对市场领先者的创新产品做出许多建设性的改进，有可能后来居上。

竞争性模仿策略常常需要综合利用正向思维与反向思维，对市场上的新产品进行全面、系统、深入的科学分析和研究，即从正面考察其独特的优点，能否在此基础上锦上添花，又要从反面分析其有哪些不足，从而可以做哪些改进和创新。竞争性模仿要求企业必须具有快速反应机制，不能失去尾随创新的机会。

家庭用户对数码相机提出更加多功能性需求，拥有一台便于随身携带的大变焦 DC，更能让家中的摄影狂热分子拥有更多发挥空间。针对这种市场需求，佳能开发了 S3，索尼开发了 H3（见图 7.2），其他数码相机企业也开发了类似的大变焦 DC（柯达 P880、富士 S6500……）。

图 7.2　佳能 S3、索尼 H3

2. 抢占市场策略

数码相机企业在市场调研的基础上率先推出新产品，利用新产品的独特优点，占据市场上的有利地位。采取抢占市场措施，就能够在市场上捷足先登，利用先入为主的优势，最先建立品牌偏好，从而取得丰厚的利润。

佳能公司率先推出普及型 DSLR-EOS-300D，第一个把 DSLR 价格降入万元内，引起市场热潮。然后，佳能又推出类似的新产品 EOS-350D、EOS-400D，在普及型 DSLR 市场上占据了有利地位，取得了丰厚的利润。面向入门级单反用户的佳能 EOS-400D 自上市起就以低廉的价格、优秀的性能、细致的制作工艺受到消费者广泛关注，并且迅速占领低端单反市场的半壁江山（见图 7.3）。

图 7.3　佳能 EOS-350D、佳能 EOS-300D、佳能 EOS-400D

3. 时尚、潮流式的新产品开发策略

数码相机企业在开发新产品时能及时借用流行的事物使其与人们的时尚追求相吻合，根据消费者易受流行心理的影响，可及时抓住可能引起消费者兴趣、进而模仿的电影、戏剧、体育、唱歌等明星的生活特征，开发新产品。

很多消费数码产品都有自己的形象代言人，一个合作长久的代言人能给品牌带来很好的聚众效应。Hello Kitty 这个可爱小猫形象非常受女孩子欢迎，于是就有数码相机企业把这个小猫形象与 DC 结合起来，开发出 Hello Kitty 限量版数码相机，不仅可爱，而且十分具有收藏价值。风靡全球的 Hello Kitty 设计是其最大的卖点，粉红色的外观、相机左上角的 Hello Kitty 头像，都显示了这款相机的与众不同，非常适合 MM 使用（见图 7.4）。

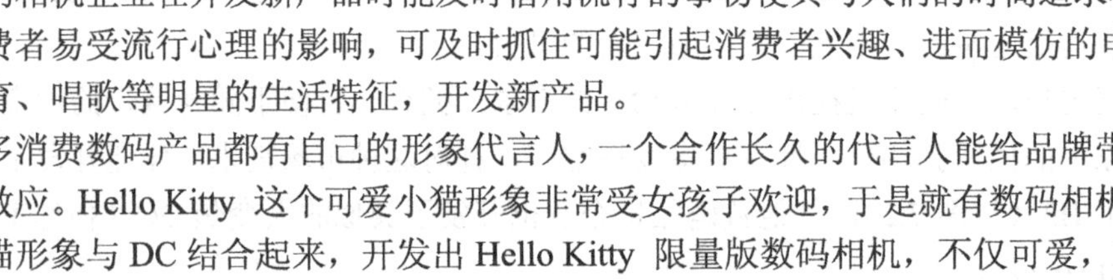

图 7.4　Hello Kitty 限量版数码相机

4．反向式新产品开发策略

数码相机企业在开发新产品时能运用逆向思维，不循常规，反其道而行之来开发新产品，改变了人们的固定的常规思维模式和轨迹，从而发现正向思维所看不到的事物。娱乐性、时尚型、便携性等集于一体的产品开始热销，MP4 影音播放、时尚的外形设计都是热点。

通常数码相机都是由拍摄者来决定何时聚焦测光，但是很多日本数码相机企业（索尼、佳能、尼康、富士）开发出脸部识别技术，成为新产品的一个非常规卖点。脸部识别技术是指照相机能自动识别被摄人物的脸部并自动进行聚焦测光，从而实现了过去连想也不敢想的高度自动化拍摄。脸部识别技术的应用可以大大提高摄影成功率，即使是普通摄影者也能拍出清晰的人物画面。

从技术角度来看，人像识别和高像素已经渐成主流，在“像素之争”、“屏幕之争”日渐式微之后，“连拍速度之争”将很有可能成为未来数码相机企业间竞争角逐的焦点。这些不循常规的产品卖点都可以成为数码相机企业开发新产品的方向。

5．系列式新产品开发策略

数码相机企业在开发新产品时围绕产品向上、下、左、右、前、后延伸，开发出一系列类似的、但又各不相同的产品，形成不同类型、不同规格、不同档次的产品系列。系列化的新产品能更好地满足消费者的不同需要，从而扩大产品的市场占有率，增加销量，增强企业的竞争实力。

例如，对于 DSLR 用户来说，专业用户与摄影爱好者、发烧友对机器性能规格的要求是不同的，尼康公司针对这种不同的需要，开发出系列式新产品来面对消费者：普及型 DSLR—D40X、中档型 DSLR—D80、准专业型 DSLR—D200、专业型 DSLR—D3。

6．借脑生财式的新产品开发策略

数码影像技术的迅猛发展，客观上要求数码相机企业的新产品开发要以高科技为依托，加大新产品的科技含量。数码相机的技术进步实际就是自动化的提高，因此，企业要全力以赴寻找一些大专院校、科研单位做自己的合作伙伴。通过技术引进和技术合作，借脑开发新产品，培植新优势，这样不仅可以提高企业开发新产品的科技含量和成功率，而且还可以树立企业的新形象，提升企业的竞争力。

综上所述，数码相机企业应在市场调研的基础上，认清变化因素，看清楚自己的不足，采取有针对性的对策，根据具体情况选择相应的新产品开发策略，从而促进本企业的长远发展。

7.2 产品定位策略

7.2.1 产品定位策略的概述

公司对所从事营销活动的各细分市场，都必须为其发展一套产品定位策略。产品定位，是指公司为建立一种适合消费者心目中特定地位的产品，所采取的产品策略企划及营销组合的活动。产品定位这个概念在 1972 年因 AIRies 与 Jack Trout 而普及。产品定位并不是指产品本身，而是指产品在潜在消费者心目中的印象，也是产品在消费者心目中的地位。

产品定位的策略有以下几种（见图 7.5）。

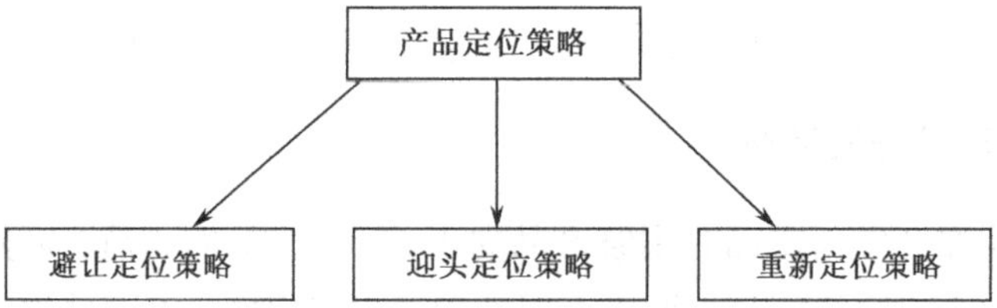

图 7.5 产品定位策略

1. 避让定位策略

避让定位策略是指企业力图避免与实力最强的或较强的其他企业直接发生竞争，而将自己的产品定位于另一市场区域内，使自己的产品在某些特征或属性方面与最强或较强的对手有比较显著的区别。

其优点主要是以下两个方面。

① 避让定位策略能够使企业较快速的在市场上站稳脚跟，并能在消费者或用户心目中树立起一种形象；

② 市场风险较小，成功率较高。

其缺点主要是避强往往意味着企业必须放弃某个最佳的市场位置，很可能使企业处于最差的市场位置。

2. 迎头定位策略

它是一种以强对强的市场定位策略。采用这一策略的原因，一是没有其他区域可去选定；二是企业实力较雄厚。这种定位方法风险性高，但能够激励企业以较高的目标要求自己，奋发向上。

其优点：由于竞争对手是最强大的，因此竞争过程往往相当惹人注目，甚至产生轰动效应，企业与其产品可以较快地被消费者或用户所了解，达到树立市场形象的目的。

其不足主要在于：迎头定位可能引发激烈的市场竞争，因此，具有较大的风险性。

3. 重新定位策略

由于市场如战场一样风云变化，因而市场定位也要因市场变化而不断重新定位。确定目标市场或进行市场定位是一个复杂的决策过程，不能主观臆断，要认真分析、综合、权衡。要遵循“两害相较取其轻，两利相较取其重”的原则，在比较各个子市场或客户群组的利害，权衡其轻重的基础上，确定目标市场，进行目标市场营销。

7.2.2　尼康数码相机的产品定位策略

1. 对企业以往的定位策略的分析与评价

① 以往产品定位：企业原来面对中国大陆所有需要购买相机的消费者进行营销，对不同消费者在需求上是不加区分的，其中包括消费者对相机的需求和他们共性的特征很难描述。

② 定位效果：突出了产品的专业性，产品得到部分消费者的认同，让更多消费者了解到尼康这个品牌。

③ 对以往定位的评价：尼康相机在消费者当中有了初步了解，为迅速打响品牌知名度，在中国大陆市场更好地发展做了铺垫。

2. 进行新的产品定位的必要性

① 从消费者需求的角度：以产品现有的高品质的特性吸引部分对相机品质要求较高的消费者，争取他们对产品的认知，促使他们产生购买行动。

② 从产品竞争的角度：针对中国大陆现有相机品牌，突出尼康相机专业性这一特色，突出镜头优质和正统，在这一领域独闯一片天地。

③ 从营销效果的角度：提高尼康相机的市场占有率。

3. 对产品定位的表述

尼康产品定位朝着高科技、高品质和全面三个方向进行，但建议仍旧采取高科技定位。

4. 新的定位的依据

① 消费者对于相机的需求，可以分为两个阶段：在相机出现之初，他们主要的需求是方便，而在这种方便的需求为众多品牌的产品所满足后，他们的需求就从比较低层次的方便性转向比较高层次的高科技。

② 现在虽然多数品牌都采取高科技的定位，但是如果尼康为了回避竞争而采取方便的定位，无疑会很难适应消费者需求的发展，被消费者认为是一种低层次的产品。

③ 高科技的定位包含比较丰富的内涵，可以从多方面挖掘出与众不同的内容，而现在众多的品牌虽然都采取高科技的定位，但是多数都停留在表面的层次，没有做更深的挖掘，因此显得千篇一律，缺乏特色。

④ 对产品细分市场的分析也表明，对于最有可能消费尼康产品的消费者来说，高科技比方便性更有吸引力。

5. 2012 年尼康数码相机代表性产品

（1）户外专属——三防相机尼康 AW100s

尼康 COOLPIX AW100s 是尼康 COOLPIX AW 系列的首款具有三防功能的轻便型数码相机。其具备耐用性能，能在水下和户外活动等严酷的环境下拍摄。尼康 COOLPIX AW100s 可在水下 10mm 处正常工作，或是承受以 1.5mm 高处坠下的冲击力，还可以在零下 10°C 的低温环境中工作。小巧轻便的机身可以单手操作拍摄。尼康 COOLPIX AW100s 还内置高性能 GPS 和电子罗盘，能够获取拍摄地点的信息方位。

该相机还拥有 1600 万有效像素、1/2.3 英寸 CMOS 感光元件、5 倍光学变焦能力、46 万像素。3 英寸液晶屏，等效于 28～140mm 的潜望式镜头可在水下拍摄美景（见图 7.6）。

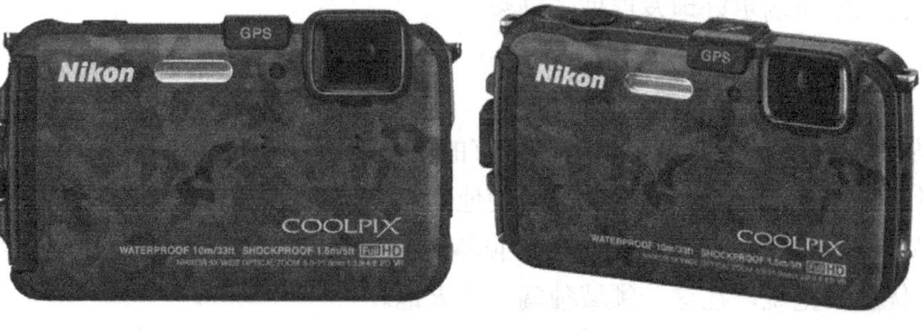

图 7.6　尼康 COOLPIX AW100s

（2）2012 年度 TIPA 大奖——尼康 D5100、尼康 D800、SB-910

尼康公司旗下三款产品获得了 2012 年度摄影和影像产业的权威机构 TIPA 大奖。尼康 D5100 荣获最佳入门级数码单镜反光相机大奖；尼康 D800 荣获最佳准专业级数码单反相机大奖；SB-910 荣获最佳专业闪光灯系统大奖。

尼康 D5100 是一款配置 1620 万像素、CMOS 感应器、ISO 高感光度图像质量及带有出色的高清晰显示屏的单镜反光相机，初学者可以学习和了解数码单镜反光相机的性能，资历较深的用户可以优惠的价格拥有此款相机。其方便操作的用户操控设置，以及令人难忘的多角度可翻转 LCD 显示屏有助于轻松拍摄。内置特殊效果模式与机内高动态范围（HDR）功能给相机增添了许多使用乐趣。此外，D5100 支持全高清动画录制功能（1920p×1080p/30p）（见图 7.7）。

D800 拥有强大的 3630 万有效像素，用户可拍摄印象深刻的高画质图片。图像文件大小开始匹敌中画幅数码后背输出设备，并支持用户以较大文件尺寸打印图片。其全高清短片记录功能吸引了广大对短片录制有质量要求的资深摄影者。D800 是一款功能配备齐全、轻便有趣的相机，并搭载立体声，配置 ISO6400（可扩展至相当于 ISO25600），以及 4 幅/秒拍摄速率。TIPA 成员认为此款相机是高端技术与满足摄影爱好者实际需求的最佳结合（见图 7.8）。

图 7.7　尼康 D5100

图 7.8　尼康 D800

基于尼康创意闪光系统，新型 SB-910 闪光灯采用了改进的直观操作系统和图形用户界面。SB-910 闪光灯覆盖了最为常用的焦距，具有内置 FX/DX 格式识别功能，实现了基于机身的光线分辨优化。此外，全新闪光灯提高了电池使用效率，其改进的热保护功能可在闪光灯发热时提高循环次数，而不用等到闪光灯降温后才可完全切断。SB-910 可根据硬型色彩补偿滤镜（荧光或白炽光）的色温平衡，实现自动改变相机白平衡设置（见图 7.9）。

图 7.9　尼康 SB-910

7.2.3 手机的产品定位策略

1. 摩托罗拉

摩托罗拉追求“智慧演绎，无处不在”，通过产品蕴涵的智慧，使消费者生活更加轻松。摩托罗拉一贯注重技术及功能的应用，这种传统不仅在其公司内部，而且在消费者心目中根深蒂固。摩托罗拉公司每年拨 30 亿美元用于技术发展，希望依托技术给市场提供非常简单易用并且支持各种功能的解决方案。其理念是，技术是发展的基础。然而，消费者和客户并不关注其技术含量，他们更希望产品简单易用并且具备强有力的使用功能。

2011 年摩托罗拉推出当米诺系列 XT316、XT319 和 XT531（见图 7.10），将潮流时尚和高性价比完美结合，令人无法抗拒。XT316 配备了 QWERTY 全键盘、触摸屏及时尚配色的可换外壳；还可以享受趣味无穷、功能丰富的 Android 操作系统所带来的丰富个性化选项。如果你与亲朋好友分隔两地，XT319 配备了前置和后置摄像头，可以提供视频聊天功能，并且搭载了 Android 2.3 操作系统。如果你预算有限又是个网络社交达人，轻薄的 XT531 智能手机则以 3.5 英寸高亮触摸屏配合前后双摄像头，为你带来更生动的社交体验。如果你喜欢户外探险，防水溅、防尘、耐刮的 ME525+定能确保你尽享生活的极致精彩。

2. 诺基亚

诺基亚在品牌战略上避开了技术上的劣势，以高超的人性化诉求定位企业品牌的形象。诺基亚手机发展之初在技术上没有优势可言，如果一味地以技术作为其品牌宣传的重点，不但无法与其他品牌进行区分，还会弄巧成拙，最后以失败告终。诺基亚通过对当时市场的分析认识到，手机仅仅用于商务活动造成了手机消费市场的局限性。诺基亚试图打破普通消费者心目中对手机的片面理解，让先进的通信技术在消费市场得到推广和普及。诺基亚认识到，科技的真正魅力应该来源于人性本身，当人与科技在互动中相得益彰时，科技便找到了它存在的真实意义。因此，诺基亚决定另辟蹊径，从一般公司少有的人文角度，找到适合自己品牌的文化根基和新的市场诉求点，提出了“Human—Technology（人性科技）”的品牌内涵。

图 7.10　摩托罗拉当米诺系列 XT316、XT319 和 XT531

2011 年，诺基亚推出 N9 手机。该手机的设计师 Marko Ahtisaari 认为智能手机交互界面的发展还只是相当于 1890 年的汽车，那时候人们是用舵来开车，而方向盘用了 15 年才成为汽车驾驶的标准。类似地，当前两种主流的智能手机交互方式，安卓和苹果系统的交互方式，都需要用户按某个键，返回主界面才能进行应用间的切换，就好比用户在自己家里，每次必须回到大门入口，才能去客厅、餐厅、卧室。这种方式显然不够好。诺基亚 N9 的滑动操作方式，带来的是更简单、更自然、更直接的用户体验。捕捉人类最纯粹的简约和自然，才有了 N9 的“滑动之美”，也正因为如此，诺基亚 N9 让手机的使用回归“科技以人为本”的基点。

Marko Ahtisaari 认为设计手机最重要的有两点：第一，要找到最本质、最纯粹的简约能力，才能设计出简约而好用的产品，做减法及去掉多余是需要勇气的；第二，要设计出可持续的产品，就要关注产品的生态影响。

易用的回归是 N9 设计的原点。一块没有按键的屏幕，要满足几十种甚至上百种不同的应用需求，并且使彼此之间的切换达到最舒服的使用状态，这已经对手机设计提出了非常高，但却是最根本的要求。围绕着易用这个概念和目标，软件、硬件融合设计，回归到使用者的体验本身，摒弃那些冗余的主屏按键、繁杂的超多屏应用目录，以及造成“视觉噪声”的图标排序，诺基亚 N9 以一体聚碳酸酯材质、上下左右全自由滑动、独有弧面玻璃“悦幕”亮屏，以及多彩亮色交融为一体，令人产生一种将其拥入怀中的冲动（见图 7.11）。

图 7.11　诺基亚 N9

2011—2012 年诺基亚又在 N9 的基础上陆续发布了包括诺基亚 900、诺基亚 800C、诺基亚 710、诺基亚 800、诺基亚 610 等产品在内的全新 Lumia 家族 Windows Phone 系列手机。Lumia 家族产品为中国消费者量身打造，拥有令人惊叹的设计，流畅的操作体验和诺基亚专属服务，如诺基亚地图、诺基亚驾车和诺基亚“乐随享”等优质服务。此外其精心设计的动态磁贴和人脉功能也是 Windows Phone 系统的独有创新功能。这一系列手机均预装了时下热门应用，如新浪微博、腾讯 QQ、百度搜索和支付宝、实用的联系人导入应用，以及介绍最新程序的“应用程序精选”等都让诺基亚 Lumia 系列产品拥有与众不同的非凡体验（见图 7.12）。

图 7.12　诺基亚 800C、诺基亚 710、诺基亚 800、诺基亚 610

在这些家族产品中最耀眼的产品之一是 2012 年发布的诺基亚 900。诺基亚 900 一经发布即获得了包括被 CNET 与 PC Magazine 等杂志评为 CES2012“最佳智能手机”，以及《科技新时代》的“未来产品奖”等 13 项国际大奖。该手机采用了 4.3 英寸 AMOLED 悦幕显示屏技术，无论在室内还是室外，皆可呈现色彩鲜艳、丰富的图像内容，配合卓越的设计，为用户带来无与伦比的使用体验；还配备容量高达 1830 mAh 的电池，确保用户全天候享受各项应用和服务。作为登陆中国市场的第五款诺基亚 Lumia 非凡系列智能手机，诺基亚 900 提供墨黑、纯白、湖蓝三种颜色供用户选择。新品延续了 Lumia 非凡系列令人惊艳的外形设计，同时融入了非常丰富的社交和互联网体验（见图 7.13）。

图 7.13　2012 年诺基亚 Lumia 900

3. 三星

三星的“贵族机”是出了名的，三星非常明确地将市场策略定位在中高端市场，一如既往地坚持产品的高端路线，树立强有力的品牌形象，笃信以品牌带动销售的策略。其品牌战略的核心是修改品牌识别，使品牌识别与进军高端数码产品、追求高附加值的战略相适应，给品牌注入“e 公司、数字技术的领先者、高档、高价值、时尚”等新元素。用高价和时尚设计突出产品的贵族化倾向（见图 7.14）。

图 7.14　2011 年三星手机

2012 年 6 月，三星发布了新一代人性化智能旗舰 GALAXY S Ⅲ。作为三星今年力推的巅峰之作，GALAXY S Ⅲ集人性化应用体验、强大分享功能、卓越性能和浑然天成的设计于一身，令用户享受到前所未有的易用性和引领科技前沿的移动体验。

受大自然的灵感启发，GALAXY S Ⅲ再现了自然界的律动，机身形态仿若温润如脂、无比平滑的玉石。手机界面充分融合了风、水和光的元素——锁屏的涟漪、动态主屏的光点、模拟自然的铃声与各种提示音，与外观完美呼应，为使用者带来时刻身处自然的逼真感受。其机身色彩也是对“取法自然”设计的绝佳诠释，首批上市的 GALAXY S Ⅲ 为“云石白”色，随后又推出了“青玉蓝”色（见图 7.15）。

图 7.15　三星 GALAXY S Ⅲ手机

（1）善解人意，极其聪慧

作为新一代智能手机的代表，GALAXY S Ⅲ革命性地提升了智能手机的人机交互体验。它能够准确地识别使用者的面部、视觉和动作，提供便捷、自然乃至无比体贴的使用体验，是迄今最为聪慧和善解人意的智能手机。

GALAXY S Ⅲ采用了创新的“智能休眠”（Smart Stay）功能，它能判断用户在如何使用手机。例如，在阅读电子书或者浏览网页时，通过前置摄像头的眼部识别技术自动保持屏幕的亮度，让用户持续享受观赏乐趣、免受黑屏之苦。该手机还能识别人的动作，当你在给某人发短信或正在查看通讯录时，突然想要直接给这个人打电话，只需将手机放到耳边，“体感拨号”（Direct call）功能便会自动替你拨通此人的号码。有了“智能提醒”（Smart Alert）功能，它将确保你不会遗漏任何短信或是未接来电，因为当你拿起手机时，它会自动通过振动和 LED 指示灯提醒你查看未处理的任务。

GALAXY S Ⅲ还为用户带来极其智能的拍摄体验，开启“急速连拍”（Burst Shot）功能后，该手机可以在7秒内连续抓拍20张移动中的目标；“完美拍摄”（Best Photo）功能，可以自动帮助用户从拍摄的8张照片中挑选出效果最佳的1张。此外，受益于BIS技术，其前后摄像头在黑暗中和运动中都能拍出清晰照片。

（2）咫尺天涯，无际分享

独乐乐，不如众乐乐——三星GALAXY S Ⅲ不仅可为每个使用者带来人性化的全新体验，还能让你无论身处何地，都能与亲朋好友分享所有的精彩，且整个过程无比轻松快捷。

高效的“智能传输”（S Beam）功能可让该手机用户无需WiFi或者网络信号就能以最简单快速的方式传输文件。两台GALAXY S Ⅲ只需轻轻一碰，即可将屏幕上显示的文件传递给对方，且速度极快——传完一首5MB的MP3歌曲只需1s，而传说300MB的电影短片也仅需1分钟。

“AllShare Cast”功能可以将GALAXY S Ⅲ与电视机无线连接，手机画面将同步显示到大屏电视上，而手机则变身为操作大屏的遥控器；借由“AllShare Play”功能，它可以无线访问周边已注册联网的任意三星PC、平板或TV，播放其存储的多媒体文件，从而实现远程观看电影，浏览照片或是聆听音乐，可随时随地重温精彩珍藏。

该手机内置了跨平台、跨品牌的即时通信工具ChatON，可与全世界智能手机和PC等各种设备上的ChatON用户轻松聊天。ChatON全面支持分享联系人信息、图片、视频、地理位置和含有动画特效的短信，群发和群聊模式最多可支持50人同时在线畅所欲言。

（3）卓越性能，浑然天成

搭载了Android™ 4.0冰淇淋三明治操作系统的GALAXY S Ⅲ拥有当前智能手机中无可匹敌的硬件配置，在大屏幕显示、多任务和图形处理、连接速度，乃至省电能力方面都有卓越表现，为用户带来前所未有的极致体验。

该手机拥有比前代产品更大、更清晰的4.8HD Super AMOLED（1280×720分辨率）高清炫丽屏，为观看高清视频、网页冲浪或是游戏带来宽广、逼真、舒适的视觉体验。其正面覆盖了第2代康宁（Gorilla）玻璃保护屏，拥有令人叹为观止的抗划及耐磨能力，让屏幕持久光亮如新。

它还配备三星最为先进的“猎户座”四核1.4GHz处理器，可以帮助你瞬间完成更多任务并实现更加流畅的操作。2100mAh大容量电池，让用户拥有更长的娱乐时间。有了四核处理器的帮助，性能强劲的GALAXY S Ⅲ首次在手机上实现了“画中画播放”（Pop Up Play）——当你在观看视频时，如果临时需要查看邮件、短信或者上网，只需缩小视频窗口进行浮动播放，即可一边观看一边进行其他操作。

7.3 定价策略

7.3.1 数码产品的经济特征

数码产品具有与众不同的经济特征，正是这些经济特征导致了与传统的有形物理商品截然不同的营销与定价策略。

1. 特殊的成本结构

数码产品的特殊的成本结构表现在，生产第一份复制非常昂贵，但是制造后继复制则极其廉价。固定成本和可变成本的巨大差异还不是数码产品成本结构特殊的唯一原因。数码产品的固定成本和可变成本还有各自的特殊性。其固定成本的主要部分是沉淀成本（Sunk Cost），即一旦第一份复制的制造过程因故中止就不能收回的成本。

可变成本也有不同于传统的物理商品的独特性。例如，如果市场上对 Intel 的 CPU 需求增加，而且超出了 Intel 的生产能力，这时，为了满足更大的需求和获取更多的利润，Intel 就需要组织各种资源建立新的工厂，即当传统商品制造商达到其现有的能力时，生产的边际成本将增加。与此相反，数码产品的生产没有容量限制，即无论生产多少个复本，其成本也不会增加。更有甚者，是将数码产品放到自己的网站上，供消费者有偿下载，就像许多数字化专业期刊一样。此时，由于生产没有物理形式，制造没有成本，不需要包装，也无须运输，因而可变成本几乎趋近于零。换句话说，数字化产品一旦生产出来，便具有了几乎无限的库存。

2. 对个人偏好的依赖性

数码产品极低的边际成本使得传统的定价策略在数字化产品市场上几近失效。例如，你无法应用成本定价法，也不能根据竞争程度定价。最可行的策略是根据数码产品对消费者的价值来定价。显然，同样的数码产品对于不同的消费者的价值可能相去甚远。

在信息完全的市场中，数码产品的制造商可以将其产品以不同的价格卖给不同的消费者，这些不同的价格反映了其对不同消费者的价值。然而，在现实当中，这种个人化定价（差别定价）是难以行得通的。在目前的计算能力下，收集、存储和发布每个消费者的偏好资料也难办到。另外，传统的营销渠道如零售商店给同一商品标示不同的价格也是不现实的。而且，数码产品制造商也会因此而疏远客户。

数码产品的价值对消费者偏好的依赖性，也导致了数码产品在传统观念下的“不可消费”性。即数码产品的价值，对于不同消费者来说差异较大。虽然根据消费者偏好产生的异质性而对各种商品的需求有所不同，但这种差异对数码产品更甚。所以，数码产品的制造商为了根据客户偏好进行分类，就要更加依赖客户所传达的信号。这样，产品的定制和以消费者类型为基础的差别定价，对于数码产品来说更加重要，因为消费者的使用与价值具有异质性。对于差异化产品，定价策略是以消费者评价或他们的边际付款意愿为基础，而不是生产的边际成本。

3. 网络外部性

根据梅特卡夫法则，网络的价值与联网的用户数的平方成正比。梅特卡夫法则是基于每一个新上网的用户都因为别人的联网而获得了更多的信息交流机会。它指出了网络具有极强的外部性和正反馈性：联网的用户越多，网络的价值越大，联网的需求也就越大。这样，我们可以看出梅特卡夫法则指出了从总体上看消费方面存在效用递增需求创造了新的需求。

网络的外部性有正的和负的外部性。当趋向于正的外部性时能发挥更大的价值，例如，传真机和电话，如果只有很少人拥有电话或传真机，其价值就很低；如果你的朋友或同事都有电话或传真机的话，其价值就很高，当形成一个通信网络后它的价值才发挥得最好。网络拥挤具有负的外部性：很多人都有电话对你有利，但如果他们使用极为频繁的话以至于你常碰到忙音，那就令人丧气了。软件产业是网络外部性的另一个例子，有很多软件公司在为常见的操作系统如 Windows 的用户开发应用程序，而不是为那些不常见的操作系统开发应用程序。其他数字化产品也有网络外部性，如有些计算机游戏玩的人越多就越受欢迎。

与传统经济观点的基本原则（物以稀为贵）相反，具有正的网络外部性的数字化产品则是物以多为贵。例如，Web 浏览器，用 Netscape Communicator 的人越多，其价值就越大。对于 Internet Explorer 也是如此。

7.3.2　数码产品的定价策略

电子商务之所以有如此强盛的生命力，是因为它的快捷、方便与低成本。以致造就了一个个“网络神话”。在电子商务环境下，并不仅仅只有企业是电子商务的受益者，消费者也可以因其使用电子商务所表现出来的特性而获得更大的满足。从市场营销的基本理论来分析，传统市场营销对产品定价的基本原理同样适用于网上数码产品，而作为企业则从以前所体现的“4P”转向“4C”（Consumer wants and needs，Cost，Convenience，Communications），即以消费者为中心的营销策略则必须针对上述情况采取相应的定价策略。

1．需求导向定价法

在电子商务中，企业通过利用网络互动性和快捷性的特点，让消费者参与对数码产品的定价，以便及时、准确地掌握消费者或用户的预期价格，并能够掌握各个消费者独特的价值观，以及各个细分市场的销售能力，从而正确地确定商品的价格，避免定价偏高或偏低。另外，企业还可通过网络准确地把握消费者需求的差异性，针对数码产品的不同功效、版本确定不同的价格。

2．个性化定价法

DELL公司的总裁迈克尔· 戴尔说过：“我们现在的研发部门已不用更深入地去研究企业要去生产什么，因为我们的消费者会告诉我们要生产什么样的产品。”

在网上，企业可以针对不同的消费者为他们量身定制个性化的产品。根据不同需求状况向不同的消费者收取不同的价格。企业也可以根据消费者的受教育程度、专业、职业、兴趣、爱好来提供他们所需要的数字化产品。

不是成本决定价格，而是产品对用户的价值（或效用）决定价格。赢利的条件是价格不低于边际成本或单位现付成本。在此基础上企业可结合生产成本和消费者愿意支持的价格来给出一个合理的价格水平。

3．免费定价法

众所周知，在市场上“没有免费的午餐”。但在网络环境下，免费数码产品现象在网上随处可见，经常有充话费送手机等活动。但我们不妨细细观察免费的背后，就可以发现大多数数码产品免费的目的都是为了锁定（Lock-in）一个客户群体，使客户对公司的产品或服务产生依赖感。当这种“锁定”变为普遍的现实后，垄断便由此萌生，面对这一市场是可以攫取到高额利润的。

从经济学上解释，“免费”并非是没有依据的。但网络改变了数码产品的成本结构，对于数码产品，生产就是复制。而复制产品的成本与第一个产品的成本相比很低，而且在产品功能方面，复制出的产品和母产品没有任何差别。

4．版本定价法

在电子商务市场中，在缺乏精确的客户资料的情况下，根据不同类型的顾客需求去提供不同的版本，为不同版本制定不同的价格。

厂商针对不同需求划分出不同版本（Version）来定价的方法可以看成个性化定价的市场细分结果之一。版本划分就是厂商将数字化产品划分为不同级别或功能的产品，让消费者自我选择适合自己的产品版本，如 MP3 容量的不同版本、数码相机像素的不同版本等。

5．捆绑定价法

捆绑（Bundling）是产品差别化的一个特殊类型。由于捆绑容易操作，因而在厂商产品差别化策略中处于十分重要的位置。同时，捆绑也是厂商销售数字化产品和服务时的一项重要策略，并在网络环境中变得日益重要。

在网络环境中，对一些数码产品进行捆绑销售的目的是为了推广新产品或扩大市场份额。

第8章 广告策略

广告策略——实现、实施广告战略的各种具体手段与方法，是战略的细分与措施。常见的广告策略有四类：产品策略、市场策略、媒介策略和广告实施策略。

8.1 广告定位策略

广告产品定位策略的具体运用主要分为两类：实体定位策略和观念定位策略。

1. 实体定位策略

实体定位策略，就是在广告宣传中突出商品的新价值，强调与同类商品的不同之处和所带来的更大利益。实体定位策略又可分为功效定位、品质定位、市场定位、价格定位等。

（1）功效定位

功效定位是在广告中突出商品的特异功效，使该商品在同类产品中有明显区别，以增强选择性需求。它是以同类产品的定位为基准、选择有别于同类产品的优异性能为宣传重点的。

（2）品质定位

品质定位是通过强调产品具体的良好品质而对产品进行定位。如美国的多芬（DOVE）香皂，便以滑润皮肤作为广告宣传的重点。

（3）市场定位

市场定位是市场细分策略在广告中的具体运用，将商品定位在最有利的市场位置上。

（4）价格定位

价格定位则是因商品的品质、性能、造型等方面与同类商品相近似，没有什么特殊的地方可以吸引消费者，在这种情况下，广告宣传便可以运用价格定位策略，使商品的价格具有竞争性，从而击败竞争对手。

2. 观念定位策略

观念定位策略是突出商品的新意义、改变消费者的习惯心理、树立新的商品观念的广告策略。具体有两种方法：逆向定位和是非定位。

1）逆向定位

逆向定位是借助于有名气的竞争对手的声誉来引起消费者对自己的关注、同情和支持，以便在市场竞争中占有一席之地的广告产品定位策略。大多数企业的商品定位都是以突出产品的优异性能的正向定位为方向的，但逆向定位则反其道而行之，在广告中突出市场上名气响亮的产品或企业的优越性，并表示自己的产品不如它好，甘居其下，但准备迎头赶上；或通过承认自己产品的不足之处，来突出产品的优越之处。这是利用社会上同情弱者和信任诚实的人的心理，故意突出自己的不足之处，以唤起同情和信任的手法。

2）是非定位

是非定位则是从观念上人为地把商品市场加以区分的定位策略。它是根据企业的营销策略、商品差别化、市场细分化、产品生命周期阶段等状况，确定广告最有利的诉求位置的一种有效策略。该策略应用的好坏，直接影响到广告效果。

（1）生活信息广告策略

这主要是针对理智购买的消费者而采用的广告策略。这种广告策略，通过类似新闻报道的手法，让消费者马上能够获得有益于生活的信息。

（2）塑造企业形象广告策略

这种广告策略一般来说，适合老厂、名厂的传统优质名牌产品。这种广告策略主要是强调企业规模的大小及其历史性，从而诱使消费者依赖其商品服务形式。也有的是针对其产品在该行业同类产品中的领先地位，为在消费者心目中树立领导者地位而采取的一种广告策略。

（3）象征广告策略

这种广告策略，主要是为了调动心理效应而制定的。企业或商品通过借用一种东西、符号或人物来代表商品，以此种形式来塑造企业的形象，给予人们以情感上的感染，唤起人们对产品质地、特点、效益的联想。同时，由于把企业和产品的形象高度概况和集中在某一象征上，能够有益于记忆，扩大影响。

（4）承诺式广告策略

这是企业为使其产品赢得用户的依赖而在广告中做出某种承诺式保证的广告策略。值得提出的是承诺式广告的应用，在老产品与新产品上的感受力度和信任程度是有所不同的。承诺式广告策略的真谛是所作出的承诺，必须确实能够达到。否则，就变成更加地道的欺骗广告了。

（5）推荐式广告策略

企业与商品自卖自夸的保证，未必一定能说服人。于是，就要采用第三者向消费者强调某商品或某企业的特征的推荐式广告策略，以取得消费者的信赖。所以这种广告策略，又可称为证言形式。对于某种商品，专家权威的肯定、科研部门的鉴定、历史资料的印证、科学原理的论证，都是一种很有力的证言，可以产生“威信效应”，从而导致信任。在许多场合，人们产生购买动机，是因为接受了有威信的宣传。

（6）比较性广告策略

这是一种针对竞争对手而采用的广告策略，即将两种商品同时并列，加以比较。欧美的一些国家广告运用较多。“不怕不识货，就怕货比货”。比较，可以体现产品的特异性能，是调动信任的有效方法，比较的方法主要有：功能比较、革新对比和品质对比。

（7）打击伪冒广告策略

这是针对伪冒者而采取的广告策略。鉴于市场上不断出现伪冒品，为避免鱼目混珠，维护企业名牌产品的信誉，就需在广告中提醒消费者注意其名牌产品的商标，以防上当。

（8）人性广告策略

这是把人类心理上变化万千的感受，加以提炼和概括，结合商品的性能、功能和用途，以喜怒哀乐的情感在广告中表现出来。其最佳的表现手法是塑造消费者使用该产品后的欢乐气氛，通过表现消费者心理上的满足，来保持该产品的长期性好感。

（9）猜谜式广告策略

即不直接说明是什么商品，而是将商品渐次地表现出来，让消费者好奇而加以猜测，然后一语道破。这种策略适宜于尚未发售之前的商品。猜谜式广告策略，看起来似乎延缓了广告内容的出台时间，其实却延长了人们对广告的感受时间。通过悬念的出现，使原来呈纷乱状态的顾客心理指向，在一定时间内围绕特定对象集中起来，为顾客接受广告内容创造了比较好的感受环境和心理准备，为顾客以后更有效地接受广告埋下了伏笔。

（10）如实广告策略

这是一种貌似否定商品，实际强化商品形象，争取信任的广告策略。这与竭力宣传本商品各种优点，唯恐令人不信的广告有很大区别。如实广告就是针对消费者不了解商品的情况，如实告诉消费者应当了解的情况。

8.2　广告市场策略

广告的市场策略主要包括三个具体策略：目标市场定位、广告促销策略和广告心理策略。

1．广告目标市场定位策略

目标市场定位策略就是企业为自己的产品选定一定的范围和目标、满足一部分人的需要的方法。任何企业，无论其规模如何，都不可能满足所有顾客的整体要求，而只能为自己的产品销售选定一个或几个目标市场，这就是市场定位。企业的目标市场定位不同，销售策略不同，广告策略也不一样。目标市场是广告宣传有计划地向指定市场进行传播活动的对象。因此，在制定广告策略时，必须依据企业的目标市场的特点，来规定广告对象、广告目标、媒介选择、诉求重点和诉求方式等。

企业选择目标市场是在研究消费者需求的基础上进行的，商品市场按消费者的需求和满足程度来分，有同质市场与异质市场两类。

1）同质市场

同质市场是消费者对商品的需求有较多共性、消费弹性小、受广告影响不大的商品市场。一些生活必需品就是属于这一类型。

2）异质市场

异质市场则与同质市场相反，它是指顾客对同类产品的品质和特性具有不同的要求、强调商品的个性、消费弹性较大、受广告的影响也较多的商品市场。绝大多数商品市场都属于异质市场。

在满足消费者需求时，不仅要考虑到生理上的需要，还要考虑心理上的需要，而生理上的需要有一定的限度，心理上的需要则是变幻莫测的。因此，在同类商品总市场上，企业可以依据消费者生理上和心理上的需求，以及企业自身的经营条件，将市场细分成许多子市场，然后依据目标市场的特点，制定企业的营销策略，并采取相应的广告策略。由于市场可以细分，在市场经营和广告宣传中就可以运用不同的策略手段，争取不同的消费者。依据市场来制定销售策略，一般可分为无差别市场策略、差别市场策略和集中市场策略三类。针对不同的情况，广告策略也采取相应的形式：无差别市场广告策略、差别市场广告策略和集中市场广告策略。

（1）无差别市场广告策略

无差别市场广告策略是在一定时间内，向同一个大的目标市场运用各种媒介搭配组合，做同一主题内容的广告宣传。这种策略一般应用在产品引入期与成长期初期，或产品供不应求、市场上没有竞争对手或竞争不激烈的时期，是一种经常采用的广告策略。它有利于运用各种媒介宣传统一的广告内容，迅速提高产品的知名度，以达到创牌目的。

（2）差别广告市场策略

差别广告市场策略则是企业在一定时期内，针对细分的目标市场，运用不同的媒介组合，做不同内容的广告宣传。这种策略能够较好地满足不同消费者的需求，有利于企业提高产品的知名度，突出产品的优异性能，增强消费者对企业的信任感，从而达到扩大销售的目的。这是在产品进入成长期后期和成熟期后常用的广告策略。这时，产品竞争激烈，市场需求分化较突出。由于市场分化，各目标市场各具不同的特点，所以广告设计、主题构思、媒介组合、广告发布等也都各不相同。

（3）集中市场策略

集中市场策略是企业把广告宣传的力量集中在已细分的市场中一个或几个目标市场的策略。此时，企业的目标并不是在较大的市场中占有小的份额，而是在较小的细分市场中占有较大的份额。因此，广告也只集中在一个或几个目标市场上。采取集中市场策略的企业，一般是本身资源有限的中小型企业，为了发挥优势，集中力量，只挑选对自己有利的、力所能及的较小市场作为目标市场。

这三种策略既可独立运用，也可综合利用，灵活掌握，主要视企业的基本情况而定。

2. 广告促销策略

广告促销策略是一种紧密结合市场营销而采取的广告策略，它不仅告知消费者购买商品的获益，以说服其购买，而且结合市场营销的其他手段，给予消费者更多的附加利益，以吸引消费者对广告的兴趣，在短期内收到即效性广告效果，有力地推动商品销售。广告促销策略，包括馈赠、文娱、服务、折价、公共关系等促销手段的运用。

（1）馈赠广告

馈赠广告是一种奖励性广告，其形式很多，如广告赠券等。食品、饮料和日用品的报刊广告多用此法。优待方法多半采用折价购买或附赠小件物品。这个办法既可以扩大销售，又可检测广告的阅读率。除广告赠券外，广告与商品样品赠送配合也是一种介绍商品的有效方法，但费用很高。

（2）文娱广告

文娱广告也是广告促销的常用策略，如出资赞助文艺节目和电视剧、广播剧的制作等。

此外，如猜谜、有奖征答等，也是广告的有效形式。

（3）中奖广告

中奖广告是一种抽奖中奖形式的广告推销手段，在国外很流行，也具有一定的效果。

（4）公益广告

公益广告是把公益活动和广告活动结合起来的广告策略。通过关心公益，关心公共关系，开展为社会服务活动，争取民心，树立企业形象，从而增强广告的效果。能给人一种企业利润取之于社会、用之于社会的好感。

3. 广告促销心理策略

广告的作用与人们的心理活动密切相关，而广告的促销心理策略，则是运用心理学的原理来策划广告，诱导人们顺利地完成消费心理过程，使广告取得成功。过程如下：诉诸感觉，唤起注意——赋予特色，激发兴趣——确立信念，刺激欲望——创造印象，加强记忆——坚定信心，导致行动。

广告活动中常用的心理学原理有需要、注意、联想、记忆、诉求等。

需要是人们进行实践活动的原动力。人们之所以购买这种商品，而不购买别的商品，就是由于这种商品能够满足他们的某种需要。广告的促销活动不但要告诉人们有关商品的知识，而且要说明这种商品是符合他们的需要的。当人们认识到这种商品对于他们的价值，即符合他们的某种需要时，他们才会购买。成功的广告，就是首先掌握了人们的需要，并针对人们的需要确立广告诉求的重点和创作设计广告。

需要是广告诉求定位的主要依据。同是一个商品，它有许多属性，而只有那些最能满足需要的诉求定位才能导致购买行为，使广告获得成功。消费者不仅对商品的使用价值有所要求，而且要求获得心理上的满足。广告要同时掌握人们对商品实用价值和心理价值的需要，才能获得成功。同时，广告还必须能引起需要和刺激需要，通过对潜在需要的激发，使消费者产生物质欲求，并加强其信心，排除障碍，促使购买。这也是我们现在所说的广告指导消费的作用。

引起人们的注意，是广告成功的基础。广告若不能引起注意，肯定要失败。因为注意是人们接触广告的开端，只有注意了广告，才能谈得上对广告内容的理解。在广告设计中有意识地加强广告的注意作用，是广告的重要心理策略。广告引起人们注意的方法有多种，主要是扩大空间面积，延长广告时间，突出广告色彩，增强广告的艺术化和使广告具有动态感等。

广告的时间和篇幅都是有限的，仅靠直接印象取得的广告效果也是有限的。只有通过各种手段，激发有益的联想，才能加强刺激的深度和广度。这是有意识地增强广告效果的重要手段。

联想能够使人们扩大和加强对事物的认识，引起对事物的兴趣，使消费者产生愉悦的情绪，对形成购买动机和促成购买行为有重要影响。在广告中，主要运用接近联想、连续联想、相似联想、对比联想、记忆联想和颜色联想等。

广告运用记忆原理，使人们在实现购买时能记起广告内容，并起到指导选购的作用。要考虑不同的广告对象的记忆特点来策划广告，要尽可能按需要的、注意的、有趣的、形象的、活动的、联想的、易于理解的和反复的等要求来设计广告，使人容易留下深刻的印象，保持记忆，便于回想。诉求是指外界事物促使人们从认知到行动的心理活动。广告诉求就是告诉人们有哪些需要，如何去满足，并敦促他们去为满足需要而购买商品。广告诉求一般有知觉诉求、理性诉求、情感诉求和观念诉求等多种。广告心理策略实质上就是对这些诉求的灵活运用。

4. 广告的实施策略

广告的实施策略主要有广告差别策略、系列策略和时间策略等。

1）广告的差别策略

广告的差别策略是以发现差别和突出差别为手段，充分显示广告主企业和产品特点的一种宣传策略，包括产品差别策略、劳务差别策略和企业差别策略三方面内容。

（1）产品差别策略

产品差别策略是突出产品的功能差别、品质差别、价格差别、花色品种差别、包装差别和销售服务差别的广告宣传策略。因为产品的上述差别可以是新旧产品间的差别，也可以是同类产品间的差别。因此，广告的产品差别策略是具有竞争性的。运用广告差别策略时，首先要发现该产品的功效差别，在设计制作广告作品时要突出它的功效差别，给予消费者能够获得某种利益的鲜明印象。

（2）劳务差别策略

劳务差别策略的基本原理与产品差别策略相同，主要是突出和显示同类劳务中的差别性，从而说明本企业的服务能给消费者带来更多的方便与得益。

（3）企业差别策略

企业差别策略包括企业设备差别、技术差别、管理水平差别、服务措施差别和企业环境差别等在内的各项内容。

产品差别策略、劳务差别策略和企业差别策略是在实践中运用较多、效果也较好的差别策略。此外，还有心理差别策略和观念形态差别策略等也较为常用。

2）广告系列策略

广告系列策略是企业在广告计划期内连续地和有计划地发布有统一设计形式或内容的系列广告，不断加深广告印象，增强广告效果的手段。广告系列策略的运用，主要有形式系列策略、主题系列策略、功效系列策略和产品系列策略等。

（1）形式系列策略

形式系列策略是在一定时期内有计划地发布数则设计形式相同，但内容有所改变的广告的策略。由于设计形式相对固定，有利于加深消费者对广告的印象，增加企业的知名度，便于在众多的广告中分辨出本企业的广告。这种策略的运用，适宜于内容更新快、发布频率大的广告，如旅游广告、文娱广告、交通广告和食品广告等。整体广告很注重这一策略的运用。

（2）主题系列策略

主题系列策略是企业在发布广告时依据每一时期的广告目标市场的特点和市场营销策略的需要，不断变换广告主题，以适应不同的广告对象的心理欲求的策略。

（3）功效系列策略

功效系列策略是通过多则广告逐步深入强调商品功效的广告策略。这种策略或是运用不同的商品观念来体现商品的多种用途；或是在多则广告中的每一则都强调一种功效，使消费者易于理解和记忆；或者结合市场形式的变化在不同时期突出宣传商品的某一用途，起到立竿见影的促销作用。

（4）产品系列策略

产品系列策略则是为了适应和配合企业系列产品的经营要求而实施的广告策略。产品系列策略密切结合系列产品的营销特点进行，由于系列产品具有种类多、声势大、连带性强的特点，因而在广告中可以灵活运用。

3）广告的时间策略

广告的时间策略，就是对广告发布的时间和频度作出统一的、合理的安排。广告时间策略的制定，要视广告产品的生命周期阶段、广告的竞争状况、企业的营销策略、市场竞争等多种因素的变化而灵活运用。一般而言，即效性广告要求发布时间集中、时限性强、频度起伏大。迟效性广告则要求广告时间发布均衡、时限从容、频度波动小。广告的时间策略是否运用得当，对广告的效果有很大影响。

广告的时间策略在时限运用上主要有集中时间策略、均衡时间策略、季节时间策略、节假日时间策略四种；在频度上有固定频度和变动频度两种基本形式。

（1）集中时间策略

集中时间策略主要是集中力量在短时期内对目标市场进行突击性的广告攻势，其目的在于集中优势，在短时间内迅速造成广告声势，扩大广告的影响，迅速地提高产品或企业的声誉。这种策略适用于新产品投入市场前后，新企业开张前后，流行性商品上市前后，或在广告竞争激烈时刻，以及商品销售量急剧下降的时刻。运用此策略时，一般运用媒介组合方式，掀起广告高潮。

（2）均衡时间策略

均衡时间策略是有计划地反复对目标市场进行广告的策略，其目的是为了持续地加深消费者对商品或企业的印象，保持显在消费者的记忆，挖掘市场潜力，扩大商品的知名度。在运用均衡广告策略时一定要注意广告表现的变化，不断予人以新鲜感，而不要长期地重复同一广告内容，广告的频度也要疏密有致，不要予人以单调感。

（3）季节时间策略

季节时间策略主要用于季节性强的商品，一般在销售旺季到来之前就要开展广告活动，为销售旺季的到来做好信息准备和心理准备。在销售旺季，广告活动达到高峰，而旺季一过，广告便可停止。这类广告策略要求掌握好季节性商品的变化规律。过早开展广告活动，会造成广告费的浪费，而过迟，则会延误时机，直接影响商品销售。

（4）节假日时间策略

节假日时间策略是零售企业和服务行业常用的广告时间策略。一般在节假日之前数天便开展广告活动，而节假日一到，广告即告停止。这类广告要求有特色，把品种、价格、服务时间及异乎寻常之处的信息突出地、迅速地和及时地告诉消费者。

广告的频度是指在一定的广告时期内发布广告的次数，在策略上可根据实际情况需要，交替运用固定频度和变化频度的方法。

① 固定频度

固定频度方法是均衡广告时间常用的时间频度策略，其目的在于实现有计划的持续广告效果。固定频度法有两种时间序列：均匀时间序列和延长时间序列。均匀时间序列的广告时间按时限周期平均运用。如时间周期为五天，则每五天广告一次，若为十天，则每十天广告一次，以此类推。延长时间序列是根据人的遗忘规律来设计的，广告的频度固定，但时间间隔越来越长。

② 变化频度

变化频度策略是广告周期里用各天广告次数不等的办法来发布广告。变化广告频度可以使广告声势适应销售情况的变化。常用于集中时间广告策略、季节与节假日广告时间策略，以便借助于广告次数的增加，推动销售高潮的到来。

变化频度策略有波浪序列型、递升序列型和递降序列型三种方式。

① 波浪序列型

波浪序列型是广告频度从递增到递减，又由递减到递增的变化过程，这一过程使广告周期内的频度由少到多，又由多到少，适用于季节性和流行性商品的广告宣传。

② 递升序列型

递升序列型则是频度由少到多、至高峰时戛然而止的过程，适用于节日性广告。

③ 递降序列型

递降序列型是广告频度由多到少、由广告高峰跌到低谷在最低潮时停止的过程，适用于文娱广告、企业新开张或优惠酬宾广告等。

上述各种广告时间策略可视需要组合运用。如集中时间策略与均衡时间策略交替使用，固定频度与变化频度组合运用等。广告时间策略运用得法，既可以节省广告费，又能实现理想的广告效果，这是广告策略中极为重要的一环。究竟一个商品广告在一种媒介上投放几次，才可以使人们记住它，这一问题的研究目前还处在摸索阶段，但目前也有研究表明至少是六次，即一个人接触同一个广告六次便会记住这个广告。如果有关此类问题的研究有所突破，将会使广告的刊播工作在科学、合理、有效的轨道上运行。

8.3　广告诉求策略

广告诉求是商品广告宣传中所要强调的内容，俗称“卖点”。它体现了整个广告的宣传策略，往往是广告成败关键之所在。倘若广告诉求选定得当，会对消费者产生强烈的吸引力，激发起消费欲望，从而促使其实施购买商品的行为。

广告诉求是广告内容中很重要的部分，是创意性的企图和信息传播者为了改变信息接收者的观念，在传播信号中所应用的某些心理动力，以引发消费者对于某项活动的动机，或影响其对于某样产品或服务的态度。

广告要进行有效诉求，必须具备三个条件：正确的诉求对象、正确的诉求重点和正确的诉求方法。

1. 广告的诉求对象

广告的诉求对象即某一广告的信息传播所针对的那部分消费者。

（1）诉求对象由产品的目标消费群体和产品定位决定

诉求对象决策应该在目标市场策略和产品定位策略已经确定之后进行，根据目标消费群体和产品定位而作出。因为目标市场策略已经直接指明了广告要针对哪些细分市场的消费者进行，而产品定位策略中也再次申明了产品指向哪些消费者。

（2）产品的实际购买决策者决定广告诉求对象

根据消费角色理论可以知道，不同消费者在不同产品的购买中起不同作用，如在购买家电等大件商品时，丈夫的作用要大于妻子，而在购买厨房用品、服装时，妻子的作用则大于丈夫。因此，家电类产品的广告应该主要针对男性进行诉求，而厨房用品的广告则应该主要针对女性进行诉求。儿童是一个特殊的消费群体，他们是很多产品的实际使用者，但是这些产品的购买决策一般由他们的父母做出，因此，儿童用品的广告应该主要针对他们的父母进行。

2. 广告的诉求重点

广告活动动时间和范围是有限的，每一次广告都有其特定的目标，不能希望通过一次广告就达到企业所有的广告目的；广告刊播的时间和空间也是有限的，在有限的时间和空间中不能容纳过多的广告信息；观众对广告的注意时间和记忆程度是有限的，在很短的时间内，观众不能对过多的信息产生正确的理解和深刻的印象。

广告中向诉求对象重点传达的信息称为广告的诉求重点。制约广告诉求重点的因素如下。

（1）广告目标

广告的诉求重点首先应该由广告目标来决定。如果开展广告活动是为了扩大品牌的知名度，那么广告应该重点向消费者传达关于品牌名称的信息。如果广告目的是扩大产品的市场占有率，那么广告的诉求重点应该是购买利益的承诺；如果广告目的是短期的促销，那么广告应该重点向消费者传达关于即时购买的特别利益的信息。

（2）诉求对象的需求

广告的诉求重点应该是直接针对诉求对象的需求，诉求对象最为关心、最能够引起他们的注意和兴趣的信息，因为企业认为重要的信息，在消费者看来并不一定非常重要。

3. 广告的诉求方法

广告诉求方法从性质上可分为理性诉求和感性诉求两类。

（1）理性诉求

广告向消费者“推介产品”，诉诸于目标观众的理性思维，使消费者能够对产品的特质、功能等有一个清楚地了解，从而决定是否购买。感性诉求广告主要诉诸于消费者的感性思维，“以情动人”，使消费者在感动之余认同该产品。当然还可用情理结合的诉求策略，即用理性诉求传达信息，以感性诉求激发观众的情感，从而达到最佳的广告效果。

广告的理性诉求是指广告诉求定位于观众的理智动机，通过真实、准确、公正地传达企业、产品、服务的客观情况，使观众经过概念、判断、推理等思维过程，理智地做出决定。它主要是在广告诉求中告诉观众如果购买某种产品或接受某种服务会获得什么样的利益，或者是告诉观众不购买产品或不接受服务会产生什么样的影响。理性诉求广告到有一定的强制性，需要消费者通过理性思考，进行分析、比较进而做出选择。恰当地使用理性诉求策略，可以起到良好的劝服效果，使用不当，又常常会变成对消费者的一种说教，使消费者从本能上产生抵触情绪，从而造成广告的失败。

（2）感性诉求

广告直接诉诸于消费者的情感、情绪，如喜悦、恐惧、爱、悲哀等，形成或者改变消费者的品牌态度。在这类广告中，消费者首先得到的是一种情绪、情感的体验，是对产品的一种感性认识，得到的知识产品的软信息。这种软信息能够在无形中把产品的形象注入消费者的意识中，潜移默化的改变消费者对产品的态度。感性诉求广告以消费者的情感或社会需要为基础，宣传的是广告品牌的附加价值。

8.4　广告表现策略

1. 广告主题策略

广告主题是根据广告目标所提炼的，能够达到广告诉求目标的最直接的表达，它是广告运动的中心思想和灵魂。提炼出的广告主题像一条红线贯穿在整个广告运动之中，对于整体广告作品具有统帅作用。广告主题还决定着广告诉求力量的强弱。因此，它跟广告创意是紧密相联的，在人的思维过程当中有时候也不能截然分开，只是它更多地体现出一种总领性的作用，是对于广告目标的最直接体现，所以起到了广告战略的作用。

广告主题策划，就是选择并确定广告的中心思想，它是引起广告对象注意，达成广告对象满意，促成广告目标实现的重要手段。广告主题策划要根据企业或产品的实际情况及广告目标，确定一个鲜明突出的主题，使人们在接触广告之后很容易理解广告告诉了他们什么，要他们做什么，力求使广告主题能与消费者发生共鸣，进而取得广告的成功。广告主题策划带有一定的广告创意性质，它是广告创意、表现、制作的基础，具有举足轻重的作用。

进行广告策划工作，必须使所确定的广告主题符合以下要求。

（1）目的性

即要使广告主题能够反映广告目标，能切实为达到好的传播效果服务。

（2）显著性

广告主题应当力所能及、最大限度并尽可能多地引起人们的注意。

（3）通俗易懂

广告主题要通过明快的形式反映出企业的意图、产品的特征等信息，将其迅速而又准确地表现出来。主题复杂不利于进行有效的传播活动，也不利于创意、表现和制作的实施。

（4）刺激性

广告主题要具备刺激性，以求尽可能引起消费者的兴趣。集中稳定，即广告主题要能保持在广告运动期间不发生基本变化，而且要把握住诉求焦点，防止主题的多元化和分散化。

（5）协调性

广告主题要与广告商品和广告主企业形象相协调一致，并与企业或商标的名称或标志相联系，以便形成固定的形象记忆和概念。独特性，这是整个广告运动和广告策划活动都应该秉承的一个原则，在广告主题策划当中则显得格外重要，因为广告主题是整体广告运动的中心思想，它是体现独特性的一个焦点，是传达给观众的一个最强烈的主题思想，因此，广告主题要具有跟其他同类广告相区别的特点，才能在难以数计的广告信息中独树一帜而不被其他广告所淹没，并有利于给观众留下长久深刻的印象。

2. 广告创意策略

广告创意是使广告达到广告目的的创造性的想法意念，在商业广告中能使广告达到促销目的独特主意。它是决定广告设计水准高低的关键环节。

广告策划中的“创意”要根据市场营销组合策略、产品情况、目标消费者、市场情况来确立。针对市场难题、竞争对手，根据整体广告策略，找寻一个“说服”目标消费者的“理由”，并把这个“理由”用视觉化的语言，通过视、听表现来影响消费者的情感与行为，达到信息传播的目的，消费者从广告中认知产品给他们带来的利益，从而促成购买行为。这个“理由”即为广告创意，它是以企业市场营销策略、广告策略、市场竞争、产品定位、目标消费者的利益为依据，不是艺术家凭空臆造的表现形式所能达到的“创意”。

广告创意贵在创新，只有新的创意、新的格调、新的表现手法才能吸引公众的注意，才能有不同凡响的心理说服力，加深广告影响的深度和力度，给企业带来无限的经济价值。设计师要有正确的广告创意观念，创意过程中，从研究产品入手，研究目标市场、目标消费者、竞争对手、市场难题，确定广告诉求主题，到确定广告创意、表现形式，创意始终要围绕着产品、市场、目标消费者，有的放矢地进行有效诉求，才能成为促销的广告创意。设计师在思维上要突破习惯印象和恒常心理定势，从点的思维转向发散性思维、多惭性思维，善于由表及里由此及彼的展开思维、学会用水平思维、垂直思维、正向思维与逆反思维，以使思路更开阔、更敏捷，在发散思维的同时把握住形象思维与逻辑思维的辩证规律，充分发挥设计师的想象力，使广告更加富有个性和独创性。

8.5　广告媒介策略

广告媒介是进行广告活动的物质技术手段，它具有传达性、吸引性、适应性三个基本功能。广告媒介策略的基本任务是选择能够达到潜在用户层的媒介物，选择交流效果达到媒介物，选择用低成本能达到预期目标的媒介物，从而能够把广告适时地准确地、传递到一定范围、一定时期内的消费者群中去，以便适合他们的要求。

广告要通过适当的媒介发布，才能有效地覆盖广告的诉求对象，因此就需要对媒介进行选择和评估。广告活动的进程有一定的时间安排，也应该掌握适当的广告发布时机，因此广告媒介策略是针对广告应使用哪些媒介，不同的媒介如何配置，广告在什么时间发布而制定的。广告发布的频率，指的是在广告活动中，关于广告发布的媒介、发布的时机和具体时间安排的指导性方针，主要包括媒介的选择、组合策略和广告发布时机策略三个组成部分。

1. 媒介的选择

广告媒介选择实际上是根据广告产品定位策略和市场策略，对广告媒介进行选择或搭配使用。其目的在于以最低的投入取得最大的广告效益。为了这一目的得以实现，广告主在进行媒介选择时就须考虑媒介性质、产品定位、目标定位、市场竞争、广告费用等因素。

在日常生活中，人们常常是根据自己的职业、兴趣和文化程度对传播媒介进行选择，这种对媒介的接触习惯对广告效果的影响很大，因而广告媒介的选择必须考虑消费者的生活习惯。广告对象与媒介对象越接近，广告效果就越大，人们在生活、工作、学习过程中往往会根据不同需要选择不同媒介以获取知识、信息或谋求消费指导，这种需要是带有理性和针对性的。所以，这也就给广告媒介的选择提出了一个要求；选择媒介也必须是理性和有针对性的，不能盲从；必须是适应需要的，广告媒介必须是拥有最多对广告对象感兴趣、有需求量的读者或视听者。认清消费者的生活习惯特别是接触媒介习惯，有助于广告主进行媒介选择。

广告主发布都有特定的市场目标和时间目标，这个目标是由企业的经营活动决定的。选择广告媒介，必须考虑广告的目标因素是否与企业经营活动紧密结合。企业为自己的产品选定了一定范围和时间性目标后，必须选择适宜的广告媒介进行广告宣传活动以谋求目标的实现。如广告目标市场是大地区，可选择传播范围广、覆盖面大的媒介；若是小的目标市场，则可选用地区性的媒介；同样的，若有强的时效性要求，可选择时效性强、接触面广的地方报纸、电视和广播，以使广告在短期内迅速扩大影响，如季节性消费品、新商场开业、新公司成立，以及减价广告和有关销售广告等适宜选择这种媒介进行广告发布。因此，市场目标和时间目标的定位是在进行媒介选择时应充分考虑的因素，也是在众多企业的广告大战中能得以取胜的一个重要条件。

再者，企业发布广告要依据自身的财力来合理选择媒介，尽量使广告费用开支限制在广告预算范围之内，广告费用包括媒介价格和广告作品设计制作费，同一类型的广告媒介也因发布广告的时间和位置不同有不同的收费标准。媒介价格也在一定意义上是决定广告主媒介选择的重要因素，企业在选择广告媒介时既要考虑到自己产品的特性，又要考虑到自己的经营目标（是推出新产品还是为提高产品知名度做品牌广告），更要考虑到企业的效益；同时，在选择广告媒介时，不但要考虑到广告的绝对价格，而且要考虑其相对价格，考虑广告的实际接触效果所耗费的平均费用。

总之，以上我们分析的诸多因素是广告主在进行广告媒介选择时必须考虑和顾全到的，它们直接影响到广告发布的效果，同时它们也是帮助广告主如何去进行广告媒介选择的重要依据并提供了可行性的方法。

目前来看，媒介的传播出现了许多新的方式：微博、微电影、互联网等。新媒体是新的技术支撑体系下出现的媒体形态，如数字杂志、数字报纸、数字广播、手机短信、移动电视、网络、桌面视窗、数字电视、数字电影、触摸媒体等。相对于报刊、户外、广播、电视四大传统意义上的媒体，新媒体被形象地称为“第五媒体”。

1）电子菜谱媒体，走在时尚的最前端

电子菜谱媒体是一种正在兴起的新媒体形式，是高晟国际基于其“晟宴”餐饮管理系统和无线应用技术所开发的全新媒体形式，以平板电脑“晟宴”为信息接收终端，以网络和云计算为主要信息存储和传递方式，搭建起一个以全国中高档餐饮企业的顾客为主要目标人群的信息传播平台。以中高档餐厅里 9.7 寸平板电脑、Pad、iPad 电子菜谱为载体，充分结合当今餐饮酒店行业的发展趋势，将广告以图片、文字、视频、互动的形式植入到平板电脑内置电子菜谱当中，通过高清大图、3D 效果、视频效果、音频效果、链接效果、电视节目效果来增加品牌的公众认知度，面对的受众都是高收入人群，使品牌传播达到最佳效果，充分利用时尚的概念，是到目前为止最年轻最时尚的新媒体。与其他广告平台相比，它十分注重广告的品牌效果，通过精准定位，受众人群集中、消费能力强，这样广告的产出比才会达到最佳效果。

2）手机媒体，开创媒体新时代

如今的手机已不再单单是通信工具，它还担当起了“第五媒体”的重任。

对手机广播的研究不外乎“政策支持”和“运营模式”的探索，有学者就此分析了其典型的运行模式，并且提出在手机媒体产业链中，CP 移动网络运营商和终端设备制造商之间，如何相互合作发展是非常关键的。

还有研究者则着重在手机媒体与传统媒体之间的广告互动上进行了一些探讨，认为无论从技术上还是政策上来看，手机媒体成为新广告媒介具有一定的可能性，并分析了手机媒体与传统媒体广告之间的互动形式和广告互动中存在的不足。

对于手机电视的发展趋势，有学者却认为，尽管新技术的狂热崇拜者及追随者们，坚信手机电视是新技术催生下的又一颗金蛋，但手机电视受到观众心理、内容和媒介繁荣的制约，因此“手机电视是辅助媒介的主流想像”，“技术的指挥棒为人类指向的下一站，有可能是‘技术的高地’，也有可能是‘技术的漩涡’”。

也有学者认为，“现在也许还没有人认为手机报纸的用户会赶上或超过报纸网络版或印刷版的读者数量。但是，手机报纸确实是用一种 21 世纪的方式向渴望得到新闻又忙于行路的公众提供了一种快乐阅读的享受”。

3）IPTV，传受互动进行时

IPTV 即交互网络电视，一般是指通过互联网络，特别是宽带互联网络传播视频节目的服务形式。

互动性是 IPTV 的重要特征之一。有人指出，“IPTV 用户不再是被动的信息接收者，可以根据需要有选择地收视节目内容”。

网络电视迅速发展的同时也暴露出了一些制度上的弊端。业界人士提出，“网络电视不仅是电信运营商的一场盛宴，对节目制作商而言，也是一个巨大的市场机会。”然而，“在新媒体产业领域，广播电视已不再享有原先的政策保护和市场垄断优势，与市场接轨的企业制度安排至关重要。”

数字交互电视是集合了电视传输影视节目的传统优势和网络交互传播优势的新型电视媒体，它的发展给电视传播方式带来了革新。有学者指出，数字交互电视“颠覆了电视观众的‘观众’定位与电视传媒的‘传者’定位”，“数字交互电视的互动传播，使传播者与接收者之间的位置不再是固定的或是在规定之内的，而是不断在互相共享的、移动的。”数字交互电视的发展还使得“大众传播研究的重心”转移到了“信息使用者”身上。

4）数字电视，产业链有望增长

作为新媒体之一的数字电视同样在吸引着人们的眼球，广电总局正式将2004年定为“数字电视年”，2005年对数字电视的研究集中呼吁加快完善广电政策的制定，以有利于数字电视产业链的增长。有人指出，“可以预见，快速增长的数字电视用户将推动传媒产业价值链的快速发展，虽然要实现市场意义上的盈利仍需要一段时间的培育，但作为政府作用的体现，传媒产业政策的放开、数字电视产业政策的推进为传媒企业指明了发展道路，提供了新的发展平台。”

还有文章从实证调查入手，对数字电视进行了深入的分析。浙江传媒学院课题组通过市场调查数据说明：“数字电视点潜在用户的经济承受能力是影响数字电视发展前景的决定性因素。”

另外，还有学者提出了数字付费推广的USP（Unique Selling Proposition）发展模式，即认为数字电视应该有独特的销售主张，因为数字电视是“技术层面”和“内容层面”两者合一的综合体，而且必须以后者为核心，否则就失去了存在的意义。

老年人收视群体日渐受到人们的重视。有专家提出，老年观众是付费数字电视的潜在用户之一。因此，付费数字电视要兼顾老年人，启动老年市场。

5）移动电视，强制收视的是与非

作为一种新兴媒体，移动电视的发展迅速是人们所始料未及的，它具有覆盖广、反映迅速、移动性强的特点。除了传统媒体的宣传和欣赏功能外，还具备城市应急信息发布的功能。

对于公交移动电视来说，“强迫收视”是其最大的特点。有学者认为：“公交移动电视的强制性传播使得观众身在公交车上，没有选择电视频道的余地。这种观众被动接收状态，无疑会降低公交移动电视的收视率，然而目前尚无良策改变这种状态。”

但也有人持相反的看法，他们提出：“传播内容的强制性有利于拓展‘无聊经济’巨大利润空间”，“移动电视正是抓住了观众在乘车、等候电梯等短暂的无聊空间进行强制性传播，使得消费者在别无选择时被它俘获，这对于某些预设好的内容（如广告）来说，传播效果更佳。”

还有学者从另一个角度提出了这种强制收视的缺陷：“公交移动电视虽然为乘客提供了电视节目，但也必须保护乘客的公共利益。”

6）博客，颠覆传统的传播方式

从2002年博客正式在中国兴起以来，学界对它的研究就没有中断过。2005年对博客的研究较之于以前的研究更加深入，而且考量的角度更加多样化。博客的发展使一些研究者对其充满了信心，“信息爆炸的互联网也的确需要具备信息收集、阐释、整理能力，同时提供个人想法的信息收集者，无论是否走向商业道路，无论是否代表个人或机构或政府组织，博客们有望成为公众的网络信息代言人。”

还有学者对博客传播中的传者进行分析，认为博客实现了多重的传播效果，“即横跨人内传播、人际传播和大众传播三种类型。”同时，还指出博客传者的传播动机与“外部环境的挤压、内心需求和经济利益的驱动”等几方面的因素有关。

从传播学角度对博客的研究中，有学者总结了博客的传播模式及传播性质，认为“博客突破传统的网络传播，实现了个人性和公共性的结合。”

对于博客的自由问题，有学者认为，博客的即时性、自主性、开放性和互动性为人们提供了一定程度的话语自由，这种自由颠覆了“把关人”的概念，但事实上，博客世界里的自由同时也带了很多负面的东西，需要网民有自律的意识。

公交、地铁、候车厅随处可以看到一些人低头玩弄着手机，其中大部分人可能在织“微博”。如今微博成了最火热的社会化媒体。俗话说，有人的地方就有商家营销的战场，所以微博营销也当之无愧成为时下最热门的网络营销方式之一。微博营销以快速、精准、及时、开放、互动诸多特点受到了众多企业的欢迎。

但是有的企业在没认清其价值，弄清自身需求时，就匆忙打起微博的主意，结果是钱也花了，人也累了，还什么都没捞着。有的企业却能准确把握住微博的营销价值，努力将品牌理念融入到这个火热的社会化媒体之中，结果不仅聚集了人气，还提升了品牌形象。如户外装备品牌 KingCamp 举办的“感恩节·说出爱”活动，便是借微活动提升品牌形象的经典案例，这个案例随后将做系统的分析。

同样是微博营销，为什么有的企业刚上马就铩羽而归，伤痕累累，有的企业却不仅顺风顺水稳坐钓鱼船，还赚的金盆满钵，获得好评如潮？这其中有怎样的奥秘？企业该如何利用微博进行更好的营销与传播？下面结合其中的几个案例分析出了以下三大战略。

（1）病毒式营销战略

病毒式营销利用的是用户口碑传播原理，具有广泛参与度的微博可以以最快的速度，将这种“口碑信息”像病毒一样迅速蔓延。很多的造星运动、炒作事件、新产品上市、新剧推广都是采用了病毒式营销方式获得迅速成功。最近流行于各大门户网站的“凡客体”，就是利用了病毒式营销战略。凡客诚品（VANCL）广告文案，经过网民的改造后，成了或冷嘲热讽，或幽默风趣的“凡客体”，在微博中刮起了传播旋风，凡客品牌知名度迅速高升，品牌个性随之显现。

不过，网络产品有自己独特的生命周期，一般都是来的快去的也快，微博病毒式营销的传播过程通常是呈 S 形曲线的，即在开始时很慢，当其扩大至观众的一半时速度加快，而接近最大饱和点时又慢下来。所以企业在策划微博病毒式传播时，一定要在粉丝对信息产生免疫力之前，将传播力转化为购买力，才能达到最佳的营销效果。

（2）节假日情感营销战略

有时，我们会看到这样一个营销现象：完美的产品设计，合理的价差体系，高效的渠道模式，层出不穷的促销花样，却无法生成预期的销量。反而那些营销各要素并不突出的竞争对手，却做的风声水起。这是怎么一回事？

户外装备知名品牌 KingCamp 曾在的官方微博举行了这样一个“感恩节·说出爱·赢大奖”的活动。活动是这样介绍的：热爱户外生活的我们，曾经和家人一起感受过最温馨的亲情，和朋友分享过最真挚的友情，和恋人共度过最甜蜜的爱情，也曾得到过陌生人最热心的帮助。因为有了爱，有了他们，我们的户外生活才变得更加精彩!感恩节了，怀着一颗感恩的心，说出你的感谢吧!说出你要感谢的人是谁，说出感谢他/她的话，并@给 3 个好友，就有机会赢得 KingCamp 的爱心大奖!

单看这个活动形式，也没有什么出奇之处，因为像这样的活动，新浪微博感恩节前后每天都有上百个企业在发起。而 KingCamp 这个活动的创意之处就在于，它本身是家庭户外的倡导者，品牌口号是“去户外，学会爱”，提倡亲情、友情、爱情一个都不能少的户外生活方式。这个活动看似普通的抽奖活动，其实是该企业借感恩节这个特定时期，充分调动消费者的心理需求和行为动向，将其情感得到最大的释放及满足，在不知不觉中将企业理念传播开来。

几乎每个节假日，新浪、腾讯等各大微博热议的话题必定与节假日有关。五一、国庆不用提，光棍节、感恩节也喧嚣尘上。对企业来讲，节日营销是微博营销必不可少的战略。而常见的打折、促销等活动已经引不起网友的兴趣，只有像 KingCamp 发起的此类将情感与宣传联系在一起的活动，才能够紧紧抓住顾客的情感兴奋点。在情感力量的驱动下，顾客接受你的产品就显得水到渠成了。

（3）互动式营销战略

微博是一个典型的用户或者是大众群体主导的社会化媒体，如果没有广大用户来加入互动，是达不到传播的效果的。我们可以从一个火热话题中看到，其大众的参与及互动程度，是一般营销手段无法做到的。

为了更好地进行互动式营销战略，企业微博最好是全员上阵，组织核心员工和团队开微博，多在微博中讨论公司的生活、工作、企业文化等，向大众展示一个真实、温情、朝气蓬勃的公司形象。如义乌双童吸管的董事长楼仲平带头组织员工写微博，无形中带动了企业与观众的互动，让观众可以近距离的进行品牌沟通，从而促进销售。

每一次新的网络营销方法的开启，都会带来一个全新的营销理念，并带来一个全新的营销机会，哪家企业能够抓住这次机会，哪家企业就能得到迅速的发展，期待中国的企业能够抓住此次微博营销的契机，赢得一个美好的未来。

7）播客，新一代的广播

“播客”是 2005 年新闻传播学术期刊上的又一个让人们耳目一新的词汇。“同 21 世纪初低调诞生的博客相比，播客似乎一问世就受到了人们的特别关注。”“通常指把那些自我录制广播节目并通过网络发布的人称为播客。”

2005 年 8 月，上海还举办了中国首届播客大赛。对于“播客”的研究始终避免不了与“博客”的对比。有人认为，“如果说博客是新一代的报纸，那么播客就是新一代的广播。”

朱红梅撰文主要从传播学的角度对“播客”现象进行了深入的分析。她认为，播客实现了从文字传播向音频、视频传播转化，增加了娱乐成分。播客还满足了人们自我表达、张扬个性的需求，同时还加强了媒介汇流与互动。并且，播客将来会从业余走向专业，从免费走向收费，免费与收费播客共存。

8）微电影，以小装大

微电影即微型电影，又称微影。微电影是指专门运用在各种新媒体平台上播放的，适合在移动状态和短时休闲状态下观看的，具有完整策划和系统制作体系支持的具有完整故事情节的“微（超短）时”（30～300s）放映、“微（超短）周期制作（1～7 天或数周）”和“微（超小）规模投资（几千～数千/万元每部）”的视频（“类”电影）短片，内容融合了幽默搞怪、时尚潮流、公益教育、商业定制等主题，可以单独成篇，也可系列成剧。

在看过《非诚勿扰 2》后，不少观众都对片中的植入广告表示反感。其实微电影区别与广告的地方是与观众的互动性，所以简单设计结尾的走向并不能满足消费者的需求，而《私信门》的营销中，让消费者主动寻找“穿帮镜头”并依据多少穿帮被找到这种“自爆家丑”的方式，给予消费者电子优惠券和相关的品牌商品、体验奖励，极大地调动了消费者的参与激情，并且适当的降低了互动的门槛。不得不说，《私信门》为微电影的营销找到了一条新路。

每一种互联网商业模式的出现，都将会带给互联网一种冲击，无论是短暂还是未来一段时间。如微博的出现改变了我们的生活交流和快速汲取知识的模式，团购的出现改变了我们以往购物的模式。而如今在快速发展的网络营销行业，微电影的出现，让营销的口碑度和传播速率再次的加快。

微电影，它既是加长版的广告片也是精华版的电影，它是广告同时也传递了电影的剧情。它在受众紧张的生活节奏中，快速的如同快餐一样满足了受众的某种精神需求。它的火爆再次将营销的模式变的温情而抢眼。

当这个社会可代替的东西太多的时候，人们的各种需求开始变的模糊。如茶余饭后是打游戏、k 歌、还是看电视剧？喝茶看报的时代慢慢的被互联网信息的及时性冲击，逛街购物开始慢慢的被淘宝、团购所冲击，当生活的节奏像是一场命运交响曲急迫的如同一场久旱逢甘露，于是各行各业开始寻求新的突破与受众的口味对接。

微电影的诞生是对传统 TV 广告和新媒体营销的打包包装，它采用了传统媒体优势的画面感与新媒体形式下的互动感，能够在短时间将受众的口味彻底的挥发极致。

谈及目前新浪微博经典营销案例眼睛渴了的营销策略，我们不得不提及微电影与微博营销模式的绑定，这部 13 分钟的故事短片《眼睛渴了》，它将品牌的属性转化成观众最易形成共鸣的点，然后精准到点去包装宣传，于是最终产生了与 300 万有梦想的人心理共鸣。

微博营销模式的出现，让更多的人有了说话的欲望，这种想说的欲望通过营销模式的引导，就变成了观众对品牌的认识、了解到喜欢的递进过程。通过眼睛渴了的经典营销案例，我们不难发现在新媒体营销的过程中，有以下几点可以供企业营销参考借鉴。

（1）产品背后有什么故事

“眼睛渴了无糖贝它糖”作为时尚年轻特色的产品，它本身拥有与观众很多的共鸣点，它从自身的观众定位学生、职场白领等就拥有了很多与之共鸣的点。因为作为这一部分群体他们拥有属于他们自己的玩伴、生活方式、交流方式。只要产品把控好能够让他们眼前一亮的营销点，必然会引起他们共鸣并形成良性的口碑传播。

于是《眼睛渴了》从爱情、梦想与奋斗等点出发，将生活的细节作为故事的引线，让观众在观看的过程中自己对号入座，当整个故事结束“不是每一次醒来都是一场梦”的感慨收尾彻底让品牌观众感动。

（2）故事讲给谁听

在每一部微电影的背后，他们思考的更多的问题是产品对应的观众是谁，他们自身有怎样的故事，他们记忆里最深层的感动来源于哪里？产品本身的属性回归到用户身上，就可以找到很多的共鸣点，于是经典屡试不爽的爱情作为主线就形成了故事，但是《眼睛渴了》不同于一般的电影、小说爱情故事，而是选择了最琐碎的生活中每对情侣可能会经历的最普通的故事，用梦想与爱情的抉择升华故事主题让观众对号入座。

（3）受众看完故事印象最深的是什么

一个好的产品广告微电影首先它是一个能够让人记住的电影，其次是一个让人耳目一新的广告，然后是关注植入产品的属性。

一个微电影营销不能拼命的讲产品有多好有多好，这样连微电影本身都不会被观众所传播，于是《眼睛渴了》微电影中，挖掘出“眼睛渴了无糖贝它糖”最核心的属性对眼睛好，有助于缓解眼睛疲劳，正好适合职场及学生等长期坐在计算机前的一部分人。

通过产品属性的传递及与受众需求的对接，因为这一部分人更知道长期盯着计算机产生的眼睛干涩感，于是他们最先成为第一批观众就形成了第一波营销传播。

2. 媒体组合策略

媒体组合是指在同一时期内运用各种媒体，发布内容基本相同的广告。媒体组合是大中型企业常用的媒介策略，它比运用单一媒体的广告效果要大得多。任何一种媒体都不可能覆盖广告的全部目标市场，因此，广告主在策划一个广告活动时，常常不只使用单一的广告媒体，而是有目的、有计划地利用多种媒体来开展广告活动。媒体组合不仅使广告对象接触广告的机会增多，还能造成一种大的声势，因而容易引人关注。

媒体组合策略可以分为两种形式：即集中的媒体组合策略（Concentrated Media Mix）和多样的媒体组合策略（Assorted Media Mix）。

（1）集中的媒体组合策略

集中的媒体组合策略是指广告主集中在一种媒体上发布广告。它主要集中影响被进行特别细分的观众，集中的媒体组合策略能创造出品牌易于被大众接受的氛围，尤其对于那些接触媒体有限的观众。

其优点在于：使广告主在一种媒体中相对于竞争对手占主要地位；使消费者尤其是接触媒体范围狭窄的观众更加熟悉品牌；激发消费者对产品或品牌的忠诚度；在高视觉性媒体上采用集中性策略，如在电视的黄金时间或者在高档杂志中购买大的广告时段或版面，能激发消费者对产品或品牌的忠诚度；集中购买媒体可以获得大的折扣。

（2）多样的媒体组合策略

多样的媒体组合策略是指选择多种媒体到达目标观众。这种策略对那些有着多样市场细分的商品或服务更加有效，可以通过不同的媒体对不同的目标观众传达不同的信息。

其优点在于：能向不同的目标观众传达关于品类或品牌的各种独特利益；不同媒体的不同信息到达同一目标观众可以加强其对信息理解的效果；运用多样的媒体策略，可以增加广告信息的到达率。观众可以暴露于多种媒体，因而信息到达观众的可能性较大。

但是，多样的媒体组合策略也有自己的缺点：不同的媒体需要不同的创意和制作效果，可能导致成本增加，增大制作费用比例，也有可能影响其他重要目标的实现，如毛评点（GRP）和总利用人数（即 Gross Impressions，GI=GRP×媒体可利用者总数/100）。

3. 广告时机策略

广告时机策略是指企业要善于利用各种时机、把握各种时机来发布广告，也是广告媒介策划的重要组成部分。企业竞争的环境总是处在变化之中，媒介传播必须善于抓住机遇，适时推出广告信息，取得最佳的传播效果，如利用重大活动、特定时间，或是深受群众欢迎的电视连续剧等。

利用媒介发布广告，还要善于利用和把握各种时机。抓住了时机，就能事半而功倍。广告的时机，是在时间上与广告商品、市场行情及人们的注意程度等有关的一系列机会。

发布广告信息的时机要注意把握商品时机、重大活动时机、黄金时机、节令时机等。

（1）商品时机

利用商品与时机的内在联系，巧妙地发布广告信息。例如，飞亚达手表的广告选择了中央电视台晚间7时《新闻联播》前的瞬间时段，“飞亚达为您报时”，就得到了较高的收视率，引起观众的关注。

（2）重大活动时机

抓住并利用重大活动的时机推出广告。一般来说，涉及全国甚至全世界注目的重大活动，如体育比赛、文艺演出、会议等，新闻媒体和观众的关注度高，信息量密度空前，是推出广告的良好时机。如奥运会历来都是广告商重点抓住的时机，许多企业都愿意把巨额的广告费投放其中。北京市大力开展申奥活动，不少广告商都不愿放过这一发布广告的良机。1999年曾在上海举办过“中国：未来50年”的《财富》论坛，此世界瞩目的盛会，也招引众多广告云集而来。

（3）黄金时机

即抓住“黄金时间”，把握人们记忆“最珍贵瞬间”的策略。电视和广播均有其“黄金时间”，就是观（听）众收视（听）电视广播节目的高峰时段。在黄金时间，观（听）众收视（听）节目的注意力比较集中，易于接受信息，记忆率比较高。但此一时段的广告费也相对比较昂贵。如中央电视台《新闻联播》后与天气预报之间的时段，就是一个黄金时段。所以，很多企业都不惜重金，争取抓住这一时机，在这一时段播出广告，以争取较好的传播效果。

（4）节令时机

节令时机是节日和季节为商品销售带来的时机。逢年过节、假日，往往是人们大量消费的时间，会形成销售的旺季，要善于抓住这销售旺季前的机会发布广告。属于季节性的商品，也会在季节变换交替之时产生销售旺季，在销售旺季前的一段时间便是广告的良好时机。抓住节令时机发布广告，在选择时机时，要考虑安排恰当的提前量，但又不要使广告的犹豫时间过长。

第9章

营销策略

9.1 促销策略及案例分析

促销策略是市场营销组合的基本策略之一。促销策略是指企业如何通过人员推销、广告、公共关系和营业推广等各种促销方式，向消费者或用户传递产品信息，引起他们的注意和兴趣，激发他们的购买欲望和购买行为，以达到扩大销售的目的。企业将合适的产品，在适当地点、以适当的价格出售的信息传递到目标市场，一般是通过两种方式：一是人员推销，即推销员和顾客面对面地进行推销；另一种是非人员推销，即通过大众传播媒介在同一时间向大量顾客传递信息，主要包括广告、公共关系和营业推广等多种方式。这两种推销方式各有利弊，起着相互补充的作用。此外，目录、通告、赠品、店标、陈列、示范、展销等也都属于促销策略范围。一个好的促销策略，往往能起到多方面作用，如提供信息情况，及时引导采购；激发购买欲望，扩大产品需求；突出产品特点，建立产品形象；维持市场份额，巩固市场地位等。

9.1.1 促销策略的类型

根据促销手段的出发点与作用的不同，可分为以下两种促销策略。

1. 推式策略

推式策略即以直接方式，运用人员推销手段，把产品推向销售渠道，其作用过程为，企业的推销员把产品或劳务推荐给批发商，再由批发商推荐给零售商，最后由零售商推荐给最终消费者，该策略适用于以下几种情况。

① 企业经营规模小，或无足够资金用以执行完善的广告计划。

② 市场较集中，分销渠道短，销售队伍大。

③ 产品具有很高的单位价值，如特殊品，选购品等。

④ 产品的使用、维修、保养方法需要进行示范。

2. 拉式策略

采取间接方式，通过广告和公共宣传等措施吸引最终消费者，使消费者对企业的产品或劳务产生兴趣，从而引起需求，主动去购买商品。其作用路线为，企业将消费者引向零售商，将零售商引向批发商，将批发商引向生产企业，这种策略适用于如下几种情况。

① 市场广大，产品多属便利品。

② 商品信息必须以最快速度告知广大消费者。

③ 对产品的初始需求已呈现出有利的趋势，市场需求日渐上升。

④ 产品具有独特性能，与其他产品的区别显而易见。

⑤ 能引起消费者某种特殊情感的产品。

⑥ 有充分资金用于广告。

9.1.2 佳能 IXUS 系列相机促销策略

2008 年是佳能大举进行广告宣传的一年，那一年佳能的所有产品都有知名的影星进行代言。例如，家用消费级别的时尚卡片式便携相机 IXUS 系列，佳能请了时尚的莫文蔚做代言，并大量的投放平面广告，所以在 2008 年，很多地方消费者都可以看到莫文蔚拿着佳能相机的广告。这个广告显然是很成功的，佳能大胆的尝试了采用明星代言的方式，改变了其他公司，如索尼等公司一直的采用非明星做演员的广告。明星代言的方式，显然在中国还是很成功的。就是在这年，佳能的时尚系列相机的销量，历史上首次超过了最大的竞争对手——索尼。

紧接着佳能对自己的其他产品线，也迅速的签下了大牌明星。数码单反相机，佳能签下了在中年人中影响力最大的巨星——成龙。此次签约应该也是佳能公司经过深思的结果，因为单反相机价格略高，中年摄影爱好者是购买的中间力量，因此，成龙的国际巨星形象，很好的诠释了佳能的专业地位。佳能的单反相机也借此稳固了自己的市场领先地位。

众所周知，采用明星代言的方法，如果选择不当，会对品牌造成极大的负面影响。从佳能公司的选择来看，佳能公司在这次选择上是成功的。这些明星在最近两年没有任何的负面的消息，这也很好的体现了佳能品牌的形象。

2009年佳能推出了“你好，色彩。”的口号。2008年的全球性金融危机使得佳能的复印机和打印机等办公室用品的业绩下滑，为了使整个集团的业绩保持令人满意的业绩，佳能只有一种选择，就是佳能三大业务中的数码影像产品必须要交出优秀的成绩单。

佳能的实际操作给了我们答案。2009年上半年，佳能平面广告做出了令人吃惊的举措。佳能在北京繁华的地铁西单、国贸两站，竖起了92m长的巨幅佳能IXUS广告（见图9.1），这些广告让时尚男女对佳能小型数码相机印象深刻，因为这是他们第一次见到如此巨幅的数码相机平面广告。这组以佳能产品形象代言人莫文蔚为主角的广告片色彩鲜明，以时尚与色彩吸引过往人群的眼球（见图9.2）。佳能的这次举动，在仍处在金融危机之中的市场来说，特别是消费电子领域，是一件很值得琢磨的举动。显然，这次佳能数码相机产品宣传的转型不仅仅是佳能数码相机产品多元化的表现，也反映出佳能在全球金融危机下市场策略的转变。2008年的危机，给全世界的人们留下的是一片灰色的记忆，人们在过去的一年里已经看够了经济的不景气，感觉到了各大公司不断的压缩自己的市场费用。然而此时，佳能的广告，给人们以很强的视觉冲击，给人耳目一新的感觉，让人们看到了春天到来时的色彩，看到了希望。给人们很强的暗示，生活是多彩的，生活会好起来的。在强大的广告覆盖下，虽然2009年上半年全球的经济形式依然低迷，但佳能数码相机产品的销量却在一步步的恢复中。在2009年佳能秋季新产品发布会上，佳能宣布将时尚系列的IXUS的颜色增加到了21种，给消费者更多的选择，让每一位消费者都能挑选符合自身独特气质的产品。在此次发布会后，模仿上半年的举措，佳能采用地铁广告的宣传形式，在北京、上海、广州三地的繁华地铁站再度设置了百米的通道广告，一改春天的鲜艳色彩，采用更符合秋季的色调来诊释佳能“你好，色彩。”的主题。佳能采用地铁广告的宣传方式，其宣传的小型数码照机IXUS系列的消费者的年龄段和地铁的客流人群的主要年龄段基本上是吻合的，所以地铁里面做广告，能很好的将产品传达到消费者身边。色彩战略是佳能实现差异化竞争的有效方法。

图9.1 92m长的巨幅佳能IXUS广告

图 9.2　时尚系列的 IXUS 的颜色

佳能的此次战略，很好的抓住了消费者的心理，同年佳能的数码相机的销量也有不错的成绩。

9.2　渠道策略

9.2.1　渠道策略概述

1. 渠道策略的定义

营销渠道策略是整个营销系统的重要组成部分，它对降低企业成本和提高企业竞争力具有重要意义，是规划中的重中之重。随着市场发展进入新阶段，企业的营销渠道不断发生新的变革，旧的渠道模式已不能适应形势的变化，包括渠道的拓展方向、分销网络建设和管理、区域市场的管理、营销渠道自控力和辐射力的要求。企业营销渠道的选择将直接影响到其他的营销决策，如产品的定价。它同产品策略、价格策略、促销策略一样，也是企业是否能够成功开拓市场、实现销售及经营目标的重要手段。

2. 渠道策略的类型

渠道对于企业来说十分重要，但由于它同时具有非常强大的惯性，不能轻易地被改变，因此，企业非常有必要在建立渠道之初就尽量地做到尽善尽美。企业在建立渠道时，一般需要考虑渠道的长度、宽度和各种渠道的联合策略等。

1）渠道的长度策略

渠道长度就是指产品在流通中经过的级数的多少。营销学以中间机构的级数来表示渠道的长度（见图 9.3）。

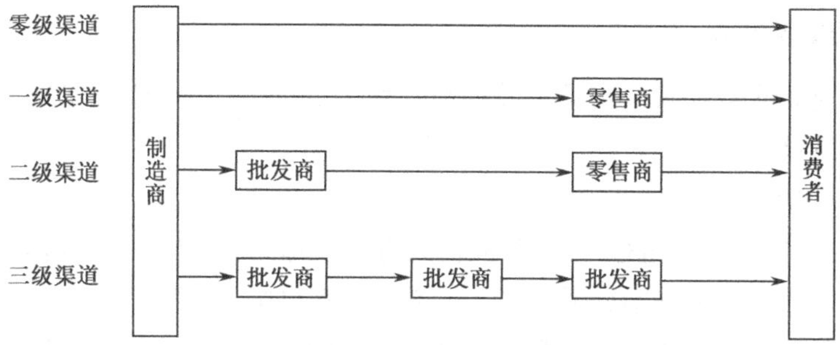

图 9.3　营销渠道类型

（1）零级渠道

零级渠道是由生产者直接销售给消费者，有时又称直销。直接营销的主要方式是上门推销、邮购、制追商自设商店、电视直销和电子通信营销。

（2）一级渠道

一级渠道包括一个销售中介机构在消费者市场，这个中介机构通常是零售商。在工业市场，它常常是一个销售代理商或经销商。

（3）二级渠道

二级渠道包括两个中介机构。在消费者市场，它们一般是一个批发商和一个零售商。在工业市场，它们可能是一个工业分销商和一些经销商。

（4）三级渠道

三级渠道包括三个中介机构。通常由一个批发商、一个中转商（专业批发商）和一个零售商组成。

级数更高的营销渠道也还有，但是不多。从生产者的观点来看，渠道级数越高，控制也越成问题，制造厂商一般总是和最近的一级中间商打交道。

渠道的长度策略即指企业根据产品特点、市场状况和企业自身条件等因素来决定渠道的级数。

一般来说，技术性强的产品，需要较多的售前、售后服务水平，保鲜要求高的产品都需要较短的渠道；而单价低、标准化的日用品需要长渠道。从市场状况来看，顾客数量少，而且在地理上比较集中时，宜用短渠道；反之，则宜用长渠道。如果企业自身的规模较大，拥有一定的推销力量，则可以使用较短的渠道；反之，如果企业的规模较小，就有必要使用较多的中间商，则渠道就会较长。

此外，企业渠道级数的多寡还取决于企业的经营意图、业务人员素质、国家政策法规的限制等因素。

2）渠道的宽度策略

渠道宽度是指企业在某一市场上并列地使用多少个中间商。企业在制定渠道宽度策略时面临着三种选择。

（1）独家分销

独家分销是指在一定地区、一定时间内只选择一家中间商经销或代理，授于对方独家经营权，这是最窄的一种分销渠道形式。生产和经营名牌，高档消费品和技术性强、价格较高的工业用品的企业多采用这一形式。这种做法的优点在于：中间商经营积极性高，责任心强。缺点是市场覆盖面相对较窄，而且有一定风险。如该中间商经营能力差或出现意外情况，将会影响到企业开拓该市场的整个计划。

（2）广泛分销

广泛分销又称密集性分销。即使用尽可能多的中间商从事产品的分销，使渠道尽可能加宽。价格低，购买频率高的日用消费品，工业用品中的标准件、通用小工具等多采用此种分销方式。其优点是市场覆盖面广泛，潜在顾客有较多机会接触到产品。缺点是中间商的经营积极性较低，责任心差。

（3）选择性分销

选择性分销即在市场上选择部分中间商经营本企业产品。这是介于独家分销商和广泛分销商之间的一种中间形式。主要适用于消费品中的选购品，工业用品中的零部件和一些机器、设备等，当然经营其他产品的企业也可以参照这一做法。如果中间商选择得当，采用此种分销方式可以兼得前两种方式的优点。

3）渠道的联合策略

分销渠道不是一成不变的，新型的批发机构和零售机构不断涌现。在发达国家，一些渠道正在逐渐走向现代化和系统化，全新的渠道系统正在逐渐形成。

（1）垂直营销系统的发展

垂直营销系统是近年来渠道发展中最重大的发展之一，它是作为传统营销渠道的对立面而出现的。传统营销渠道由独立的生产者、批发商和零售商组成，每个成员都是作为一个独立企业实体追求自己的利润最大化的，即使它是以损害系统整体利益为代价也在所不惜，没有一个渠道成员对于其他成员拥有全部的或者足够的控制权。传统渠道可以说是一个高度松散的网络，各成员间各自为政，各行其是。

垂直营销系统则正相反，它是由生产者、批发商和零售商所组成的一种统一的联合体。某个渠道成员拥有其他成员的产权，或者是一种特约代营关系，或者这个渠道成员拥有相当实力，迫使其他成员合作。垂直营销系统可以由生产者、批发商、零售商中的任一组织担任支配者。这种系统的特征在于专业化管理和集中执行的网络组织，他们有计划地取得规模经济和最佳市场效果。垂直营销系统有利于控制渠道行动，消除渠道成员为追求各自利益而造成的冲突。他们能够通过其规模，谈判实力和重复服务的减少而获得利益。这种模式在西方非常流行，如在消费品市场上已占有了70%～80%，居于市场主导地位。

现在主要有三种类型：公司式、管理式和契约式垂直营销系统。

① 公司式垂直营销系统是由同一个所有者名下的相关生产部门和分配部门组合成的。垂直一体化能向后或向前一体化，能对渠道实现高水平的控制。

② 管理式垂直营销系统不是由同一个所有者属下的相关生产部门和分配部门组织形成的，而是由一家规模大、实力强的企业出面组织的。名牌制造商有能力从再售者那儿得到强有力的贸易合作和支持。因此，柯达、吉利和宝洁等公司能够在有关商品展销、货柜位置、促销活动和定价政策等方面获得其再售者强有力的贸易合作和支持。

③ 契约式垂直营销系统是由各自独立的公司在不同的生产和分配水平上组成的，它们以契约为基础来统一它们的行动，以求获得比其独立行动时所能得到的更大的经济和销售效果。契约式垂直营销系统近年来获得了很大的发展，成为经济生活中最引人嘱目的发展之一。

（2）水平营销系统的发展

另一个渠道发展形式是由两个或两个以上的公司联合开发一个营销机会。这些公司缺乏资本、技能、生产或营销资源来独自进行商业冒险，或发现与其他公司联合开发可以产生巨大的协同作用。公司间的联合行动可以是暂时性的，也可以是永久性的，也可以创立一个专门公司，这称为共生营销。

（3）多渠道营销系统的发展

过去，许多公司只向单一的市场使用单一渠道进入市场。今天，随着顾客细分市场和可能产生的渠道不断增加，越来越多的公司采用多渠道营销。这是指一个公司建立两条或更多的营销渠道以达到一个或更多的顾客细分市场时的做法。蒂尔曼将多渠道零售组织定义为“所有权集中的多种经营商业帝国，通常由几种不同的零售组织组成，并在幕后实行分配功能和管理功能的一体化。”如 J.C.彭尼公司既经营百货商店，也开设大众化的商场和专业商店。

通过增加更多的渠道，公司可以得到三个重要的利益：增加市场覆盖面、降低渠道成本和更趋向顾客化销售。公司不断增加渠道是为了获得它当前的渠道所没有的顾客细分市场；或者，公司可以增加能降低向现有顾客销售成本的新渠道；或者，公司可以增加其销售特更适合顾客要求的渠道。

关于多渠道营销系统是否会造成渠道成员之间的“不平等竞争”现在正在成为一个讨论的热点。但无论如何，渠道联合正在使企业从分散无序的游击战走向集约规模的阵地战。

3. 影响渠道结构的因素

营销渠道结构的因素很多，比较基本的影响因素有市场因素、产品因素、公司因素、中间商因素、环境因素和行为因素。

（1）市场因素

市场因素在渠道策略中起着举足轻重的作用，对渠道的影响主要通过以下三个方面来实现。

① 市场规模。也就是市场的潜在顾客数目。一般而言，潜在的顾客多，市场大，需要中间商为之服务，渠道的长度和宽度相对也会更大些；反之，则可由企业直接供应。

② 市场聚集度。如果目标顾客集中，企业有条件采用短而窄的渠道销售。反之，目标消费者分布分散，涉及空间范围广，适合采取较长和较宽的渠道。

③ 购买数量。消费者购买量越大，单位分销成本越低，因此有条件将批量性产品直接出售，即使间接出售，也不必利用太多的中间商。

（2）产品因素

产品因素是另一个在评价渠道结构中十分重要的因素，下面是一些主要的产品因素。

① 产品的价值和质量。笨重的、价值高的商品往往意味着高的装运成本和高的重置成本，因此，一般而言高价值，笨重的商品往往采用较短的渠道结构。

② 产品的耐腐性。产品是否会迅速的腐烂是一个在实体运输和储存中非常关键的问题，如果产品十分容易腐烂，那么渠道的长度就不易太长，而应该采用短而迅速的渠道结构。鲜活产品的渠道一般都较短就是这个道理。

③ 产品标准化程度。一般而言，渠道的长度与宽度是与产品的标准化程度成正比的。产品的标准化程度越高，渠道的长度也越长，宽度也越大。

④ 单位产品的价值。如果是低单位价值的产品（如方便面、零食等），它往往会通过中间商来进行销售，以让中间商承担部分的销售成本，另一方面，只有通过大量的中间商，

方便食品才有可能最大程度地覆盖整个市场。

⑤ 产品的技术特性。一个高技术的产品往往会采用公司的销售员向目标顾客直接销售的方法，因为中间商可能对产品的各项性能不是很了解，有可能对顾客产生误导，为以后埋下隐患。

⑥ 产品的创新程度。许多新产品进入市场都需要进行广泛而深入的宣传促销活动，而且需要公司随时掌握市场的变化情况。因此，在实际销售工作中短渠道被视为是产品进入市场时期最好的渠道结构。

（3）企业因素

① 公司的规模。不同渠道结构的选择范围受到公司本身规模大小的限制。这是由于小的公司往往难以获得理想的中间商的支持，而大的公司则不必担心没有中间商加入他们的渠道。

② 公司的基本目标和政策。公司的政策和目标在很大程度上决定了公司在渠道结构策略中所采取的政策和态度。如果公司追求的是严格控制，那么公司就会要求减少中间商的数目，以加强自身的权力集中程度。

③ 管理的专业水平。有一些公司缺乏必要的进行渠道活动的能力，在这种情况下，寻找一个能够提供良好服务和配合的中间商就显得十分重要。尤其是在进行国际市场的贸易时，由于面临的可能是一个完全不同的市场体系，因此，寻求一个良好的中间商就显得格外重要。假以时日，当管理者已经获得了足够的管理经验时，可以再对渠道进行改进工作。

9.2.2　佳能公司的渠道设置

佳能公司随着日本战后的经济复苏，迅速的成为世界知名的照相器材生产企业。佳能公司 1955 年便在美国成立其在海外的第一个办事处。随后佳能公司开始了它的全球化战略，它在欧洲、澳大利亚和美洲建立了研究和开发机构，在亚洲建立了生产中心，就这样逐步的推进着它全球化的战略。

佳能在中国的发展是从 20 世纪 70 年代末开始的。70 年代末正是中国改革开放开始的年代，1979 年周恩来夫人邓颖超女士出访佳能。1980 年，佳能公司高层领导人贺来龙三郎来中国进行了参观。这几次的互访，为佳能在华事业迈出了坚实的第一步，佳能与中国的合作也由此拉开了序幕。

佳能公司在 1995 年便在上海独资设立了佳能国际贸易（上海）有限公司，在东莞合资设立了广东联合光学仪器有限公司。佳能国际贸易（上海）有限公司的主要目的就是为中国市场上的佳能产品提供售后服务所需要的配件。

佳能（中国）有限公司于 1997 年 3 月成立，主要责任就是全面负责佳能在中国事业发展的各项工作。1997 年，佳能（中国）有限公司投资与天津复印设备有限公司合资设立了天津佳能有限公司。从最初的技术合作发展到独资建厂，完善了佳能在中国市场复印机的生产销售体系。在光学产品方面，佳能公司对广东联合光学仪器有限公司进行了股权变更，对佳能大连、佳能珠海进行了增资部分的投资。至今，已经建成了包括 3 大区域总部在内的 16 家分公司、2 家常设办事处。北京的佳能（中国）有限公司早在 2002 年便成为佳能亚洲营销集团的总部，如今，中国市场已经成为佳能公司非常重要的海外市场（见图 9.4）。

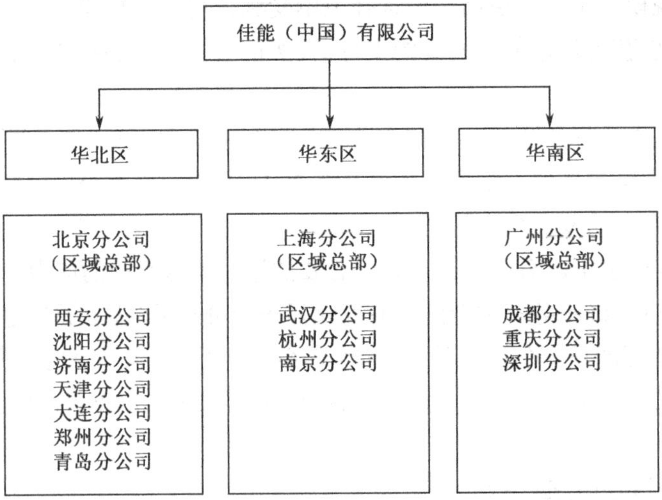

图 9.4 佳能（中国）销售分公司布局

渠道在市场营销领域里，主要意思是指商品销售路线，也就是商品的流通路线。渠道从最初出现这个概念以后，经过长时间的发展，一般意义上来说，渠道有长渠道与短渠道之分。这个分类的依据，主要是根据中间商介入的层次。中间经销商的层次越多，就说渠道的长度越长。一般来说，渠道越长，企业产品市场的扩展可能性就越大，因为每个经销商都有自己的辐射范围，引进的经销商越多，那么企业产品能覆盖的范围就越大，但渠道越长，企业对产品销售的控制能力和信息反馈的效果越差。毕竟信息在传递的过程中会受到曲解，并且信息传递经历的过程越多，信息传递的速度越慢，企业就对市场上的变化感受的敏感度就会下降，从而影响到企业的关键决策。

佳能公司数码相机的产品渠道，经过多年来的不断变革，现在采用的是一级渠道的模式。佳能各地的分公司直接面对下面众多的经销商，经销商再将产品直接展示并销售给消费者。

这种模式使得最近几年佳能的经销商数量发展的非常快，市场上佳能产品的经销商数量相比前几年有爆炸式的增长。

9.2.3 各品牌手机产品渠道策略

1. 三星的渠道策略

三星手机在 2001 年之前没有在中国生产，主要依靠代理商从国外进口到中国，并代理全国销售，如鹰泰、新大陆、长远等都是三星早期的代理商。

随着中国手机市场的逐步扩大和三星手机销量的上升，2001 年三星在中国天津建立工厂和研发机构，并开始很多型号手机的国内生产。由于三星自身的销售队伍和整体市场管理实力的局限，三星一直延续全国总代理的销售渠道模式。具体来说，三星手机采用分型号代理模式，将不同的型号手机交给多家国内代理商：鹰泰数码、长远电信、爱施德、新大陆、天音和派普，最高三星曾经有 7 家国代。以下是三星 GSM 手机现在的渠道模式（见图 9.5）。

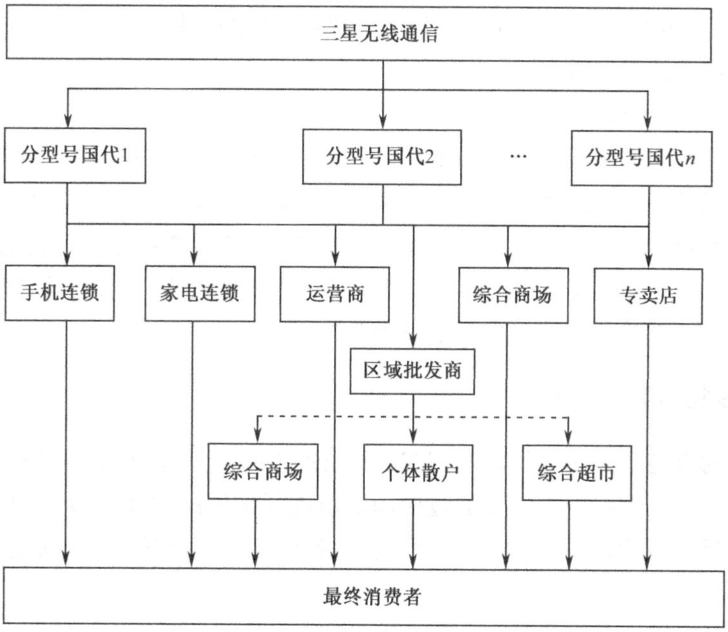

图 9.5 三星手机渠道模式

在CDMA手机市场上，由于中国联通于2005年年中成立“联通华胜”公司，作为其终端手机的销售管理公司， CDMA手机90%是通过联通营业厅渠道销售的。三星和其他厂家一样调整了渠道策略，CDMA 手机都是直接供给华胜，由华胜的联通营业厅进行零售或与联通业务捆绑销售。因此， CDMA手机完全是运营商市场，分销渠道很大程度是由运营商决定的。

（1）三星手机渠道长度

早期由于三星手机国代较少，新大陆等国代也处于起步阶段，国代没有相应的分支机构，而且由于渠道利润空间大，国代多采用高端放货的形式进行批量销售。因此，渠道层级也较多，没有国代直供到零售渠道分销方式，而是由国代到区域批发商，由区域批发商或区域代理再进行区域分销。在这种情况下，产品从生产者流向最终消费者的过程中要经过三到四个层次，甚至更多的渠道层级。三星早期的渠道长度多是四级，而在三、四级市场可达到五个层次，渠道较长。

2001 年以后，随着三星手机销量的增加和国代发展壮大，鹰泰、爱施德等国代纷纷建立起全国性销售网络和分支机构。这样国代就有实力开始对大型销售终端，如手机连锁、家电连锁等进行直接供货，而对其他重点客户也开始直接供货。对于主要零售商的供货渠道变为两级，其他渠道长度也基本上缩短为三级，更长的分销渠道比较集中在三、四级市场和一些通信市场的零售散户。

（2）三星手机渠道宽度

三星手机营销渠道是采用选择性渠道，三星直接发生业务的中间商也就是几家国代，在国代这一层级的渠道宽度是最多达到七家，渠道宽度并不大。这种渠道策略只在国代这样渠道层次上选择少数几个最合适的中间商来推销其产品，缩减了中间商的数量，在质量上就了选择的余地，而所选择的经销商也能更适应企业的要求。同时，管理成本比密集分销大大降低，对渠道的控制能力也有明显的改善。

2．摩托罗拉的渠道策略

摩托罗拉的渠道主要采取代理的方式。其发展大致可以分为几个阶段：1995年之前，受市场环境的制约，摩托罗拉主要通过中国电信进行销售；1995—1998 年，开始大力发展代理商，包括区域的、省级的、全国性的；1998 年后，摩托罗拉开始分品牌、分层次进行渠道规划。

其分层次的代理体系渠道管理主要有下列特点：全国一级代理包销特定型号产品，区域市场重点分割，总部负责全国市场推广和代理商的管理，各地方办事处/分公司帮助代理商发展，同时负责地区市场推广和代理商区域市场的协调。

现在，摩托罗拉的渠道模式是全国代理体制与大区分销体制并行。具体为摩托罗拉设立了 4 家全国分销商和 6～7 家大的区域性分销商，形成由“1～2 家核心分销商加 2～3 家辅助分销商（一般为实力较强的省级分销商）”的立体交叉分销，确保在一个区域市场内足够全面的覆盖。但这种分销体制的一个弊端是产生了全国代理和大区域代理之间的渠道冲突。从 2002 年起，摩托罗拉开始一面加强与核心零售商的合作，提升对其全方位的激励和支持力度，一面拉拢地区核心分销商，加强对本地分销网络的控制。其全球首家移动通信产品旗舰店也在广州开业，并在全国推动其分销伙伴拓展摩托罗拉专卖店体系（见图 9.6）。

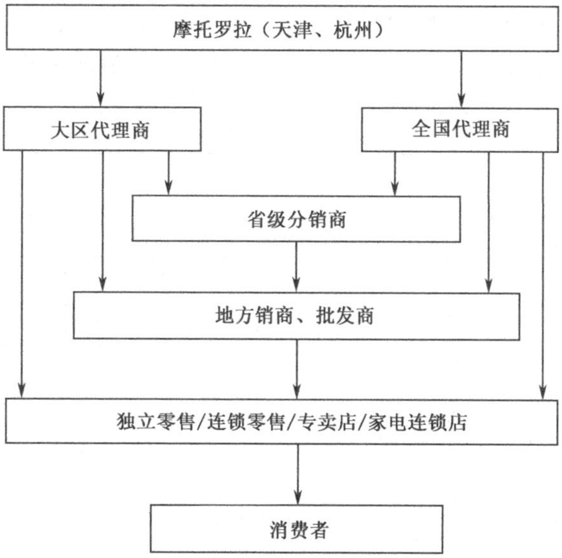

图 9.6 摩托罗拉手机渠道模式

3. 诺基亚的渠道策略

诺基亚初次进入中国市场的时候，由于没有渠道基础，为了迅速把货铺到全国各地的大中市场，它选择实施代理制，与代理商形成了很好的战略伙伴关系。2000 年以来，为了加强对零售终端的影响和控制，诺基亚制定了“零售管理计划”，逐步强化了专卖店的发展，并鼓励有能力的零售商直接向全国一级代理商接触，从而使渠道长度得到有效缩短。

在此前诺基亚的分销渠道中，代理商始终处于最核心的地位。从 2001 年起，诺基亚开始与国内的大型零售企业发展合作关系。2002 年，诺基亚在零售层面加强了与摩托罗拉的全面竞争，尝试在上海和广东选择了 5 家大型连锁店作为直供店，越过代理商直接向他们供货。另外，在许多重要的省份，诺基亚在 7 大代理商之外选择了几家实力雄厚的区域分销商作为一级代理，参与分销几款机型，以弥补全国代理商的不足。同时除开始在全国包销方式外，在部分省份逐步尝试区域包销。因为诺基亚公司进入中国市场时间比摩托罗拉要短的多，所以在分销商问题上没有太大的包袱，有条件直接营建销售网络，在市场上主要依靠一级代理商如中邮普泰、长远、首信等在国内主要城市建立起诺基亚专卖店体系。诺基亚渠道建设的另一个特色是将特约维修中心的职能与专卖店结合，发挥专卖店的售后服务优势（见图 9.7）。

从渠道管理特点来看，诺基亚对渠道成员的整体政策是多渠道、少环节、网络细化、价格透明。早在 1997 年底，诺基亚已经认识到手机很快会成为一个成熟而透明的产品，供应链中不会容纳太多的层次，因此，开始制定并实施“零售管理计划”，也就是现在的专卖店/专卖柜计划。它帮助代理商建立一个有效可控的零售网络，同时代理商和其经销商积极发展了自己的直属和加盟连锁店，初步实现了对零售终端的有效控制。

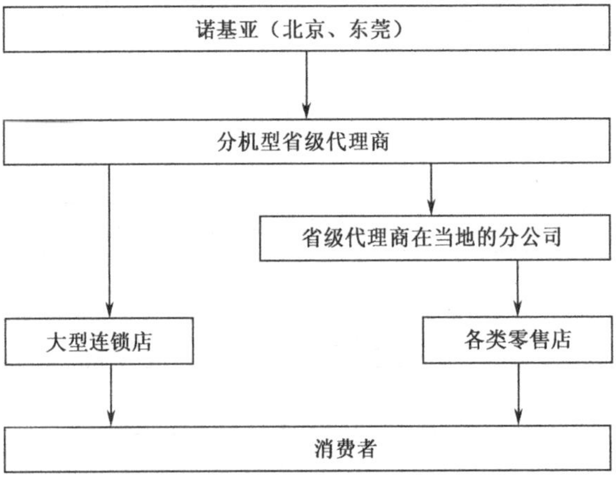

图 9.7　诺基亚手机渠道模式

9.3　网络营销策略

网络营销是 21 世纪最有代表性的一种低成本、高效率的全新商业形式。是以互联网为核心平台，以网络用户为中心，以市场需求和认知为导向，利用各种网络应用手段去实现企业营销目的一系列行为。虽然网络营销以互联网为核心平台，但也可以整合其他的资源形成整合营销，如销售渠道促销、传统媒体广告、地面活动等。互联网拥有其他任何媒体都不具备的综合营销能力，网络营销可进行从品牌推广到销售，到服务，到市调等一系列的工作，包括电子商务、企业展示、企业公关、品牌推广、产品推广、产品促销、活动推广、挖掘细分市场、项目招商等方面。这里所指的网络不仅包括互联网（Internet），还应该包括外联网（Extranet），以及内联网（Intranet），即应用互联网技术和标准建立的企业内部信息管理和交换平台。

在我国，网络营销起步较晚，到 1996 年才开始被我国企业尝试。

1997～2000 年是我国网络营销的起始阶段，电子商务快速发展，越来越多的企业开始注重网络营销。

2000 年至今，网络营销进入应用和发展阶段，网络营销服务市场初步形成：企业网站建设迅速发展；网络广告不断创新；营销工具与手段不断涌现和发展。

到 2008 年 6 月底，中国网民高达 2.53 亿人，居世界第一位，网购人数达 6329 万人。

到 2009 年底，中国网民高达近 4 亿人，居全球第一。

到 2010 年 6 月，总体网民规模达到 4.2 亿人。

截至 2011 年 6 月底，我国网民总数达到 4.85 亿人，互联网普及率为 36.2%，较 2010 年底提高 1.9%。

目前，网络调研、网络广告、网络分销、网络服务、网上销售等网络营销活动，正异常活跃地介入到企业的生产经营中。

随着互联网技术发展的成熟及联网成本的低廉，互联网好比是一种“万能胶”将企业、团体、组织及个人跨时空连接在一起，使得他们之间信息的交换变得“唾手可得”。市场营销中最重要也最本质的是组织和个人之间进行信息传播和交换。如果没有信息交换，那么交易也就是无本之源。正因如此，互联网具有营销所要求的某些特性，使得网络营销呈现出一些特点。目前对于网络营销的特点，学术上有两种比较主流的观点，事实上都大同小异，主要有以下特点（见图 9.8）。

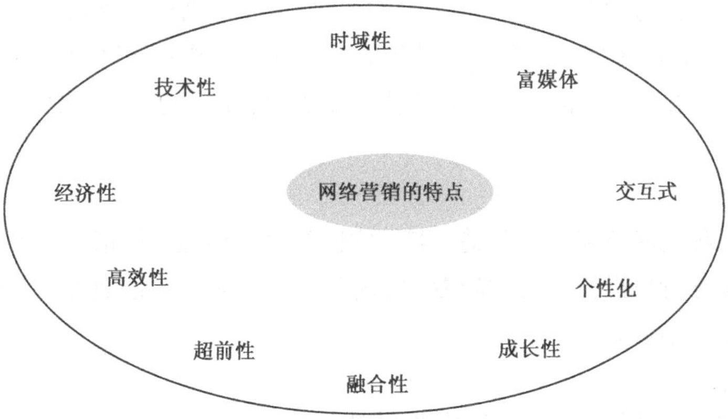

图 9.8 网络营销的特点

（1）时域性

营销的最终目的是占有市场份额，由于互联网能够超越时间约束和空间限制进行信息交换，使得营销脱离时空限制进行交易变成可能，企业有了更多时间和更大的空间进行营销，可每周 7 天，每天 24 小时随时随地的提供全球性营销服务。

（2）富媒体

互联网被设计成可以传输多种媒体的信息，如文字、声音、图像等信息，使得为达成交易进行的信息交换能以多种形式存在和交换，可以充分发挥营销人员的创造性和能动性。

（3）交互式

互联网通过展示商品图像、商品信息资料库提供有关的查询，来实现供需互动与双向沟通。还可以进行产品测试与消费者满意调查等活动。互联网为产品联合设计、商品信息发布及各项技术服务提供最佳工具。

（4）个性化

互联网上的促销是一对一的、理性的、消费者主导的、非强迫性的、循序渐进式的，而且是一种低成本与人性化的促销，避免推销员强势推销的干扰，并通过信息提供与交互式交谈，与消费者建立长期良好的关系。

（5）成长性

互联网使用者数量快速成长并遍及全球，使用者多属年轻、中产阶级、高教育水准，由于这部分群体购买力强而且具有很强市场影响力，因此是一项极具开发潜力的市场渠道。

（6）整合性

互联网上的营销可由商品信息至收款、售后服务一气呵成，因此也是一种全程的营销渠道。另一方面，禹含网络建议企业可以借助互联网将不同的传播营销活动进行统一设计规划和协调实施，以统一的传播咨讯向消费者传达信息，避免不同传播中不一致性产生的消极影响。

（7）超前性

互联网是一种功能最强大的营销工具，它同时兼具渠道、促销、电子交易、互动顾客服务及市场信息分析与提供的多种功能。它所具备的一对一营销能力，正是符合定制营销与直复营销的未来趋势。

（8）高效性

计算机可储存大量的信息，供消费者查询、可传送的信息的数量与精确度远超过其他媒介，并能根据市场需求及时更新产品或调整价格，因此能及时有效地了解并满足顾客的需求。

（9）经济性

通过互联网进行信息交换，代替以前的实物交换。一方面可以减少印刷与邮递成本，可以无店面销售，免交租金，节约水电与人工成本。另一方面可以减少由于迂回多次交换带来的损耗。

（10）技术性

网络营销大部分是通过网上工作者（威客等），通过他们的一系列宣传、推广，这其中的技术含量相对较低，对于客户来说是小成本大产出的经营活动。网络营销是建立在高技术作为支撑的互联网络的基础上的，企业实施网络营销必须有一定的技术投入和技术支持，改变传统的组织形态，提升信息管理部门的功能，引进懂营销与计算机技术的复合型人才，这样才能具备市场竞争优势。

9.3.1　网络营销的方法

当前社会中网络营销已经成为各大企业进行宣传的重要手段，如果不会合理应用网络营销，在与企业竞争中将会面临很大的弱势。总结网络营销的方法主要有以下四种。

1．所属企业博客（微博）营销模式

玩转博客已经不是单一个体的事情，当前随着网络时代的极速发展，用博客为推手，对自己的企业进行合理有序的广告效应推广，已经成为好多企业进行营销的方法，其中像当前兴起的微博就有着很好的互动和沟通性，很有利于网民的参与和发挥创造力。企业也可以通过企业博客或微博的形式进行对内对外交流沟通，达到增进客户关系、改善商业软环境、拉进与关注人群的距离的效果。

企业博客或微博在就透露公司主要指标的基础上，应当利用博客对客户或关注人群有一个合理的引导，将公司的相关成绩或产品及时发布在博客上，并及时更新信息，在安全管理的机制下，让博客起到应有的作用。将博客作用发挥好，可以拉到潜在的客户，可以让企业得到广泛的关注人群，也可以建立自己的网站平台，成功的将企业推广到互连网上。

2．使用免费的软件开展网络营销

企业的网络营销一般初始都是利用一些免费或收费的软件进行的，企业的目的是清楚的，那就是达到推广的效果，如果用成本小，而且效果好的软件，当然会被企业使用，现在的免费软件有好多，通过这些软件可以得到大量用户，从而得到有价值的商业信息。像软件好多企业在用的有 Google，这是一个免费软件，还有 Gmail、Google Earth，同时也

有收费的，由企业自定，这些软件不仅提供强大的搜索功能，关键是可以在网络上占有一席之地。

3. 互联网互动式广告营销模式

现在互联网的发展已经超过人们的想像，大家可以通过百度、Google 等产品来推广企业，可以利用百度这样的平台，去刷新企业的百度排名，将企业相关信息及成功案例上传至百度等相关页面，提高企业点击率，从而达到广泛宣传的目的。这些投放广告成本不高，而且回报率强大，即投资回报率会很高。

4. 区域营销模式

做为一个发展中的企业，可以适当的举办一些名企业交流会或者产品发布会，从造势上推广自己的企业或产品，从而提高人手，也可以定期举行新品发布，在指定的区域如学校、社区等，通过活动也可以引入上下线发展模式，引入加盟商等环节。

企业的发展是离不开网络营销的，如果企业将网络营销放手，在网络上没有占到一席之地的话，将会在很大程度上落后于已经开展了网络营销的企业，用极低的成本在网络营销中打开企业发展之门，这是网络营销的经营理念所在。

现今网络营销工具主要有以下几种。

① 黄页登陆：短时间内将您的公司信息添加到数千家商贸网站的公司信息库中，使您的潜在客户更方便的通过网络找到您公司的相关信息。

② 产品推广：会员用户可以将设定好的各类企业产品，包括产品样本图片，快速发布到数千个 B2B 平台的产品库中，实现形象的产品推广。

③ 商情发布：快速将每个不同的公司商情发布到几千个对应行业类别的 B2B 平台和行业网站上，协助会员用户实现铺天盖地的商机宣传。

网络营销的职能的实现需要通过一种或多种网络营销手段，常用的网络营销方法除了搜索引擎注册之外还有关键词搜索、网络广告、TMTW 来电付费广告、交换链接、信息发布、整合营销、博客营销、邮件列表、许可式 E-mail 营销、个性化营销、会员制营销、病毒性营销等。下面简要介绍几种常用的网络营销方法及效果（见表 9.1）。

表 9.1　常用的网络营销方法

1	搜索引擎营销	5	博客营销	9	病毒性营销	13	网络营销联盟	17	视频营销
2	交换链接	6	个性化营销	10	网络视频营销	14	竞价推广	18	品牌营销
3	网络广告	7	会员制营销	11	论坛营销	15	电子书营销	19	整合营销
4	信息发布	8	网上商店	12	WIKI 营销	16	事件营销	20	IM 工具营销

（1）搜索引擎营销

SEM是Search Engine Marketing的缩写，中文意思是搜索引擎营销。SEM是一种新的网络营销形式。SEM 所做的就是全面而有效的利用搜索引擎来进行网络营销和推广。SEM 追求最高的性价比，以最小的投入，获得最大的来自搜索引擎的访问量，并产生商业价值。

（2）交换链接

交换链接或称互换链接，它具有一定的互补优势，是两个网站之间简单的合作方式，即分别在自己的网站首页或者内页放上对方网站的 LOGO 或关键词并设置对方网站的超级链接，使得用户可以从对方合作的网站中看到自己的网站，达到互相推广的目的。

交换链接主要有几个作用，即可以获得访问量、增加用户浏览时的印象、在搜索引擎排名中增加优势、通过合作网站的推荐增加访问者的可信度等。更值得一提的是，交换链接的意义已经超出了是否可以增加访问量，比直接效果更重要的在于业内的认知和认可。

（3）网络广告

几乎所有的网络营销活动都与品牌形象有关，在所有与品牌推广有关的网络营销手段中，网络广告的作用最为直接。标准标志广告（BANNER）曾经是网上广告的主流（虽然不是唯一形式），进入2001年之后，网络广告领域发起了一场轰轰烈烈的创新运动，新的广告形式不断出现，新型广告由于克服了标准条幅广告条承载信息量有限、交互性差等弱点，因此，获得了相对比较高一些的点击率。

（4）信息发布

信息发布既是网络营销的基本职能，又是一种实用的操作手段。通过互联网，不仅可以浏览到大量商业信息，同时还可以自己发布信息。最重要的是将有价值的信息及时发布在自己的网站上，以充分发挥网站的功能，如新产品信息、优惠促销信息等。

（5）博客营销

博客营销是通过博客网站或博客论坛接触博客作者和浏览者，利用博客作者个人的知识、兴趣和生活体验等传播商品信息的营销活动。博客营销不直接推销产品，而是通过影响消费者的思想来影响其购买行为。例如，某相机厂商赞助某知名摄影博客，并向其灌输自己相关产品的内容，而后这些产品由该博客为源头传播开来，影响其它摄影爱好者和相机用户。专业博客往往是那个圈子中的意见领袖，他们的一举一动往往被其他人模仿和追逐。

（6）个性化营销

个性化营销的主要内容包括用户定制自己感兴趣的信息内容、选择自己喜欢的网页设计形式、根据自己的需要设置信息的接收方式和接收时间等。个性化服务在改善顾客关系、培养顾客忠诚及增加网上销售方面具有明显的效果。据研究，为了获得某些个性化服务，在个人信息可以得到保护的情况下，用户才愿意提供有限的个人信息，这正是开展个性化营销的前提保证。

（7）会员制营销

会员制营销已经被证实为电子商务网站的有效营销手段，国外许多网上零售型网站都实施了会员制计划，几乎已经覆盖了所有行业，国内的会员制营销还处在发展初期，不过已经看出电子商务企业对此表现出的浓厚兴趣和旺盛的发展势头。

（8）网上商店

建立在第三方提供的电子商务平台上，由商家自行经营网上商店，如同在大型商场中租用场地开设商家的专卖店一样，是一种比较简单的电子商务形式。网上商店除了通过网络直接销售产品这一基本功能之外，还是一种有效的网络营销手段。

从企业整体营销策略和顾客的角度考虑，网上商店的作用主要表现在两个方面：一方面，网上商店为企业扩展网上销售渠道提供了便利的条件；另一方面，建立在知名电子商务平台上的网上商店增加了顾客的信任度。

从功能上来说，对不具备电子商务功能的企业网站也是一种有效的补充，对提升企业形象并直接增加销售具有良好效果，尤其是将企业网站与网上商店相结合，效果更为明显。

（9）病毒性营销

病毒性营销并非真的以传播病毒的方式开展营销，而是通过用户的口碑宣传网络，信息像病毒一样传播和扩散，利用快速复制的方式传向数以千计、数以百万计的受众。现在几乎所有的免费电子邮件提供商都采取类似的推广方法。

（10）网络视频营销

通过数码技术将产品营销现场实时视频图像信号和企业形象视频信号传输至互联网上。客户只需上网登录公司网站就能看到对公司产品和企业形象进行展示的电视现场直播。是“遥瞰网络监控发展科技有限公司”在网站建设和网站推广中、为加强浏览者对网站内容的可信性、可靠性而独家创造的。在这以前，所有的网站建设和网站推广方式所能起的作用只是让网民从浩如瀚海的互连网世界找到您；而“网络电视营销”使找到您的网民相信您。

（11）论坛营销

其实人们早就开始利用论坛进行各种各样的企业营销活动了，当成为新鲜媒体的论坛出现时就有企业在论坛里发布企业产品的一些信息了，其实这也是论坛营销的一种简单的方法。在这里结合网络策划的实践经验简要地说一下什么是论坛营销，“论坛营销”就是企业利用论坛这种网络交流的平台，通过文字、图片、视频等方式发布企业的产品和服务的信息，从而让目标客户更加深刻了解企业的产品和服务。最终达到企业宣传企业的品牌、加深市场认知度的网络营销活动，这就是论坛营销。”

（12）WIKI营销

WIKI营销是一种建立在WIKI这种多人写作工具上的一种新型营销手段。它以关键字为主，将关键字作为入口，建立产品或公司品牌的相关连接。由于WIKI营销是针对关键字来进行的，所以面向的人群更加精确，对于广告主来说，可以提供很好的广告环境。

（13）网络营销联盟

营销联盟目前在我国还处于萌芽阶段，盘石网盟是国内为数不多的互联网广告精准投放平台，可以实现人群、网站、关键词、行为及地域定向等精准投放技术。在国外已经很成熟了，1996年亚马逊通过这种新方式取得了成功，联盟包括三要素：广告主、网站主和广告联盟平台。广告主按照网络广告的实际效果（如销售额、引导数等）向网站主支付合理的广告费用，以达到节约营销开支，提高企业知名度，扩大企业产品的影响，提高网络营销质量的目的。

（14）竞价推广

竞价推广是把企业的产品、服务等通过以关键词的形式在搜索引擎平台上作推广，它是一种按效果付费的新型而成熟的搜索引擎广告。用少量的投入就可以给企业带来大量潜在客户，有效提升企业销售额。竞价排名是一种按效果付费的网络推广方式，由百度在国内率先推出。企业在购买该项服务后，通过注册一定数量的关键词，其推广信息就会率先出现在网民相应的搜索结果中。

（15）电子书营销

从理论上讲，电子书广告应用起来很简单：在制作电子书时，将广告信息合理地安排到电子书中，如书的首页、内容中的页眉或者页脚，或者在正文中的合适位置插入一定量的广告信息，让读者在阅读免费电子书的同时，接收到一定量的广告信息。

eBook广告可以拥有网络广告的所有优点。例如，可以准确地测量每本书下载的次数，并可记录下载者来自哪个IP地址，同时比一般的网络广告具有更多的优势，如下载后可以通过各种阅读设备离线浏览，而一本好书往往会得到读者的重复阅读，并可能在多人之间传播，这样，同样数量的点击（对于eBook点击的表现形式为下载），明显会比普通的在线广告有更多的浏览数，读者对广告的印象自然也会加深。

（16）事件营销

策划具有新闻价值、社会影响及名人效应的人物或事件，吸引媒体、社会团体和消费者的兴趣与关注，中麒推广以对互联网现象的充分了解和丰富的网络策划经验为企业和产品提高知名度、美誉度，树立健康的品牌形象。以小博大，让您的企业快速红遍网络。

（17）视频营销

视频营销将“有趣、有用、有效”的“三有”原则与“快者为王”结合在一起。这正是越来越多企业选择网络视频作为自己营销手段的原因。它具有电视短片的种种特征，如感染力强、形式内容多样、肆意创意等，又具有互联网营销的优势，如互动性、主动传播性、传播速度快、成本低廉等。可以说，网络视频营销，是将电视广告与互联网营销两者“宠爱”集于一身。

（18）品牌营销

企业的生存之道，要紧紧围绕企业品牌推广策略，无论何种营销方式，都是对自己企业品牌的植入传播，而网络时代为企业品牌的发展提供了更广阔的空间，同时也提供了全新的传播形式，尤其在WEB2.0时代，网络已经成为品牌口碑传播的阵地。品牌推广，塑造企业品牌形象，进行品牌营销。一个优秀品牌的建立不但要有较高的知名度，同时还要有较好的美誉度。信息化时代，搜索引擎的使用是四亿网民每天上网必经的过程，要让您的品牌被大家所熟知，首先必须让自己的产品和服务在搜索引擎的展现上出类拔萃。

（19）整合营销

网络营销是一个整体课题，随着中小企业效率的提高及人们对网络营销的认识和运用，单一营销模式能带来的效果将会越来越小，而网络整合营销策划对中小企业将会显得越来越重要。它基于互联网平台，整合互联网资源，全方位地展示企业信息，树立品牌，宣传产品。

（20）IM工具营销

IM工具营销一般是指通过QQ、MSN、阿里旺旺等即时通信软件来实现营销的目的，常用方法一般为群发消息，利用弹出窗口弹出信息，或者采用工具皮肤内嵌广告的形式。

9.3.2 网络营销战略分析

市场营销是为创造实现个人和组织的交易，而规划和实施创意、产品、服务构想、定价、促销和分销的过程。网络营销是人类经济、科技、文化发展的必然产物，网络营销不受时间和空间限制，在很大程度上改变了传统营销形态和业态。网络营销对企业来讲，提高了工作效率，降低了成本，扩大了市场，给企业带来社会效益和经济效益。相对于传统营销，网络营销具有国际化、信息化和无纸化，已经成为各国营销发展的趋势。为了促进网络营销的普及和发展，对网络营销进行战略分析具有重要意义。

1. 网络营销产生的分析

网络营销的产生，是科学技术的发展、消费者价值观的变革和商业竞争等综合因素所促成的。21 世纪是信息世纪，科技、经济和社会的发展正在迎接这个时代的到来。计算机网络的发展，使信息社会的内涵有了进一步改变。在信息网络时代，网络技术的应用改变了信息的分配和接收方式，改变了人们的生活、工作和学习、合作和交流的环境。企业也正在利用网络新技术的快速便车，促进企业飞速发展。网络营销是以互联网为媒体，以新的方式、方法和理念实施营销活动，更有效地促进个人和组织交易活动的实现。企业如何在如此潜力巨大的市场上开展网络营销、占领新兴市场，对企业既是机遇又是挑战。网络营销也产生于消费者价值观的变革：满足消费者的需求，是企业经营永恒的核心。利用网络这一科技制高点为消费者提供各种类型的服务，是取得未来竞争优势的重要途径。当市场经济发展到今天，多数产品无论在数量还是在品种上都已极为丰富。消费者能够以个人心理愿望为基础挑选和购买商品和服务。他们的需求越多，需求的变化越快。消费者会主动通过各种可能渠道获取与商品有关信息进行比较，增加对产品的信任和争取心理上的满足感。网络营销还产生于商业的竞争，随着市场竞争的日益激烈化，为了在竞争中占有优势，各企业都使出了浑身的解数想方设法地吸引顾客，很难说还有什么新颖独特的方法出奇制胜。开展网络营销，可以节约大量昂贵的店面租金，可以减少库存商品的资金占用，可使经营规模不受场地的制约，可便于采集客户信息等。这些都可以使得企业经营的成本和费用降低，运作周期变短，从根本上增强企业的竞争优势，增加盈利。

2. 网络营销基本特征的分析

（1）公平性

在网络营销中，所有的企业都站在同一条起跑线上。公平性只是意味给不同的公司、不同的个人提供了平等的竞争机会，并不意味着财富分配上的平等。

（2）虚拟性

由于互联使得传统的空间概念发生变化，出现了有别于实际地理空间的虚拟空间或虚拟社会。

（3）对称性

在网络营销中，互联性使信息的非对称性大大减少。消费者可以从网上搜索自己想要掌握的任何信息，并能得到有关专家的适时指导。

（4）模糊性

由于互联使许多人们习以为常的边界变得模糊。其中，最显著的是企业边界的模糊，生产者和消费者的模糊、产品和服务的模糊。

（5）复杂性

由于网络营销的模糊性，使经济活动变得扑朔迷离，难以分辨。

（6）垄断性

网络营销的垄断是由创造性破坏形成的垄断，是短期存在的，因为新技术的不断出现，会使新的垄断者不断取代旧的垄断者。

（7）多重性

在网络营销中，一项交易往往涉及多重买卖关系。

（8）快捷性

由于互联，使经济活动产生了快速运行的特征，你可以迅速搜索到所需要的任何信息，对市场作出即时反应。

（9）正反馈性

在网络营销中，由于信息传递的快捷性，人们之间产生了频繁、迅速、剧烈的交互作用，从而形成不断强化的正反馈机制。

（10）全球性

由于互联，超越了国界和地区的限制，使得整个世界的经济活动都紧紧联系在一起。信息、货币、商品和服务的快速流动，大大促进了世界经济一体化的进程。

3. 网络营销竞争优势的分析

（1）成本费用控制

开展网络营销给企业带来的最直接的竞争优势是企业成本费用的控制。网络营销采取的是新的营销管理模式。它通过互联网改造传统的企业营销管理组织结构与运作模式，并通过整合其他相关部门，如生产部门、采购部门，实现企业成本费用最大限度的控制。利用互联网降低管理中交通、通信、人工、财务和办公室租金等成本费用，可最大限度地提高管理效益。许多在网上创办企业也正是因为网上企业的管理成本比较低廉，才有可能独自创业和需求发展机会。

（2）创造市场机会

互联网上没有时间和空间限制，它的触角可以延伸到世界每一个地方。利用互联网从事市场营销活动可以远及过去靠人工进行销售或者传统销售所不能的达到的市场，网络营销可以为企业创造更多新的市场机会。

（3）让顾客满意

在激烈的市场竞争中，没有比让顾客满意更重要的了。利用互联网企业可以将企业中的产品介绍、技术支持和订货情况等信息放到网上，顾客可以随时随地根据自己需求有选择性的了解有关信息。这样克服了在为顾客提供服务时的时间和空间限制。

（4）满足消费者个性化需求

网络营销是一种以消费者为导向、强调个性化的营销方式；网络营销具有企业和消费者的极强的互动性，从根本上提高消费者的满意度；网络营销能满足消费者对购物方便性的需求，省去了去商场购物的距离和时间的消耗，提高消费者的购物效率；由于网络营销能为企业节约巨额的促销和流通费用，使产品成本和价格的降低成为可能，可以实现以更低的价格购买。

4．网络营销竞争原则的分析

在网络营销中，企业必须顺应环境的变化，采用新的竞争原则，才能在激烈的竞争中取胜。

（1）个人市场原则

在网络营销中，可以借助于计算机和网络，适应个人的需要，有针对地提供低成本、高质量的产品或服务。

（2）适应性原则

由于互联性的存在，市场竞争在全球范围内进行，市场呈现出瞬息万变之势。公司产品要适应消费者不断变化的个人需要，公司行为要适应市场的急剧变化，企业组织要富于弹性，能适应市场的变化而伸缩自如。

（3）价值链原则

一种产品的生产经营会有多个环节，每个环节都有可能增值。我们将其整体称为价值链。公司不应只着眼于价值链某个分支的增值，而应着眼于价值链的整和，着眼于整个价值链增值。

（4）特定化原则

首先找出具有代表性的个人习惯、偏好和品位，据此生产出符合个人需要的产品。然后，公司找出同类型的大量潜在客户，把他们视作一个独立的群体，向他们出售产品。

（5）主流化原则

为了赢得市场最大份额而赠送第一代产品的做法称为主流化原则。虽然企业最初建立数字产品和基础设施的费用很大，但继续扩张的成本却很小，由此产生了新的规模经济。

5．网络营销竞争战略的分析

网络营销的企业必须加强自身能力，改变企业与其他竞争者之间的竞争对比力量。

（1）巩固公司现有竞争优势

利用网络营销的公司可以对现在的顾客的要求和潜在需求有较深了解，对公司的潜在顾客的需求也有一定了解，制订的营销策略和营销计划具有一定的针对性和科学性，便于实施和控制，顺利完成营销目标。公司在数据库帮助下，营销策略具有很强针对性，在营销费用减少的同时还提高了销售收入。

（2）加强与顾客的沟通

网络营销以顾客为中心，其中数据库中存储了大量现在顾客和潜在顾客的相关数据资料。公司可以根据顾客需求提供特定的产品和服务，具有很强的针对性和时效性，可大大地满足顾客需求。顾客的理性和知识性，要求对产品的设计和生产进行参与，从而最大限度地满足自己需求。通过互联网和大型数据库，公司可以以低廉成本为顾客提供个性化服务。

（3）为入侵者设置障碍

设计和建立一个有效和完善的网络营销系统是一个长期的系统性工程，需要大量人力、物力和财力。一旦某个公司已经实现有效的网络营销，竞争者就很难进入该公司的目标市场。因为竞争者要用相当多的成本建立一个类似的数据库，而且几乎是不可能的。网络营销系统是公司难以模仿的竞争能力和可以获取收益的无形资产。

（4）提高新产品开发和服务能力

公司开展网络营销，可以从与顾客的交互过程中了解顾客需求，甚至由顾客直接提出需求，因此很容易确定顾客需求的特征、功能、应用、特点和收益。通过网络数据库营销更容易直接与顾客进行交互式沟通，更容易产生新的产品概念。对于现有产品，通过网络营销容易取得顾客对产品的评价和意见，从而准确决定产品所需要的改进方面和换代产品的主要特征。

（5）稳定与供应商的关系

供应商是向公司及其竞争者提供产品和服务的公司和个人。公司在选择供应商时，一方面考虑生产的需要，另一方面考虑时间上的需要，即计划供应量要根据市场需求，将满足要求的供应品在恰当时机送到指定地点进行生产，以最大限度地节约成本和控制质量。公司如果实行网络营销，就可以对市场销售进行预测，确定合理的计划供应量，保证满足公司的目标市场需求；另一方面，公司可以了解竞争者的供应量，制订合理的采购计划，在供应紧缺时能预先订购，确保竞争优势。

6. 网络营销战略实施与控制的分析

公司实施网络营销必须考虑公司的目标、公司的规模、顾客的数量和购买频率、产品的类型、产品的周期及竞争地位等；还要考虑公司是否能支持技术投资，决策时技术发展状况和应用情况等。

网络营销战略的制订要经历三个阶段。

一是确定目标优势，分析实施网络营销能否促进本企业的市场增长，通过改进实施策略实现收入增长和降低营销成本。

二是分析计算收益时要考虑战略性需求和未来收益。

三是综合评价网络营销战略。公司在决定采取网络营销战略后，要组织战略的规划和执行，网络营销是通过新技术来改造和改进目前的营销渠道和方法，它涉及公司的组织、文化和管理各个方面。如果不进行有效规划和执行，该战略可能只是一种附加的营销方法，不能体现战略的竞争优势。

策略规划分为以下几种。

① 目标规划，即在确定使用该战略的同时，识别与之相联系的营销渠道和组织，提出改进的目标和方法。

② 技术规划，网络营销很重要的一点是要有强大的技术投入和支持，因此，资金投入和系统购买安装及人员培训都应统筹安排。

③ 组织规划，即实现数据库营销后，公司的组织需要进行调整以配合该策略的实施，如增加技术支持部门、数据采集处理部门，同时调整原有的推销部门等。

④ 管理规划，即组织变化后必然要求管理的变化，公司的管理必须适应网络营销需要。

网络营销在规划执行后：一是应注意控制，以评估是否充分发挥该战略竞争优势，评估是否有改进余地；二是要对执行规划时的问题及时识别和加以改进；三是对技术的评估和采用。

7. 网络营销经济学原理的分析

（1）供求

在网络营销中，供给增长，价格随之下降，导致需求增长；供给减少，价格随之上升，导致需求减少。例如，当供给增长时，厂商成本迅速下降，价格水平也迅速下降，又导致需求的上升。

（2）边际效用

在网络营销中，消费者吃的越多，食欲就越强。例如，微软公司的用户一旦使用了该公司的产品，他们就不愿意学习使用其他系统，而不断购买原系统的新版本，而对其产品其具有越来越大的依赖性，出现了边际效用递增规律。规模报酬：在网络营销中，规模报酬递增规律发挥作用，即随着企业规模的扩大，平均成本呈现不断降低的趋势。

（3）失业

网络营销涉及的网络经济理论可提高劳动生产率、繁荣经济、创造新的产业和增加新的就业机会，可以实现经济高速增长、低失业率及低通货率。

（4）学习

学习在网络营销中是使信息增值的一种经济模式。增值能产生更多的信息，更多的信息能进一步增值。这种不断循环的特殊的信息收集过程，被称作学习。在通信、计算机等学习迅速的行业，规模经济可以转化为质量。

总之，网络营销理论是有别于传统营销理论的新营销模式，它可以在控制成本费用、市场开拓和与顾客保持关系等方面有很大竞争优势。但网络营销的实施不是某一个技术方面问题、某一个网站建设问题，它还涉及企业整个营销战略方向、营销部门管理和规划方面，以及营销策略制定和实施方面。

新型网络营销，促销策略有以下几种方式。

（1）网上折价促销

折价也称打折、折扣，是目前网上最常用的一种促销方式。因为目前网民在网上购物的热情远低于商场超市等传统购物场所，因此网上商品的价格一般都要比传统方式销售时要低，以吸引人们购买。由于网上销售商品不能给人全面、直观的印象、也不可试用、触摸等，再加上配送成本和付款方式的复杂性，造成网上购物和订货的积极性下降。而幅度比较大的折扣可以促使消费者进行网上购物的尝试并做出购买决定。目前大部分网上销售商品都有不同程度的价格折扣。

（2）网上赠品促销

赠品促销目前在网上的应用不算太多，一般情况下，在新产品推出试用、产品更新、对抗竞争品牌、开辟新市场情况下利用赠品促销可以达到比较好的促销效果。

赠品促销的优点：可以提升品牌和网站的知名度；鼓励人们经常访问网站以获得更多的优惠信息；能根据消费者索取增品的热情程度而总结分析营销效果和产品本身的反应情况等。

（3）网上抽奖促销

抽奖促销是网上应用较广泛的促销形式之一，是大部分网站乐意采用的促销方式。抽奖促销是以一个人或数人获得超出参加活动成本的奖品为手段进行商品或服务的促销，网上抽奖活动主要附加于调查、产品销售、扩大用户群、庆典、推广某项活动等。消费者或访问者通过填写问卷、注册、购买产品或参加网上活动等方式获得抽奖机会。

（4）积分促销

积分促销在网络上的应用比起传统营销方式要简单和易操作。网上积分活动很容易通过编程和数据库等来实现，并且结果可信度很高，操作起来相对较为简便。积分促销一般设置价值较高的奖品，消费者通过多次购买或多次参加某项活动来增加积分以获得奖品。积分促销可以增加上网者访问网站和参加某项活动的次数；可以增加上网者对网站的忠诚度；可以提高活动的知名度等。

（5）搜索引擎营销

据 CNNIC《2011 年中国搜索引擎市场调查报告》显示，51.81%的网民经常使用（每天多次使用）搜索引擎，每天使用一次搜索引擎的用户也占到 24.2%，也即每日使用搜索引擎用户数高达 83.4%，意味着已有超过半数的网民开始依赖搜索引擎的使用。这些搜索引擎主要包括登录百度、Google、雅虎、搜狗、爱问、中搜等搜索引擎与新浪分类目录、雅虎目录、搜狐分类目录等目录网站，以及由关键词分析、搜索引擎排名优化与维护、搜索结果页位置竞价等营销形式构成的搜索引擎优化与营销服务。

9.3.3 网络营销的发展策略

1. 网络营销策略

据美国《财富》杂志统计，全球前 500 家公司几乎全部都在网上开展了营销业务，预计到 2010 年网络贸易额占全球贸易总额的比重将达到 42%。然而，由于我国的网络营销尚处于起步阶段，发展总体水平较低，网络对企业营销的巨大优势与潜力尚未被挖掘出来。发展我国的网络营销需要政府、企业与消费者的共同努力。

加强对网络营销的舆论宣传，提高社会与公众对网络营销的认识；引导广大消费者改变传统购物方式与购物习惯，使其从心理上接受网络营销；广泛开展对网络营销的学术研究，不断开发适合我国国情的网络营销新方式与新策略；提高国民素质，造就大批网络营销人才。网络营销既需要有网络知识和营销技能的综合性人才，也需要较高素质的消费者，这两方面的工作不是哪一个企业或个人能够做到的，只有依靠国家的力量才能实现。

目前我国网络基础设施还相当落后，需要政府发挥宏观调控作用，加大网络基础设施的建设力度。鼓励国内企业大力开发具有自主知识产权的计算机网络软硬件产品，改善目前的网络环境。另外，政府应引入竞争机制，允许其他行业介入互联网的经营，如允许有线电视网经营互联网业务，利用有线电视网强大的通信能力和遍布全国的网络，降低互联网的使用费用，促进互联网的普及，以加快网络营销的发展。

网上银行主要涉及电子收银机、电子钱包和支付网关这三个技术部件，客户只需打一个电话或上网下载一个通知就能进行转账和存取资金的业务了。网络交易后的资金支付，应能都在网上进行。因此，它对银行账户管理的安全性提出了很高的要求，只有银行建立了值得人们信赖的网络支付系统，人们才敢利用网络进行资金支付，这样才能让网络交易完全在线进行，才能体现网络营销的方便性，才能使网络营销具有发展的潜力。

实施营销策略组合协同互联网的出现，实现了交流双方互动性的在线实时沟通。为此，对网络营销要赋予新的内容，实施完美的营销组合。

（1）产品策略

随着消费需求日益显现个性化的特点，企业不应急于制定产品策略，而应通过互联网实现顾客与厂商的直接对话，根据不同顾客的具体要求，进行产品生产和服务，开展定制营销。

（2）价格策略

网络营销中价格策略的制定，应当充分考虑每个消费者的价值观。

传统营销定价主要考虑产品的生产成本和市场上同类产品的价格。但在网络上，消费者购物基本属于理智型，价格是否合适取决于其价值理念，因此，企业要充分掌握消费者的购买信息，实现双方的充分沟通。

（3）渠道策略

网络营销使生产企业直接面对消费者，传统的渠道受到冲击，与之相适应的将是负责送货的寄售或销售代理。渠道策略即解决物流的问题，这方面应加大社会两大企业的发展，其一是专门为电子商务配套服务的配送企业，其二是本身拥有电子商务体系的物流配送企业。 近期，特许经营又被结合进电子商务，即先用特许经营的方式在全国建立零售网络，解决物流的问题，这也不失为一个渠道策略。

（4）促销策略

网络促销主要借助网络广告，将信息辐射到全球每个角落，可以与消费者建立一对一的联系。传统营销是一种强势营销，不考虑顾客需求与否；人员推销也是不经顾客允许而采取的一种主动形式。而网络营销是一种软营销，通过加强与顾客的沟通和交流来达到营销目的，从而开发出更多的顾客需求。

（5）完善相关法律法规

网上交易和贸易交易一样，纠纷是难以避免的，而且网上交易双方可能存在地域上的差异，因此，需要完善、统一的法律法规对交易双方进行规范。同时，网络交易的发展对传统的税收理论提出了挑战。

面对税收征管易失控、税务处理易混乱、稽查难度加大等问题，应尽快制定与国际接轨的网络交易法律法规和税收政策，以推动网络营销良性发展。

2. 网络营销策划

对于不同的产品和市场在进行网络营销行为之前必须对该产品投放市场，以及产生效果有一个提前的预测。市场调查的出现，网络配合网下进行的各种宣传行为，构成了整个营销环节。以下是网络 SEO 对于企业在进行网络营销工作之前最重要的两点：曾经进行过网络营销，但在网络发展迅速和更新频率加快的同时，现有的网络营销机制已经无法满足大众口味，多个方面受到了影响。中麒推广刘禹含表示产品负面新闻直接影响到产品在市场的受捧程度，网络营销中的推广环节过于拥挤导致产品无法得到消费者的信任等。而这种种曾经实施过的网络营销行为均会被淘汰，需要新的方案来改进现有方案。这就是我们说的网络营销改进型策划的出现前提。

对于改进型网络营销策划，着重考虑原有基础上受制约的因素，不仅要跟上网络市场的步伐，更需要洞察同行对手在网络营销上采取的各种方法。对于一个企业在发展过程中遇到的问题，必须与网络市场相结合，网络与市场相结合发展，才能在网络大市场中占得一席。

3. 网络营销策划书 5w2h 定律

（1）5 个 w

what：方案要解决的问题是什么？执行方案后要实现什么样的目标？为企业能创造多大的价值？

who：谁负责创意和编制？总执行者是谁？各个实施部分由谁负责？

where：针对产品推广的问题所在？执行营销方案时候要涉及什么地方？单位？

why：为什么要提出这样的策划方案？为什么要这样执行等？

when：时间是怎么样安排的？营销方案执行过程具体花费多长时间？

（2）2 个 h

how：各系列活动如何操作？在操作过程中遇到的新问题如何及时解决处理？

how much：此方案需要多少资金？多少人力？这犹如打仗，要做到精打细算。知己知彼，方为百战不殆！如果能读懂上面所说的，那么无论在什么情况下都能写出一份具有初级的网络营销策划书。

9.4 数码产品网络营销案例分析

20 世纪 90 代初，美国柯达公司成功试制了世界第一台数码相机，此后，卡西欧、佳能、尼康等相机巨头纷纷研发并推出了自己的数码相机。由此，数码相机进入了一个飞速发展的时代。现在，数码相机已经从专业玩家的专用品，渐渐转向日常家庭生活的必需品。

2012 年数码相机需求量持续上升，为众多数码相机制造企业提供了更大的发展空间。高性能、精品质、美外观、低价格成为相机品牌竞争的关键所在。2011 年佳能、尼康、索尼、富士相机品牌最受消费者关注，松下、三星、宾得、奥林巴斯、卡西欧及明基、爱国者等相机品牌则居次。随着数码相机高科技的外衣被剥离，在利润摊薄、价格透明的环境下，2012 年的数码相机制造商在营销推广策略上更是层出不穷。

以产品为核心诉求，提升品牌专业形象。2012 年，国内相机市场出现的百余款数码相机新品，让国内数码相机市场呈现了百花齐放、百象争鸣的态势。可更换镜头、机身超薄、高画质影像的相机功能受到众多消费者关注。因此，产品强大的功能、实用便捷、科技时尚、充分体现产品专业性等内容，成为相机企业惯用的广告诉求。如奥林巴斯相机品牌在推广 μ9000 相机时，针对“小巧机身、强大变焦”的产品特性设计了“小相机、大视界”的广告诉求，以直白的功能性广告诉求实现品牌突围。三星相机品牌在推出最新便携式自拍相机 ST550 时， 以“提供最简单的方法完成自拍”的产品功能，传达三星 ST550 时尚、品位、个性、简单、随意的品牌内涵。

结合热门话题，塑造产品时尚、潮流的品牌形象。目前，我国购买数码相机的人群主要集中于 25～35 岁具有稳定收入的年轻消费者。这些年轻消费者关注时尚，享受生活，喜欢留影，喜欢自我展示和张扬个性。奥林巴斯品牌企业在深刻洞悉年轻群体的心理后，开展了以“你，够红吗？”为主题的活动，充分结合目标人群的特点及时下热门的话题，吸引了消费者加入到活动中。索尼公司则通过“巧妆达人秒杀快手赢炫机”活动，在网上吸引消费者为 CX61660 数码单反机设计时尚元素，借助“DIY”及秒杀的话题提升参与者的热情，树立索尼数码相机时尚、潮流的品牌形象。

产品巧妙植入网剧，以情感化、互动式的方式传播。目前，广告主对产品植入广告的兴趣高涨。巧妙的植入广告不仅能增加消费者对品牌的认同，而且，短小精悍的短剧迎合了广告主传播精益化的需求。相机作为时尚、潮流的生活用品，与消费者日常生活关系密切，容易设计贴近生活、感动人心的故事情节。如三星品牌《色女郎》的互动网剧借助四个性格不同的角色阐释四种颜色不同的相机，人与相机浑然一体，进而通过视频专区引发观众热议，提升了品牌曝光率，充分刺激了网民的关注神经。

多元媒体捆绑投放，注重利用新媒体。针对消费者信息接触和购买习惯网络化趋势，多数相机企业实施以网络为核心，以强势传统媒体、数字户外媒体、专业杂志、线下活动为辅，加上旅游活动、大型论坛讲座等多种方式结合的无缝隙营销。在新媒体方面，不少相机企业利用手机广告、计算机桌面、分众数字户外媒体进行立体传播。同时，有的相机企业将选择相关性高的媒体列入重要的策略传播“执行表”。例如，佳能公司在举办佳能摄影大赛期间，除了选择人民网、环球网等质量级网络媒体外，还选择了 9 游、乐途、中国摄影在线、奥一图片等网站，精准锁定并高效匹配了目标消费群体。其目的就是要根据目标消费者的媒体偏好，调整各媒体投放比重，实现营销效果最大化。

以技术革新产品为依托，相机企业各种营销手段风生水起。巨大的消费潜力在成就数码相机企业迅猛发展的同时，一些潜在的不利因素也在搅动市场变局。“2010—2011 中国数码相机市场发展论坛”发布的数据表明：2010 年中国市场的数码相机销售量突破 1200

万台，生产量在5000万台左右。2011年上半年，我国数码相机市场受日本地震和市场增速放缓影响，销量约为500万台，较2010年同期有所下降 。排除受自然灾害影响而导致相机市场整体供应减少的因素，目前我国数码相机市场上呈现的态势至少有三点值得警惕。

其一，数码相机在大中城市拥有率饱和，未来如何进行有效的营销下沉，开辟市场蓝海迫在眉睫。中国电子商会发布的《2011 中国数码相机市场消费类需求状况调研报告》数据显示，目前，大中城市数码相机的拥有率高达74.83%。2012年大中城市的相机更是趋于饱和状态。

其二，消费者需求日益多元化，但产品功能同质化严重，在品牌个性塑造上也存在模糊、同质化的问题。2011 年消费数码相机的用户关注比例一路下降。消费数码相机的需求减弱主要是受到来自可拍照的智能手机等便携消费电子产品的冲击，尤其是低端的卡片数码相机格外受到冲击。

其三，尽管目前相机销售排行居前列的是佳能、尼康等知名品牌，但伴随数码技术壁垒的不断被打破，三线、四线品牌也在通过低价位、终端渠道优势、多元化促销等手段不断侵蚀一线、二线地区知名相机品牌市场份额。

为此，作者建议有关企业可以从三方面着手，应对可能产生的变化。

第一，实施营销下沉战略。目前，我国三线、四线地区及农村市场数码相机普及率非常低，随着三线、四线地区及农村居民消费水平的提高，该区域消费者对数码相机的需求必然随之增加。但是，厂商一定要在深刻研究三线、四线地区及农村消费者心理需求和消费行为习惯的基础上开展营销。如针对三线、四线地区及农村消费者定位销售价位适中的相机；为满足农村消费者留念需求，专门下乡开展为农村消费者挨家挨户拍照的活动，树立品牌形象；考虑到农村消费者无法将图像传输至计算机，设计立拍得式的便携数码相机等。在诸多行业纷纷下沉营销之时，数码相机广告主也不能固守城市大本营，应该提早抢占农村市场。这对第三、第四阵营的数码相机厂商而言，正是避开领头相机品牌打压，走农村包围城市道路的机遇。

第二，开展差异化传播诉求。在我国目前的相机市场上，90%的数码相机品牌产自国内，而56%的消费者更信赖外国造的相机产品，如佳能、尼康、索尼等品牌相机。可见，品牌已经成为影响消费者购买的重要因素。面对同质化的市场，差异化的传播能够有效强化消费者对品牌的独特印象。如佳能2012年继续将“色彩战略”贯穿各个产品领域，其中照相机方面仍然延续一贯的“你好，色彩。”理念，以品质优先，以色彩增亮，立体再现夜晚等低光照度场景下的“视觉大片”，将“色彩”的主题和佳能高品质、高画质的产品性能，通过网络、电视、户外媒体等多种形式淋漓尽致地传达出来。

第三，注重消费者需求和体验。过分诉求产品特性，可能会导致对消费者内在需求的忽视。面对众多同类产品，消费者有时候会摸不着头脑，从而促使一部分消费者直接上京东商城之类的电子商务网站查看合适价格、热销的产品后再确定购买。面对此种情况，奥林巴斯相机企业在推广变焦产品时，准确挖掘了消费者需求，将目标消费者分为实用派和猎奇派，分别展开营销活动。同时，该企业还通过现场活动、摄影大赛、体验区等寓教于乐的方式，在传递相机知识的同时，强化消费者对品牌的体验。

9.4.1 奥林巴斯μ9000 相机网迈广告推广策略

奥林巴斯一向敢于创新，以创造更实用、便捷的相机为己任，强大的专业功能是其最鲜明的品牌个性。然而在与消费者沟通方面并不十分突出，最终形成了“酒香也怕巷子深”的境况，使奥林巴斯的品牌形象不能像其产品一样拥有领先地位。

奥林巴斯μ9000 以“小巧机身、强大变焦”为产品特性（见图 9.9）。针对品牌与产品的现状，网迈广告策划了以品牌沟通与产品推广同步进行的营销策略，为“小相机”的营销推广创造出了一片“大视界”。

图 9.9　奥林巴斯μ 9000 相机

1. 策略

奥林巴斯 μ9000 机身非常小巧，正好可以放在手心里，却拥有 10 倍光学变焦的超强悍功能，领先于同类型相机。结合产品特色，μ9000 锁定相对年轻、时尚的族群，他们收入不是太高，对价格敏感，对数码产品有一定的了解。

通过对目标受众的洞察，并结合数码产品的行业特性，发现在诉求上相对直白的功能性诉求更为有效，更容易实现奥林巴斯的品牌突围，最终促进μ9000 的上市推广。在此策略下， 网迈广告以“手心里的 10 倍光学变焦”为传播口号，将产品的特性直白告知。借助产品本身鲜明的功能特质吸引目标受众的关注。

而在提升品牌方面，通过洞察消费者对变焦产品的使用机会，发现目标消费者大体可以分为两派。

① 实用派，对超长变焦具有实际的需求，如刚有小孩的父母希望抓拍远处自由玩耍的儿童，或者旅行爱好者、野生动物爱好者等。

② 另一派我们称为“猎奇派”，他们渴望通过超长变焦探索肉眼无法到达的世界，如喜欢偷拍的纪实摄影者。

网迈广告把这两派对产品的心理需求归结到一个诉求上“他们渴望掌握的（性价比+小巧机身）、一个心中盼望的大视界”，并由此确立了“小手心里的大视界”为活动口号。活动则以两派摄影达人为蓝本，号召他们上传超远视界的精彩，激发目标受众探索长焦无可取代的摄影价值。

2. 创意执行

这群年轻的受众“实用派”与“猎奇派”，他们想通过相机实现什么？什么样的创意表现更会吸引他们的关注？是卡通、漫画、夸张、反向诉求？在确定了清晰的营销策略之后，广告的创意执行则充分考虑目标受众的接受习惯、语言风格，并巧妙融合产品特性，从活动网站到创意表现均达到了预期目的，为“小相机”的上市推广打开一个“大视界”（见图 9.10）。

图 9.10 网迈广告推广

3. 推广效果

广告策划执行后的短短 7 周内，通过媒体及公关推广，在互联网上获取超过共计 492 546 934 的浏览量，超过 751 408 次点击数。

通过产品传播与活动传播的巧妙穿插，并采用了大胆新颖的广告创意和受众进行沟通，通过幽默、反向诉求等大胆创意，使产品特点深入人心，并为活动网站带来极大的流量。完成变焦专业特性的传播，同步提升了奥林巴斯品牌的专业形象，为“小相机”的营销推广展示出开辟出一个“大视界”。

9.4.2 索尼 CX61660 单反机“巧妆达人秒杀快手赢炫机”活动

CX61660 是一款数码单反机，机身小巧精致，加入了时尚 blingbling 的设计元素（见图 9.11）。

图 9.11 索尼 CX61660 数码单反机

1. 活动目的

树立索尼数码相机时尚、潮流的品牌形象。

2. 活动宗旨

“巧妆达人秒杀快手赢炫机”活动旨在以创新公平的活动形式，给予广大设计爱好者一个充分发挥设计天分的舞台，从中领略时尚风潮，体验索尼数码相机带给人们的时尚惊喜与欢乐并且享受进一步秒杀活动带来的刺激与欢乐。

3. 宣传策略

结合时下的热门话题“DIY”和“秒杀”，将产品的特点传递出来，实现与消费者互动。

4. 活动说明

（1）巧妆

提供 2 大系列裸机，可选择各种机身颜色和基本时尚素材，充分发挥设计天分，装扮出独具设计巧思的时尚相机，可赢索尼炫机（每人限定上传 5 个作品，投票 5 次）。

（2）秒杀

6 月 4 日晚 8 点举办的专场秒杀活动，从 10 000 开始，第一点击到 2 000 的消费者，即可赢得索尼炫机（只有参加过“巧妆达人”活动的用户才能参加“秒杀快手”活动）（见图 9.12）。

图 9.12　索尼 CX61660 数码单反机“巧妆达人秒杀快手赢炫机”活动主页

5. 效果评估

第一波巧妆达人活动：参与者达到 19 472 人次（1 760 上传者，128.47% vs. KPI 1370）；有效作品上传数达到 4 386 个（151.82% vs. KPI 2，850）；投票数达 37 862 人次（155.74% vs. KPI 3 276）。

第二波秒杀快手活动：参与者达到 773 人次，（103% vs.KPI 750），总计持续时间 2h18min。

活动有效传达了索尼数码相机的广告诉求，索尼数码相机时尚、潮流的品牌形象更加深入社会上追求时尚、新奇、刺激感受的年轻一族心中，为索尼 CX61660 数码单反机的营销，以及其他索尼产品的宣传起到了积极的作用。

9.4.3　三星手机网络新营销《色女郎》互动网剧

1. 背景

在极度饱和的市场上，营销大战趋于白热化，数码相机也不例外。如何在同质化的营销战中开辟蓝海，如何让被广告包围的消费者能够对品牌和产品产生兴趣？三星 ST 系列数码相机上市之际，也遇到了相同的问题（见图 9.13）。

图 9.13　ST6500、ST95、ST90、ST65

2. 创意提出

三星新产品主要面对女性消费者，并提供了四个不同颜色的产品，因此围绕色彩的营销策略成为共识。然而，色彩营销在电视上已经屡见不鲜，“中国红”、“波尔多红”、“阿尔卑斯灰”曾经多次轰炸电视观众的屏幕。尽管这些用于营销的颜色都非常鲜艳，背后也蕴含着一个个典故，但是故事说的多了，又没新意的话，观众自然也就烦了。

创意提出借助网络短剧来表现色彩，即为每一个颜色定制一个角色，赋予色彩鲜活的人物性格，借助剧情的发展冲突来体现角色的气质，而通过角色对相机的选择来体现产品的品味，由此在传播上形成一个关系链，用故事的形式来诠释产品的特质，并揭示产品的目标人群定位。相对硬广，这种形式传播上不但润物细无声，消费者接受起来更容易，而且往往达到事半功倍的效果。

3. 营销思路与主要内容

《色女郎》故事围绕金融危机的时代背景展开，以裁员这个敏感的话题为主线索，四个不同职位不同性格的女生的职业命运成为主要情节，构成四个故事。感情、生活、工作交融在一起，数码相机作为时尚潮物是四个女性白领的必备品，不同颜色的相机匹配不同角色，通过角色的性格、气质来展现每个色彩的相机的品味。

裁员的线索为剧情的跌宕起伏埋下伏笔，四个美丽、时尚的白领必须有一个人被裁掉，那个人会不会是自己？每个人都为自己的职业命运而改变，但是谁能够逃脱被裁掉的厄运呢？随着情节的推移，观众也不禁为四个角色的命运揪心。这部短剧采用 AB 剧的模式，每个故事结束之后，都由观众选择这个故事涉及的角色会不会被裁掉，如果观众选择裁掉，还会有这个角色的进一步努力的“续集”，直到观众认为她不会被裁掉。第一个角色不会被裁掉，那么究竟谁会被裁掉？吸引观众继续观看下一集。

4. 营销效果

悬疑的推进，互动方式的参与，观众深深陷入剧情并连续追看，而在观看的过程中，三星数码相机的曝光也呈现几何式增长。情感+体验式的营销方式，去掉了广告的生硬，留给消费者的是回味和感受，加上超高的曝光率，三星 ST 系列数码相机的色彩营销取得了良好效果。

9.4.4　联想笔记本 ideapad：彪悍的小 y 不只是传说

为促进联想上市笔记本 ideapadY450 的销售，提升品牌的知名度，需要带来消费者源于产品实力的彪悍体验。搜狐通过对联想笔记本 ideapadY450 产品理念的深度挖掘，持续展开以第一人称“小 y”为主角的真人秀话题炒作，通过从搜狐社区、搜狐娱乐到搜狐 IT 三步走的方式，将白领打工族的人生态度和情感方式充分表达出来，引起网友的共鸣，从而建立起与联想笔记本 ideapadY450 的情感关联，提升网友对于该品牌的认可度（见图 9.14）。

图 9.14　ideapadY450

1. 市场环境

联想作为笔记本电脑的最大生产商，深知网络媒体对于影响消费者购买决策的重要性，上市的 ideapadY450 同样要主打网络营销牌。对于一款全新的产品，ideapadY450 要想引起网友足够的重视，就需要有非同一般的创意，通过有趣的话题持续吸引网友的关注和讨论，同时将该品牌的内涵有效地传达出来。

2．策划目标

通过对虚拟主人公代表的 80 后白领人群日常工作和情感经历的话题炒作，将他们生活工作的重要辅助工具 Y450 笔记本电脑不断融入主人公的生活，让 Y450 产品得到更为广泛的曝光，使品牌在以网民为核心的目标消费群体中的知名度大幅提升。

3．营销策略

通过小 y 以第一人称的口吻连续发布真人秀话题炒作，吸引网友的持续关注，随着事件的进展，作为 80 后白领人群日常工作和情感经历的重要辅助工具的 Y450 笔记本电脑不断进入主人公的生活，让网友认识到了这款电脑对于主人公的意义和价值。随后的“彪悍的小 y 给 80 后带来的思索”专题、《大鹏嘚吧嘚》两期节目植入小 y 概念，以及“寻找彪悍的小 y&rdquo”大型征集活动的举行。

4．执行过程

活动分为五 5 走。

第 1 步：小 y 开始以第一人称的形式发帖，怒斥“别人笑我太疯癫”同时阐述自己每日 7 km 穿西装跑步上班的彪悍事情，引发网友强烈关注。通过连续多日的社区日志，网友们逐步解开了小 y 的谜底，原来每天背着本本跑步是为了追求自己心仪的前台 MM，并且每日做爱心便当送到她的办公桌前和笔记本放在一起。爱心便当更是别出心裁，竟然模仿 ideapadY450 讨女友的欢心。

第 2 步：9 月 23 日，“彪悍的小 y 给 80 后带来的思索”专题上线 ，由彪悍的小 y 引申到对 80 后的思考，明确倡导彪悍的网络生活，从内容的角度将小 y 和联想捆绑进行定调传播。

第 3 步：9 月 28 日，小 y 的彪悍经历制作成精美的视频发布到互联网上，得到了广泛的传播，让小 y 的彪悍深入互联网各个角落。

第 4 步：娱乐频道《大鹏嘚吧嘚》通过两期节目植入小 y 概念，引发网友的热议。

第 5 步：面向网友进行“寻找彪悍的小 y”大型征集活动，为网友找到情感的共同归宿。

5．媒介表现

执行效果及市场评价执行效果：

“彪悍的小 y 我真是个异类吗？”贴子浏览量为 4 560 407，回复数为 30 143。

“彪悍的小 y 不只是个传说”贴子浏览量为 1 019 702，回复数为 10 050。

“彪悍的小 y”专题浏览量为 1 975 532。

“彪悍的小 y”相关转帖数为 528 个。

“寻找彪悍的小 y”活动浏览量为 2 512 978，征集作品数为 20 120 个。

通过搜狐网络开展的这一活动，将联想笔记本精致劲悍的产品设计理念深深地烙在了广大消费者的脑海，有效地提升了网友对于联想品牌的认可度。

结合新型的传播媒介大众互动的优点，许多其他品牌也都展开了新型品牌传播方式的探索，这里选择总结了部分品牌手机产品营销案例。

（1）金立荷塘月色手机（见图 9.15）

针对金立特色卖点定制化打造金立手机欢享季“我的荷塘我的音乐”涂鸦大赛，并战略开放腾讯 WEB+WAP 双平台进行支撑。WEB 活动通道以金立荷塘乐色手机为模版，在活动中发动网民进行创意性极强的涂鸦作品创作；WAP 活动通道则以主题作品浏览及投票、品牌手机调查为主要的互动形式。

图 9.15　金立荷塘月色手机

（2）诺基亚 E7 系列手机（见图 9.16）

将诺基亚手机植入中国第一部网络科幻剧，同时也是土豆网第二部自制剧《乌托邦办公室》中并进行一系列推广。通过搭建互动专区，通过简单的视频 DIY 游戏和视频征集活动，吸引网友参与并观看诺基亚 E7 系列视频。多角度、多层次植入，频率高、持续时间长。

图 9.16　诺基亚 E7 系列手机

（3）朵唯 S920 手机（见图 9.17）

延续了电影中爱情主题，全力打造“非诚勿扰 II，我是主角”的专题活动。通过“抛绣球”互动游戏，把电影情节搬到了线上线下，邀请受众来选择自己的爱情归属，并且发起女性择偶观大调查，进一步洞察女性心理，全面覆盖受众媒体消费轨迹。

图 9.17　朵唯 S920 手机